# 丘陵山地

## 模块化农机装备应用

Application of Modular Agricultural
Machinery Equipment in Hilly and
Mountainous Areas

高巧明　曾　山　王连其◎主编

中国农业出版社
北　京

我国高原和丘陵地区面积占国土总面积的 **69.4%**,农业机械化率低于平原地区 20 多个百分点,是我国农业机械化发展的重点和难点。

广西合浦县惠来宝机械制造有限公司(以下简称惠来宝公司)自成立以来,一直致力于探索适合我国丘陵山地农机化的发展道路。通过组建产学研团队多次赴国外调研,学到了国外很多好的发展经验。结合国外的发展经验和我国的发展实际,为了使有限的资源发挥最大的作用,惠来宝公司从产品设计之初就提出了改变单机设计的思路,从系统集成的角度出发,考虑到昂贵的动力单元的共享问题,提出利用单一动力单元实现作物的全程机械化。

在这一思路的指导下,惠来宝公司研发了模块化多用途铰接拖拉机,将拖拉机划分成动力主模块、功能模块和属具模块。动力主模块集成了动力、操纵、控制、传动、行走和电器等功能;功能模块主要包括三点悬挂和平台式模块,三点悬挂可满足传统机具挂接的需要,平台式可以搭载多种作业平台,实现转运、植保、施肥、收获、集材等功能。同时开发了各模块间的标准化接口,实现了各模块间的快速换装。利用模块化设计方法实现了农机资源的最优配置,提高了设备利用率。整体方案可以总结为通过标准化和通用化底盘复合模块化设计满足用户个性化、柔性化需求。

为了适应丘陵山地的复杂路况和非结构性地面,整机采用了四轮等径驱动、滚筒式铰接仿形、平台式接口、边减重构等技术,开发了轴距可变、地隙可调、轮履切换和双向操作等功能。整机转弯半径小、通过性好、稳定性强、爬坡能力优越,丘陵山地作业适应性强。

为了加快推进研发机型的应用,惠来宝公司科研团队开展了丘陵山地典型作业场景建设，针对不同的作业场景，形成了四大系列产品：惠利山牛基础型三点悬挂式模块化拖拉机、惠利山鹿高地隙模块化多用途拖拉机、惠利山龙山地平台式铰接轮式模块化拖拉机、惠利山龟履带式模块化拖拉机，满足了大部分丘陵山地作业的机械化需求。

下一步，希望惠来宝公司在完善现有产品功能的基础上，在自动化、智能化等方面对产品进行升级，同时利用广西的区位优势，为共建"一带一路"贡献惠来宝力量。

中国工程院院士　罗锡文

　　《丘陵山地模块化农机装备应用》和我们见面了，这是一件令人欣慰的事情，模块化多用途拖拉机概念的提出、研发生产、推广应用，凝聚了众多专家的心血，也让广西合浦县惠来宝机械制造有限公司（以下简称惠来宝公司）凤凰涅槃，得以更好地生存发展。

　　2008 年，农用运输车辆市场需求十分活跃，各地的生产厂家异军突起，解决了大部分道路运输问题，但丘陵山区存在的问题未得到解决。惠来宝公司经过深入调研，在广西推出了第一台全轮驱动的农用运输车产品，并得到了用户的认可。但当时行业管理没有标准，几经周折方获得行政许可，投入生产应用后得到快速发展，惠来宝公司因此进入广西农机企业的前三甲。2013 年底，行业取消了农用运输车辆的牌证入户，惠来宝公司遭遇了创业以来最严重的危机。

　　2014 年 11 月，我和合作伙伴北京航空航天大学高峰教授及高巧明博士远赴欧洲，考察发达国家丘陵山区农机发展情况，寻找生存之道，谋求救厂之路。在意大利博洛尼亚农业机械展会上，了解到意大利农机企业生产的折腰转向拖拉机具有一机多用、闲置少、利用率高等优点。结合我国丘陵山区的复杂场景和农户购买力有限等问题，惠来宝公司萌生了设计模块化多用途拖拉机的想法，可当时缺乏相关技术和研发人员，怎么实现模块化呢？在十分无助和无限迷茫之时，遇到了史滦平老师。史老师 1954 年毕业于长春汽车拖拉机学院，长期在中国一拖从事拖拉机研发工作，对农业机械情怀笃深。为了探索适合我国丘陵山地农机化的发展道路，史老师虽年事已高，但仍然多次奔波于洛阳与广西之间，以他的学识和见识，指导公司模块化多用途拖拉机的研发工作，发挥了核心作用。在王世岩团队及高峰、郭志强、刘耀、高巧明等专家的指导以及公司研发团队的辛劳攻关下，惠来宝公司解决了整机设计制造的诸多问题，并定义了"动力主模块，功能模块，属具模块"。十年磨一剑，终于使模块化多用途拖拉机由理念变为产品。

2021年，惠来宝公司通过广西科技搭桥项目与华南农业大学罗锡文院士团队合作，模块化多用途拖拉机产品走上了快速的研发道路。在中国农业机械工业协会、中国农业机械学会指导下，惠来宝公司申请了系列专利，制定了系列标准，打造了丘陵山地典型作物全程机械化应用场景，先后获得了国家项目和一些行业奖项。模块化多用途拖拉机在海外市场率先应用，产品表现出了适应性好、可靠性高的特点，应用前景广阔。

一路走来，创新为本，用户至上。惠来宝公司不忘初心，聚巧匠能工创制农业机械，铸惠利品牌驱动丘陵山区。未来的日子，将坚定笃行丘陵山地农业机械化、智能化道路，为建设农业强国做出更大贡献。

《丘陵山地模块化农机装备应用》出版发行，对惠来宝公司模块化多用途拖拉机的推广应用将产生积极影响。在此，对为惠来宝公司的昨天、今天和明天给予帮助和指导的专家学者、社会各界人士以及战斗在一线的同志们表示诚挚的谢意！

广西合浦县惠来宝机械制造有限公司

董事长　王连其

# 前言
## FOREWORD

　　我国高原和丘陵地区面积占国土总面积的 69.4%，农业机械化率低于平原地区 20 多个百分点，这对于党的二十大报告提出的加快建设农业强国无疑是"卡脖子"问题。丘陵山地农业机械化率低下的原因主要有作物多样、地块小、地形复杂和经营规模小等，导致机械化作业的优势难以发挥。

　　本书编者一直在探索适合中国丘陵山地农机化的发展道路，通过调研欧美等发达国家丘陵山地农业机械化发展状况，了解国外农机企业生产的丘陵山地拖拉机等先进农机装备，深刻体会到照搬欧美的丘陵山地农机化发展模式是行不通的。基于此，提出了丘陵山地模块化农机装备的研发思路，改变传统农机产品单机设计的思路，从系统集成的角度出发，考虑动力单元的共享问题，利用单一动力单元和不同机具模块组合，实现不同作物的全程机械化作业。

　　在该研究思路的指导下，研发了模块化多用途铰接拖拉机，其中模块化的概念不仅面向生产环节，农户或者合作社也可以根据作业的类型，利用不同的模块组合成为不同离地间隙、不同轴距、不同行走系统、不同作业功能的拖拉机，并开发了标准化接口，实现了各模块之间的快速换装。

　　同时，模块化多用途铰接拖拉机采用了滚筒式铰接机构，使整机具备折腰转向、扭腰仿形功能，提升了整机复杂路况下的机动性；采用了四轮等径驱动提高了整机的牵引性能；采用了正反向驾驶拓宽了后向作业能力。该成果在我国南方丘陵山区大面积推广应用，还出口到东南亚等丘陵山地国家。应用结果表明，该型拖拉机能满足丘陵山区不同土壤特性和地形地貌机械化作业需求。

　　本书主要从以下五个方面进行阐述：第一章，针对国内外丘陵山地多用途农机装备的研究现状进行介绍，借鉴国外的优秀技术和设计方案，针对国内丘陵山地机械化存在的问题,提出了丘陵山地机械化的发展路径;第二章,通过对典型丘陵山地——桂北地区的特色作物种植现状和机具应用现状进行调研分析,提出了特色作物作业装备设计具体建议;第三章,提出丘陵山地模块化多用途拖拉机及其高效机具的概念,突破了多用途模块化拖拉机的关键技术,探索了不同作物的应用场景,并对其发展方向和趋势进行了分析;第四章,通过对现有丘陵山地主要农作物种植存在的问题分析,从农机农艺融合以及宜机化应用两个方面,对主要农作物机械化生产示范基地的建设进行了阐述;第五章,针对相关标准缺失的问题,在前期农机农艺融合的基础上,对丘陵山地拖拉机及其关键零部件的标准进行了探索。

在本书编写过程中,研究团队相关老师和研究生参与了历次书稿的讨论及修改,具体分工:第一章,吕攀、蒋锟;第二章,吕攀、孙杨;第三章,罗悦洋、糜泽荣、王丹丹;第四章,蔡羽晨、孙山宇;第五章,李宗鹏、余世海、韩健峰。研究生李朝博、汪鸿宇、韩鲁宁、郑广洋、江骄、曾澔翔、祁仲晟等参与了本书的文字校对工作。

由于编者水平有限且时间较紧,书中存在错误或不妥之处在所难免,诚恳希望同行和读者批评指正,以便以后进行改正和完善。

编 者

# 目 录
## CONTENTS

1

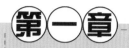

# 农机装备补短板情况调研

近几年来，我国农机装备发展取得了积极成效，但总体上适合丘陵山区的农机装备相对缺乏。开展丘陵山区农机装备补短板调查研究，具有重要的现实意义。

本章共有五个部分。在阐述报告编制的背景、意义及目的的基础上，第一部分是调研范围和农机装备的类型，主要介绍调研地区与调研农机装备的选择依据与类别。第二部分是国外丘陵山区农机装备基本情况，主要介绍欧洲、日韩、东盟等国家丘陵山区农机装备基本情况。第三部分是我国丘陵山区农机装备的基本情况，主要介绍当前我国农机装备总体现状，并从地形地貌，农作物种植情况，农机装备使用、制造、研发等方面，介绍四川省、重庆市、云南省、贵州省、广东省、广西壮族自治区等南方丘陵山区主要省份当前农机装备基本情况。第四部分主要介绍当前我国丘陵山区农机装备存在的短板，主要包括六个方面：一是适应南方丘陵山区的小型机械相对缺乏；二是丘陵山区农机装备结构不合理；三是丘陵山区农机农艺融合发展水平较低；四是农机装备产品一致性、可靠性有待提高；五是智能农机发展水平较为落后；六是企业研发能力较弱。第五部分是我国丘陵山区农机装备补短板对策建议。主要从提高农机装备应用能力、提升重点领域技术装备制造水平、提高农机装备研发能力、促进大中小企业融通发展、推动政策聚焦五个方面予以阐述。

本章还设有三个附件。附件1是我国南方丘陵山区主要农作物农机装备情况。主要介绍水稻、马铃薯、大豆、玉米、花生、油菜、甘蔗、水果、蔬菜、茶叶10种农作物生产种植过程中的农机装备应用情况。附件2是南方丘陵山区急需农机装备情况表。重点梳理了上述10种作物在耕、种、管、收、运、加工六个环节的短板及紧缺机具。附件3是南方丘陵山区主要农机装备生产情况表。主要梳理了调研六省份农机装备主要生产企业及其主打产品。

本章通过调研四川、重庆、云南、贵州、广东、广西等省份农机装备发展情况，梳理南方丘陵山区农机装备短板弱项，提出对策建议，探索建立农机装备研发、制造与应用新模式，形成急需农机装备情况表、主要农机装备生产情况表，为政府有关部门决策提供参考。

## 1.1 调研的范围和农机装备的类型

### 1.1.1 调研地区的选择

本报告综合考虑了地形地貌特征、农作物特点、潜力空间、研发制造等因素，选定调研地区为四川、重庆、云南、贵州、广东、广西等省份。

1

地形地貌方面，我国丘陵山地地貌占陆地面积73.4%，丘陵山区按面积大小依次为西南丘陵山区（重庆、四川、云南、贵州、西藏）、南方低缓丘陵区（湖北、湖南、江西、广西、广东、福建、浙江）、黄土高原及西北地区（山西、陕西、青海、宁夏、甘肃），三者综合机械化水平截至2016年分别为23.74%、46.99%、56.17%。西南丘陵山区和南方低缓丘陵区机械化率较低，存在农机装备使用短板。

农作物特点方面，我国南方丘陵山区农业自然资源丰富，种类繁多，但各种资源混杂，零星分散。除玉米、水稻、小麦等粮食作物外，还有具有地方特色和较高经济价值的作物分布，如蔬菜、油菜、油茶、甘蔗、水果等经济作物，具有较强的资源和品种优势。西南地区相对南方其他地区，作物品种多、种植面积大，是我国重要的农业基地之一。

潜力空间方面，根据《2015年全国农业机械化统计年报》《2015年全国农业统计提要》整理分析（如图1-1），我国各地对全国农业机械化水平贡献的潜力空间中排名最高的也为西南丘陵山区和南方低缓丘陵区，成为发展丘陵山区农机装备的重点。

研发制造方面，重庆、四川是我国微耕机研发制造的主产地，市场占有率高；广东的华南农业大学在农机装备研究领域国内领先。

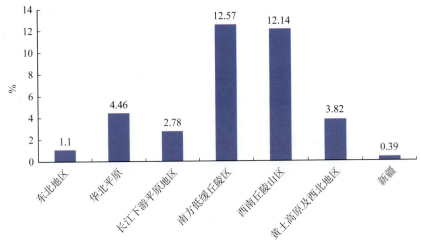

图1-1　各地对全国农业机械化水平贡献潜力空间

数据来源：《2015年全国农业机械化统计年报》《2015年全国农业统计提要》

### 1.1.2　调研农机装备的选择

本报告研究的农机装备主要涉及粮食作物、经济作物使用的机械装备，不包括畜牧养殖、水产养殖、设施农业等农机装备。调研涉及农作物品种依据《国民经济行业分类》（GB/T 4754—2017）农业分类，包括水稻、马铃薯、大豆、玉米、油菜、油茶、甘蔗，种植面积最大的水果、蔬菜品种及最急需发展适宜农机装备的作物品种。

### 1.1.3　调研方式

本次调研采取的方式主要是实地走访、专家座谈、书面调研。

## 1.2 国外丘陵山区农机装备基本情况

### 1.2.1 欧洲丘陵山区农机装备基本情况

#### 1.2.1.1 欧洲农机装备基本情况

总体而言，欧洲农机装备机械化程度高，实现了旋、耕、犁、耙、播种、灌溉、喷洒、收获、加工、运输、储运的全过程机械化；设计制造水平领先，机、液、电一体化水平高，应用了先进的自动控制技术；产品跨度大，功率覆盖 20 ～ 600 马力（hp 或 ps）<sup>*</sup>；组合丰富、品种全，能够满足不同的个性化作业需求。具体到产品技术而言，从拖拉机、收获机械、农具、车身等方面看，均全面领先；在制造工艺和产品可靠性方面，均达到最高水平。

#### 1.2.1.2 欧洲丘陵山区农机装备发展典型国家

意大利是欧洲丘陵山区农机装备发展较好的典型国家。意大利是以山地丘陵为主的国家，全国耕地面积约 910 万 $hm^2$，土地较分散，大农场较少，$30hm^2$ 以上的农场仅占总数的 2.74%。主要农作物为水稻、玉米、大麦、小麦等，为欧洲主要产稻国，其农作物生产特别是水稻，在 20 世纪 70 年代，从土地耕整到种植、除草、收获等就已经全部实现机械化作业，玉米、大麦、小麦等生产种植也实现了机械化，20 世纪 90 年代更是达到了很高水平。

#### 1.2.1.3 欧洲农机装备龙头企业

**（1）凯斯纽荷兰（CNH）**

凯斯纽荷兰是农业机械、建筑机械领域的全球化公司。2021 年，全球营业收入 334.8 亿美元。凯斯纽荷兰推出了新的 AFS Connect ™ Magnum 拖拉机，进一步扩大了其采用 ISOBUS 3 级技术的拖拉机品类。AFS Connect ™技术能够自动控制拖拉机的转向、速度和液压等功能，可大大减轻操作员的劳动强度，并提高效率。标准化的控制设置减少了停机时间，最大限度地减少了安装和接口问题。此外，通过显示器可以方便地访问和交换数据，便于准确和及时地做出决策。凯斯纽荷兰在 2021 年 11 月的国际葡萄酒和水果生产展览会（SITEVI）上，为葡萄酒行业推出了一款新概念拖拉机。该拖拉机创新采用跨座拖拉机概念，专为满足空间狭窄的葡萄园的要求而设计，可以实现葡萄种植自动作业。2021 年，凯斯纽荷兰引入计算机虚拟测试系统，简化了拖拉机测试的整个流程，加快了新型智能机器的研发，还减少了研发过程的碳排放机的使用，使测试过程更加安全，这对行业是个极大的改革创新。

**（2）科乐收（Claas）**

德国科乐收是全品类农机公司。2021 年全球总营收 47.978 亿欧元。科乐收有一款装备了 Cemos 和自动割台系统的自动联合收割机，该系统由激光和切割板控制技术组成，激光记录作物的高度，控制技术根据不断变化的作物高度自动调整割台的高度。2021 年 3 月，科乐收收购了荷兰 AgXeed 部分股权，成立了一家合资公司，重点开发农机自动驾

---

* 马力为非法定计量单位，有英制马力（hp）和公制马力（ps）之分，1ps 等于 735.5W，1hp 等于 745.7W。

驶技术及田间机器人。该公司提供智能、可持续和完全自主的农业系统，具有可扩展的硬件、虚拟规划工具和全面的数据模型，引领了欧洲该领域的发展。

## 1.2.2 日本、韩国丘陵山区农机装备基本情况

日本、韩国是典型的丘陵山区国家，两个国家均是耕地少而分散，日本丘陵山区面积占国土面积的 80% 左右，韩国为 66.67%。虽然地形复杂，地块小而分散，但日本、韩国的农业机械化水平却相当高，两国因地制宜发展小型农业机械、精细农业，从种植到收获的每个环节都有对应的农业机械。

### 1.2.2.1 日本

日本的主要农作物是水稻，田间作业从耕地、插秧、植保、收获等都实现了机械化，水稻育秧、插秧、半喂入联合收获机械居世界领先水平。日本机械产品往往具有性能出众、品质稳定、操作方便、田块适应性强等优点。日本农机装备发展的经验非常值得我国借鉴。

日本农机化发展大体分为三个阶段。第一阶段是从第二次世界大战结束到 20 世纪 60 年代初，日本经济处于恢复时期，这个时期日本的农业人口比例较大，农民收入不高，此阶段日本主要发展价格较低的小型机械来代替大部分手工劳动。第二阶段是 20 世纪 60 年代初到 80 年代末，也是日本经济飞速发展时期。农村劳动力大量涌向城市，农业劳动力不足的矛盾日渐突出，迫切需要更好的农业机械以适应新形势的需要，于是宽幅联合收割机、高速插秧机、大中型拖拉机及其配套农机具便相继问世，育秧也相继实现了工厂化生产。这个时期日本基本实现了机械化。第三阶段是 20 世纪 80 年代末至今。这段时期的特点是农业劳动力老龄化和女性化，于是小型、轻便、容易操作、舒适性好、自动化程度高的农业机械成为这个阶段的主要特征，推动日本的农业机械向自动化、智能化的方向发展。

截至目前，日本已经实现了高度的农业生产机械化，尤其是水稻生产，实现了全过程机械化，居世界领先水平。水田整地一般采用旋耕机和碎土搅浆整地机，整地效果好；水稻育秧采用棚室育秧，以及"旱育稀植"技术，由于苗床土的匮乏，近几年开发了用稻壳粉碎后经专用机械设备加工成的育秧盘和苗床土进行推广应用，全部采用机械播种和工厂化育秧；插秧全部实现机械化。其他作物生产的机械化程度也很高，如马铃薯播种和收获都实现了机械化，马铃薯收获机采用大型自走式收获机，一次作业，联合收获。

农机装备的主要企业如下：

**（1）久保田**

久保田是日本最大的农业机械制造商，成立于 1890 年，产品涵盖农业、建筑、污水处理等各领域。目前总共有 158 家子公司以及 18 家关联公司，久保田尤其在农业机械、小型建筑机械、小型柴油发动机、铸铁管等领域处于世界前列。其产品之一久保田收割机可用于多种作物收割，不仅能收获水稻、小麦，还能收获油菜、高粱，功能十分强大。久保田在拖拉机领域同样十分先进。比如久保田 954，优点十分明显：车身小、做工相当精致、车身自重轻、油耗低、输出功率大。最小使用质量只有 3.2t，相对于同马力的其他品牌来讲，非常适合水田种植使用。

**（2）洋马**

洋马农机株式会社是世界享有盛誉的机械设备制造商——日本洋马集团公司的四大农机生产厂家之一，成立于1912年3月。洋马在1933年研制了世界上第一台商用小型柴油发动机，并实现了此类发动机的商品化，此后一直不断地致力于开发世界上最先进的发动机尖端技术，持有数量众多的专利和知识产权。"洋马"是世界公认的柴油发动机品牌，特别引以为豪的是洋马的产品与服务。日本洋马不仅以高质量的产品和优质的服务获得了市场竞争优势，洋马发动机还以其绿色环保，致力于最先进的节油技术的开发而闻名于世。

洋马农机株式会社的产品涵盖了发动机（船用、陆用）、农业机械、工程机械、发电机组和游艇等。洋马半喂入联合收割机是同类机型中最早进入中国市场的，建立了全国第一家中日农机合资企业，开创了国外半喂入联合收割机制造商进入中国农机生产领域的先河。作为水稻生产机械卓越的制造商，洋马农机的产品布局已涵盖了耕、种、管、收、烘干等水稻生产全程机械化装备，并不断向旱地经济作物高效机械化装备拓展。在智能化方面，洋马农机首先在插秧机上开始推广应用自动直行系统，实现精准直线插植作业，降低人力成本，提高工作效率。

#### 1.2.2.2　韩国

韩国农机装备发展与日本极为相似，但起步较晚。农机装备品种比较多，以中小型农机产品为主，包括耕整地机械、育秧设备、果园机械、蔬菜种植和收获、加工机械。旋耕打浆与平地配套的机具多。播种机中的蔬菜播种机具有品种多、设计巧妙等诸多亮点。

水稻也是韩国主要农作物，水稻育秧设备包括自动输送秧盘的配套设备，插秧机多为高速机型。其他设备还有种子加工设备、粮油加工处理设备及棉麻加工机械、设施农业设备、动力割草机械、多功能农用车、耕作机械、青贮收获机、打捆机。

果树园艺装备包括自走式植保机、果树升降车、栽培管理设备、修剪用机器、防虫害机器、收获用设备、运输用机器。农产品加工与包装设备包括水果加工用机器，蔬菜加工用机器，农产品干燥、预冷设备，低温储存库，CA储存库等，国内很少见到的小型烘干机品种也很多。

韩国除三大农机企业（大同、东洋、乐星）以及韩国本土的国际、LS、东洋、明星等几个重量级企业比较大之外，其余多为中小企业。

## 1.2.3　东南亚国家丘陵山区农机装备基本情况

东南亚国家主要包括文莱、柬埔寨、印度尼西亚、老挝、马来西亚、缅甸、菲律宾、新加坡、泰国、东帝汶和越南。它们地处热带和亚热带环境，日照充足，雨水充沛，农业种植条件优越，主要农作物有水稻、玉米、土豆、橡胶、大豆、咖啡、茶叶、香蕉、甘蔗等。其主要需要的农机装备包含拖拉机、内燃机、耕整地机械、种植施肥机械、植保机械、收获机械、收获后处理机械、农产品初加工机械、农用搬运机械、排灌机械、畜牧机械、水产机械、农业废弃物利用处理设备、农田建设机械、设施农业设备、遥控飞行喷雾机等。

从市场上来看，在新加坡、越南等国，需要的是高质量的农机产品，而老挝、缅甸等国因其制造业相对并不十分发达，需依靠引进国外技术和设备来提高农业机械化率，主要进口产品还是中小型机械产品。

#### 1.2.3.1 越南

越南已经成为世界上 19 个最大的农业生产国之一，其农产品出口在越南的经济中发挥着重要作用，预计到 2030 年将跻身全球 15 个最大的农业出口国之列。但越南的农业科技产业仍相对落后，农业机械化水平并不高，国内农作物生产仍以传统方式为主。在此背景下，越南政府开始将生物技术、自动化、机械化技术和信息技术视为实施可持续农业发展和提高生产力的基础，农业机械在越南农业生产过程中的应用需求也随之大幅增长。2011—2021 年，越南各类拖拉机数量增长 60%，插秧机增长 10 倍，水泵增长 60%，联合收割机增长 80%，农产品烘干机增长 30%，饲料加工机增长 91%，水产品加工机增长了2.2 倍，植物保护喷雾器增长了 3.5 倍。

越南市面上的农业机械产品种类日渐丰富，包括动力机械、耕作机械、种植及施肥机械、植保机械、收获机械、运输机械、农产品加工机械等，但国内从事农业机械生产制造的企业并不多，且生产规模普遍较小，国产产品售价比进口机高 15%～30%，导致市场对进口农机的依赖度提高。其中，中国作为全球农业机械生产和出口大国，每年对越南等国的出口规模较大。根据中国海关总署发布的数据显示，2021 年中国农业机械出口金额63.9 亿美元，同比增长 28%，出口市场也大多集中在美国、印度、泰国、越南等国。

#### 1.2.3.2 印度尼西亚

印度尼西亚是东南亚地区面积最广、人口最多的群岛国家，适宜水稻、玉米、大豆等农作物生长，农业也一直在印度尼西亚经济结构中占据重要地位。印度尼西亚的土地整治机械化率较高，爪哇已成为该国手动拖拉机需求和销售量最高的地区，预计 2020—2025年的收入复合年增长率为 5.0%。

从产品类型来看，印度尼西亚市面上的农业机械产品种类较多，主要包括动力机械、耕作机械、种植及施肥机械、植保机械、收获机械、运输机械、农产品加工机械等。但国内从事农业机械生产制造的企业并不多，且生产规模普遍较小，产品售价也较高。农业机械工业体系也不完整、配套能力差，自主研发的农机品种不多。

#### 1.2.3.3 老挝

老挝工业基础薄弱，农业在国民经济中占主导地位，农业人口占全国总人口比重为62.45%，农业生产以种植业和畜牧业为主。土地分散程度大，规模化生产和经营较为困难，农村的基础设施落后，通路、通电和通水问题缺口较大，导致农业机械化和产业化发展水平较低。从总体看，老挝农业仍处于粗放式生产阶段，单产较低，产量不稳定，农机装备尚未在农业生产中普及。

老挝制造业发展水平较弱，其农机装备以进口为主，种类包括播种机、捕鱼机械、草坪维护设备、插秧机、大棚温室设备、伐木机、割草机、耕耘机、耕作机械、谷物粉碎机、谷物加工机械、灌溉设备、灌注机械、挤奶机、家禽饲养设备、家畜饲养设备、卷扬机、林业机械、木工机械、牛奶场设备、农机配件、喷雾机、切割机、肉禽加工机械、施肥机、收割机、水产养殖设备、屠宰设备、拖拉机、脱粒机、养蜂机器、养殖机器、移植机、园林机械、园艺设备、栽植设备等。

#### 1.2.3.4 泰国

泰国作为世界农产品主要供应国之一，其农机装备产业得到了迅速发展。由于受近年来农作物价格低迷和经济不景气的影响，泰国农业机械市场销售有较大回落。泰国的农业机械化正处于从劳动密集型机械向控制密集型机械转变，迫切需要诸如种植机械、灌溉系统机械、粉剂喷撒器、联合收割机、使用汽油的干燥机、青贮和贮藏处理机、先进高质量的大米碾机等装备。

泰国农业装备市场年销售总额约为 2.5 亿美元，其中泰国国内产品占 60%。泰国主要的农业机械和配件的年产量大约为：小型柴油机 100 000 台，小型汽油机 400 000 台，两轮拖拉机 80 000 台，两轮拖拉机圆盘式犁 150 000 个，农用拖拉机圆盘式犁 5 000 个，水泵 50 000 台，稻米联合收割机 600 台。泰国中小企业经济贸易发展委员会管理的从事农业装备生产的制造商有 135 家公司，员工大约 4 000 人。

泰国进口农机装备主要是四轮拖拉机，其中 70% 是旧拖拉机。低于 40 马力的旧拖拉机从日本进口，马力大的拖拉机从英国进口，新品牌的拖拉机从英国、日本、中国和意大利等国进口。其余进口农机装备有三大类：收割前用的机械，如灌溉系统、农药喷洒器、播种机等；收割后用的机械，如甘蔗收割机、稻米联合收割机、饲料切割机和打包机、青贮和干燥机等；农业加工机械，如家禽、牛肉和奶制品机械等。

#### 1.2.3.5　新加坡

新加坡是一个地域狭小、人口高度密集的国家，东部为平原地区，西部和中部为丘陵，适宜农业生产的耕地并不多，占国土面积的 5%。新加坡有着"亚洲四小龙"的称号，工业经济发达，用地多，而农业可耕地资源十分有限，据调查新加坡的可耕地占土地资源的 1.18%，本土所产粮食的比例仅仅占其全部需求的 10%，新加坡粮食高度依赖进口。新加坡有意扩大本土粮食的供给比例，根据新加坡官方的说法，力争在 2030 年本土农产品的供给比重能够达到 30%。

为解决国内粮食供给比例过低的问题，新加坡政府出台了农产品"30·30愿景"，提出打造亚洲乃至全球领先的城市农业科技和水产养殖科技枢纽，采取的发展策略是，用更少的土地，实现更高的产量。因此新加坡推广立体垂直农场，以提高单位面积作物产量。新加坡农业设备需求和传统农业大国不太一样。

## 1.3　我国南方丘陵山区农机装备基本情况

### 1.3.1　国内农机装备总体现状

长期以来，我国丘陵山区省份农业机械化水平远低于平原地区省份。丘陵山区省份农业机械化水平与平原地区省份的巨大差距，不仅制约了丘陵山区自身的农业现代化进程，不利于这些地区农民增产增收，也制约了全国现代农业发展进程，阻碍了我国建设农业强国、推进农业农村现代化的进程。

南方丘陵地区拖拉机拥有量仅占全国的 16%，主要为手扶拖拉机、微耕机和小型四轮拖拉机，普遍存在技术简单、作业中易倾翻、转向困难、作业速度慢、适应性及安全性差、不适宜湿烂田作业等问题，丘陵山区专用型拖拉机成熟产品几近空白。

中国一拖集团有限公司、湖南农夫农机装备有限公司、中联农业机械股份有限公司、重庆鑫源农机股份有限公司等企业围绕丘陵山区水田专用拖拉机需求,研发了50～120hp半履带、履带拖拉机,目前仍处于技术优化和性能提升阶段。重庆宗申动力机械股份有限公司通过与意大利巴贝锐公司合作,合资生产的帕维奇ZS554铰接式拖拉机,广西合浦县惠来宝机械制造有限公司亦研发的铰接式山地拖拉机,可通过前后桥的铰接实现车身扭转,提高了丘陵坡地作业的稳效性和转向灵活性,该产品正在丘陵山区主要作物进行示范点建设,完善机型的适应性。四川川龙拖拉机有限公司、山东五征集团有限公司等单位,"十三五"期间结合完成国家和地方有关研发计划,开展了具有适应复杂地面和姿态调整功能的山地拖拉机研发,形成了科研样机,但研发成果尚未得到有效熟化和实际应用。

我国农机工业主要指标总量已位于世界前列,部分中小型产品,如中小型拖拉机、柴油机、插秧机等在东南亚及其他部分发达国家占有一定市场份额。

从全球范围看,发达国家农机产品种类已达7 000多种,并基本实现了全程和全面机械化;而我国农机产品的品种只有3 500多种,仅实现了主要粮食作物耕种收环节的机械化。传统大宗产品、中低端产品较多,丘陵地区、经济作物、畜牧养殖生产环节中很多领域的农机产品还有许多空白点,生产关键环节缺乏适用机械,很多还处在研制起步阶段。如甘蔗收获机械、牧草打捆机械以及大葱、大蒜、胡萝卜等种植收获机械等,低端产品过剩,高端产品不足。大众化产品如玉米机、中小功率拖拉机等,国内产能过剩较为严重,而大型高效、多功能、自动与信息化智能装备产能不足,如高端耕整机具、精量免耕播种机、大功率动力换挡拖拉机等长期依赖进口。

### 1.3.1.1 关键零部件受制于人,存在较大技术瓶颈

缺乏自主核心零部件制造能力。国内企业在特种钢材等核心工艺材料、关键零部件、关键作业装置等领域存在较大技术瓶颈,尚未形成具备专、精、特、高的农业装备零部件开发和制造能力。一些核心部件,如大功率环保和节能型发动机、电液控制系统及控制软硬件、GPS导航系统、动力换挡传动系统、打捆机的打结器等关键零部件,均未形成批量制造能力。另外,农机具的入土部件没有专业加工能力,质量差,有效作业时间无法与进口部件相比,影响了农机具的竞争力。

### 1.3.1.2 制造技术和装备水平落后,产品质量和可靠度低

国内农机装备企业制造技术手段和装备水平普遍落后。多数企业生产装备停留在20世纪七八十年代的水平,工艺技术落后。除少数企业在装备水平方面与国际公司有所接近外,其余多是中、小企业进行小而全的生产,国内外市场占有率不高。农机产品相对落后,产品质量不高。国内产品主要集中于低端,产品质量和可靠性方面与国外产品的差距非常明显。

### 1.3.1.3 生产格局分散,产业集中度低

全球目前形成了五大农机巨头(约翰迪尔、凯斯纽荷兰、爱科、克拉斯、久保田),其年收入规模均在30亿美元以上,前三家企业2015年收入达619亿美元,与国内2 319家规模以上农机企业总收入相当。

与国外相比,国内农机行业竞争格局分散,市场集中度有待提高,具备国际竞争力和品牌影响力的大型企业集团严重缺乏。而调研的6省份农机装备制造水平与国内农机装备

产业集中度相对较好的山东、江苏等省仍有较大差距。产品主要集中于低端，产品质量和可靠性方面与国外产品的差距非常明显。随着我国农机向高端化、全过程化转变，技术落后、资金实力弱的小型企业将会逐步退出。

目前中国农业机械化程度最高的是新疆和东北地区，农业机械化率可达到 80% 以上。而在耕种条件差的西南丘陵山区，当地农业机械化率甚至不足 30%。

## 1.3.2　四川省

四川省地处西南丘陵山区，坡地多、地块小而散、田块落差大，地形地貌跨度大，山地面积占全省总面积的 77.1%，丘陵占全省土地面积的 12.9%，丘陵山地在地形中占主导地位，主要集中于盆地丘陵山区、盆周山区两大区域。按粮油作物种植面积计算，水稻、玉米、油菜、马铃薯、小麦排前五位，其种植面积分别为 2 800 万亩[*]、2 759 万亩、1 923 万亩、1 025 万亩和 895 万亩，年产量分别为 1 475 万 t、1 065 万 t、31.5 万 t、289 万 t 和 247 万 t。茶园面积 626 万亩，年产量 73.4 万 t。四川油菜种植面积居全国第 2 位，油菜籽总产量居全国首位。四川省是全国粮食主产省之一，同时也是粮食消费第一大省。

2020 年，四川省主要农作物耕种收综合机械化率达 63%，农业机械总动力达到 4 754 万 kW，比"十二五"末增长 7.9%，占全国农业机械总动力的 4.5%。四川有 127 个丘陵山区县，耕地面积占全省耕地面积的 78%，农机化水平不到 50%。截至 2017 年底，四川省拥有大中型拖拉机 13.41 万台，插秧机 0.93 万台，各类联合收割机 3.62 万台，谷物烘干机 0.27 万台，机械烘干粮食 122.49 万 t，粮油、经作、畜牧、水产、农产品初加工、设施农业等生产机械得到较快增长，农机装备水平进入了中级发展阶段，推动四川农业科技贡献率达 58%。

四川省农机制造企业共有 100 余家，年产值在 100 亿元左右，其中规模以上企业 53 家。产值在 1 亿元以上的有 8 家，生产畜牧养殖装备、微耕机、联合收获机、碾米机等；产值在 5 000 万元至 1 亿元的企业有 11 家，生产拖拉机、联合收获机、养蚕装备、脱粒机、榨油机、微耕机、特色经济作物烘干机、水泵和农机配件等；产值在 1 000 万元至 5 000 万元的企业有 27 家，生产茶叶加工机械、联合收获机、畜禽处理设备和多功能脱粒机等。四川农机主要出口印度、越南、泰国和非洲国家，出口产品为小型稻麦联合收获机、脱粒机、碾米机、榨油机、饲料粉碎机等，出口额约 5 000 万美元。农机装备企业主要有四川川龙拖拉机制造有限公司、四川吉峰农机连锁股份有限公司、四川省合立农机有限公司、四川省先进智能农机装备有限公司、四川晨兴农业机械设备制造有限公司、四川永前科创农业机械有限公司、宜宾吉盛农业机械有限公司等。拥有丘陵山地智能拖拉机、高效联合收割机、水稻插秧机、粮食烘干机、碾米机、饲料粉碎机、割草机、粮食风选机、薯类分离机、玉米脱粒机和水稻小麦两用脱粒机等系列农机产品。

四川省已逐步建立起以四川川龙拖拉机制造有限公司等农机生产企业为主体，四川省农业机械研究设计院、成都市农林科学院等科研院所为基础，西华大学、四川农业大学为支撑，产学研推一体的农机科研创新体系。全省农机科研机构 76 个，企业研发机构 56

---

[*]　亩为非法定计量单位，1 亩等于 1/15hm²。

个，农机科研院所 11 个，大专院校 9 个，农业科技研究人员 2 000 多名。相继成立了丘陵山区智能农机装备创新战略联盟、四川现代农机产业技术创新战略联盟、丘陵山地现代农机产业技术创新服务中心。四川农机企业在拖拉机、联合收获机、烘干装备、茶叶加工装备、养蚕装备和蛋鸡、生猪养殖装备方面有较强的自主研发能力。"十三五"以来农机装备研发取得突破性进展，自 2016 年以来，四川省重点开展了马铃薯高效精量智能播种机、轻简型油菜多功能收获机、大宗茶小型自走式采茶机、根茎类中药材收获机、太阳能智慧灌溉成套设备、小型果蔬智能高效预冷保鲜设备、大蚕饲育成套设备、烟草田间管理机等装备研发。四川川龙拖拉机制造有限公司牵头，西华大学、四川省农业机械研究设计院等单位参加完成了"十三五"国家重点研发计划项目"丘陵山地拖拉机关键技术研究与整机开发"，创制 25hp、35hp 丘陵山地智能拖拉机样机 3 种。

### 1.3.3　重庆市

重庆市集大城市、大农村、大山区、大库区于一体，属典型的丘陵山区地形。现有耕地 2 805.25 万亩，其中，水田占 37.64%，旱地占 62.29%。45.15% 的耕地分布在主城都市区，35.09% 的耕地分布在渝东北三峡库区城镇群，19.76% 的耕地分布在渝东南武陵山区城镇群。6°～15° 坡度耕地占比超过 41.19%，15° 以上坡度耕地占比超过 39.14%。主要农作物包括水稻、玉米、油菜等，特色经济作物包括蔬菜、水果、茶叶、中药材等。2021年，重庆市粮食种植面积 3 019.8 万亩（其中水稻 985 万亩，玉米 661 万亩，马铃薯 494万亩），油料 506.9 万亩（其中油菜籽 392.3 万亩），蔬菜 1 187 万亩，经济作物 2 142.88万亩（其中水果 573.52 万亩，茶叶 81.51 万亩，青菜头 185.1 万亩，调味品 186.1 万亩，中药材 301.85 万亩，笋竹 500 万亩，烟叶 32.53 万亩）。

2021 年，重庆市农作物综合机械化率达 53.6%，同比提高 1.6 个百分点，增幅比全国高 0.5 个百分点，超过全国丘陵山区平均水平，居西南地区省份前列。农机总动力达 1 532 万 kW，拖拉机、联合收割机、高速插秧机和谷物烘干设备等大中型机具超 2 万台（套），还建立了农机作业服务组织 4 752 个。2021 年，粮油作物机耕、机播、机收面积各达 3 233 万亩、380 万亩、1 002 万亩，其中水稻机播机插面积达 189 万亩，机收面积突破 700 万亩，机收率 83.3%，水稻机械化水平超过 72.3%。玉米、薯类、油菜、小麦、大豆的机械化水平分别为 36.8%、31.30%、47.7%、47.8% 和 28.0%。

重庆市被誉为"中国微耕机之都"，年产微耕机系列产品 200 万台（套）以上，约占全国微耕机产量的 2/3，近 50% 销往东欧、中欧以及东南亚和南美洲等海外主要农产地。2020 年，重庆农机装备（含农、林、牧、渔专用机械）相关企业近 200 家，其中规上工业企业 46 家，营业收入 80.55 亿元，主要农机生产企业有重庆鑫源农机股份有限公司、重庆威马动力机械有限公司、重庆宗申动力机械股份有限公司、重庆市恒昌农具制造有限公司、重庆华世丹机械制造有限公司、重庆科业动力机械制造有限公司、重庆润浩机械制造有限公司、重庆嘉木机械有限公司等。重庆市农机产品门类齐全，全市农机装备合计 270 多个品种，1 200 多种型号，获得国家专利产品近 200 项，其中 157 家企业超过 900个产品型号纳入国家农机购置补贴目录，主要产品包括：微耕机、田园管理机、小型收割机、采茶机、果树修剪机等专用机械和水泵、发电机组等通用机械两大类产品。2021 年重庆市规上工业企业生产农产品初加工机械 2.96 万台，同比增长 22%；小型拖拉机 965 台，同比增长 25.8%；土壤耕整机械 25.64 万台，同比增长 13.5%；收获机械 2 653 台，同比增长 17.8%。

重庆从事农机装备研究研发的机构主要有重庆市农业科学院农业机械研究所、重庆市农机装备产业技术创新联盟（以下简称联盟）。前者主要从事适合丘陵山区操作的小型农机具、农产品干燥设备与技术、农产品精深加工关键设备等研发攻关。后者于 2022 年成立，旨在解决丘陵山区全程机械化薄弱环节关键技术及农机装备应用等问题，联盟成员汇集行业较有影响力的高校、科研院所、鉴定推广部门、企业、合作社等单位共 23 家，包括重庆市农业科学院、西南大学、威马农机股份有限公司、重庆华世丹农业装备制造有限公司等，除重庆本地成员外，还有华南农业大学和山东省农业机械科学研究院，企业包括整机装备及零部件供应商。联盟拥有科技创新平台 39 个，其中国家级 11 个，市级 22 个，其他 6 个。

### 1.3.4　云南省

云南省地形包括平原、台地、丘陵、山地，面积分别占全省总面积的 4.85%、1.55%、4.96%、88.64%。因此，云南省地形以丘陵山地为主，拥有耕地面积 539.55 万 $hm^2$（8 093.32 万亩）。云南省丘陵地区的主要农作物有水稻、玉米、马铃薯、油菜、甘蔗、麦类，主要经济作物有茶叶、花卉、蔬菜、水果、坚果、咖啡、中药材、食用菌。目前云南省针对 6 大主要农作物的种植、植保、收获、烘干、精深加工、秸秆处理 6 个环节推进全程机械化，并推进 8 大经济作物关键产业环节及关键机具、关键技术，推进特色经济作物机械化。

2021 年年底，云南省农机总动力达到 2 839 万 kW，同此增长 1.5%；农机具总拥有量达到 650 万台（套），比上年增长 4%；拖拉机总数达 37 万台（套），拖拉机配套农具 36.06 万台（套），农作物耕种收综合机械化率达 50.8%。2021 年累计投入农机具 220 万台（套），农机作业面积达 686.67 万 $hm^2$，比上年增长 0.4%。水稻耕种收综合机械化率达 54.86%，比上年增长 1 个百分点。机收损失率降低 0.9 个百分点，挽回粮食 2 163 万 kg。

云南省具有一定规模的农机制造企业有 110 余户，其中规模以上工业企业 10 户。主要生产企业有云南力帆骏马车辆有限公司拖拉机装配厂、昆明新天力机械有限公司、昆明神犁设备制造有限责任公司、云南模三机械机械有限公司、通海县宏伟农机商贸有限公司、通海县宏兴工贸有限公司、云南省楚雄华力机械制造有限责任公司、陆良县云海机械有限公司、云南省包装食品机械厂、云南茶兴机械有限责任公司、云南富邦制冷设备有限公司、昆明康立信电子机械有限公司等。目前形成了包含手扶拖拉机、拖拉机（手扶变型运输机）、运输型拖拉机、农用挂车、微耕机、饲料加工机械、机动脱粒机、烘干设备、温室大棚等 9 大类、300 多种产品的农机工业体系。

云南省依托大学、科研院所和农机协会，2021 年投入资金 1.06 亿元，开展 14 项农机装备科研项目。在科研成果转化应用方面，生产制造农机产品 574 个，鉴定农机新产品 93 个。主要研发机构是云南省农业机械研究所，该所主要围绕云南高原特色农业发展对装备的需求，开展技术研发、产品开发、成果转化和技术推广工作，先后完成并通过鉴定、验收的科研成果 350 余项，在农副产品加工技术和装备、高原丘陵山地小型农机具两个专业领域形成特色和比较优势。

### 1.3.5 贵州省

贵州省是唯一没有平原支撑的丘陵山地农业大省，现有土地面积 17.6 万 km²，其中丘陵和山地占了总面积的 92.5%，而坝区面积仅占 7.5%，地势西高东低，地形地貌十分复杂，耕地面积少、地块小、零星破碎、坡度大。主要农作物有马铃薯、水稻、玉米、油菜、小麦、薯类、豆类、烟草和茶叶等，其中马铃薯种植面积 1 137 万亩，水稻种植面积 967 万亩，玉米种植面积 825 万亩，油菜种植面积 670 万亩。近年来，贵州着力打造具有较强市场竞争力的山地特色优势产业，大力发展茶叶、辣椒、薏苡、食用菌等特色产业，以期培育成当地农民脱贫增收的主导产业。这些特色优势产业已达到较大规模的种植面积，茶叶和辣椒的种植面积均居全国第一位，但其机械化作业仍处在起步阶段，茶叶和辣椒的采摘几乎都靠手工作业。

2020 年贵州省农机总动力 2 575.15 万 kW；机耕面积 2 580 万亩，机械化播种面积 137 万亩（其中，机插秧面积 62.5 万亩），机收面积 581 万亩；农机专业合作社 634 个，主要农作物综合机械化水平为 25.19%。机耕水平为 66.97%，机播水平为 3.01%，机收水平为 14.43%。从数据上看，贵州耕种收农业装备发展极不合理。目前，适宜贵州丘陵山区作业的小型农机具仍然较少，全省拖拉机拥有量 56 057 台、联合收割机 793 台、其他农业机械 33 155 台，拖拉机、联合收割机驾驶员分别为 175 686 人和 144 人。普及率最高的还是手扶式微耕机，全省小型微耕机保有量大约 100 万台，而适宜大宗农作物油菜、玉米和马铃薯等的农机装备则较少，农业装备结构发展不合理。

贵州省农机制造企业共 22 家，2020 年总产值 0.988 5 亿元，销售额 0.9 亿元以上。其中，贵州双木农机有限公司农业机械生产产值 0.2 亿元、贵州金三叶机械制造有限公司农业机械生产产值 0.28 亿元。贵州省农机制造企业没有规模以上企业，主要是小型企业。贵州金三叶机械制造有限公司、贵州双木农机有限公司主要生产茶叶机械，主要产品有杀青机系列、揉捻机系列、烘干机系列、炒干机系列、热风炉系列、理条机系列、烘焙机系列、回潮机系列、摊青机系列、输送机系列、红茶所需的萎凋机系列、发酵机系列，以及精制茶设备及清洁化生产线等。黔西南布依族苗族自治州智慧农机有限责任公司、安顺煜辉经贸有限责任公司、贵州省黔南布依族苗族自治州黔丰农业机械制造销售有限公司主要产品有微耕机、半喂入机动脱粒机、微型耕耘机、稻麦脱粒机、机动脱粒机等。

贵州省从事农业装备研发推广的机构共 6 家，科研人员近 200 人。目前，主要从事农业装备研发工作的只有贵州山地农机研究所和毕节市农业机械研究所，其余 4 家主要从事农机推广工作。

### 1.3.6 广东省

广东省地形类型复杂多样，主要地形类型包括山地、丘陵、台地和平原。广东省以山地、丘陵地形为主，两者面积约占总面积的 60%，主要的山地都属于南岭山脉的组成部分，山地丘陵多分布在中北部地区，从地形单元来看，属于东南丘陵中两广丘陵的组成部分。广东省丘陵地区主要种植作物为水稻、水果、蔬菜、茶叶、花生、马铃薯、甘蔗。

广东省 50 个山区县耕地面积 1 946.85 万亩，占全省总耕地面积的 49.5%。广东省农作物耕种收综合机械化水平由 2005 年的 32.29% 增加到 2017 年的 45.91%，12 年提高了 13.62 个百分点。广东省耕种收机械化水平全国排第 27 位，其中机耕水平为 86%、机播水平为 11.34%、机收水平为 42.79%，主要农作物中水稻耕种收综合机械化水平达 70%。其中，水稻机耕水平达到 97%、机收水平达到 87%。从数据上看来，广东省在主要农作物播种方面存在播种机械"无机可用"或者"有机难用"的情况。

广东省农机装备生产企业主要有广东科利亚现代农业装备有限公司、广东江隆农机科技有限公司等，主要产品有联合收割机、甘蔗联合收割机、水稻抛插秧机、花生联合收获机、拖拉机、收获机、喷雾机、捡拾机、播种机、青贮机、植保无人机、割草机、圆捆机、搂草机、起垄机等。

广东省农机装备主要研发机构有广东省现代农业装备研究所、华南农业大学工程学院。前者前身是广东省农业机械研究所，拥有职工人数近 500 人，年科工贸总产值 3 亿元以上，主要从事农业装备领域应用基础性、前瞻性、公益性科研，开展成果转化和推广，生产制造农业生产所需要的现代装备。拥有包括丘陵山区农业装备技术研究开发中心在内的 8 个研发中心、国家农业机械工程技术研究中心南方分中心在内的 13 个创新平台。后者源于 1958 年华南农学院的"农业机械化教研室"，其中，罗锡文教授是中国工程院院士，是我国农机装备的领军人物，有多项关键技术与装备研发成果。

## 1.3.7　广西壮族自治区

广西地处亚热带，总体是山地丘陵性盆地地貌，山地约占广西土地总面积的 39.7%，海拔 200 ～ 400m 的丘陵占 10.3%。耕地面积 442.53 万 hm²，人均耕地 0.09hm²。广西丘陵山区特色农作物总播种面积 312.1 万 hm²，占全区主要农作物总播种面积的 50.8%；全区丘陵山区特色农作物产量 1.25 亿 t，占全区主要农作物产量的 89.2%。丘陵山区特色农作物无论是种植面积还是产量均占据全区重要地位。优势特色农产品为甘蔗、芒果、火龙果、沃柑、罗汉果、澳洲坚果、桑蚕、脐橙、茶叶、龙眼、荔枝、香蕉、葡萄、山茶油、茉莉花、花生、马铃薯、百香果、核桃、沙田柚、八角、板栗、莲藕、马蹄、菠萝、柿子等，绝大多数分布在丘陵山区。

2022 年广西农业机械总动力 3 800.18 万 kW，大中型拖拉机、联合收割机、水稻插秧机拥有量分别达到 4.24 万台、3.04 万台和 1.75 万台。全区农机户 229 万户，农机从业人员 313 万人。完成机耕面积 466 万 hm²，农业机械投入面积 71.8 万 hm²，机械收获面积 211.1 万 hm²，分别占全区农作物总播种面积的 88.4%、13.63%、35.11%。农作物耕种收综合机械化率为 55.62%，列全国第 25 位；其中水稻耕种收综合机械化率 81.25%，全国排第 17 位；甘蔗联合收获机械化率仅为 3.38%；水果机械化率仅为 12.62%，全国排第 28 位；茶叶机械化率仅为 17.49%，全国排第 15 位。

广西现有农机装备生产企业 200 多家，其中 80% 以上是民营企业或个体，产品主要有小型多功能拖拉机、微型手扶拖拉机、耕整机、水稻插秧机、水稻收割机、甘蔗种植及收获机械等。已有一些具有特色的农业机械产品，如广西合浦县惠来宝机械制造有限公司研发的丘陵山地拖拉机,能够通过模块的更换实现丘陵山地各类田间和运输作业;广西柳工集团有限公司和广西农机研究院的甘蔗联合收割机处于国内先进水平;广西云瑞科技有限公司研发植保无人机;广西宜州林胜堂蚕具有限公司研发桑蚕机械;广西开元机器制造有限责任公司、广西贵港联合收割机有限公司生产的半喂入水稻联合收割机适合广西水田特点;桂林桂联农业装备有限责任公司生产的背负式水稻联合收割机在国内占有一席之地;桂林高新区科丰机械有限责任公司创新开发的小型农机具系列具有特色和巨大的市场前景。

广西从事农业装备研发的机构有广西农业机械研究院有限公司和广西壮族自治区农业机械化服务中心两家。前者主要研发甘蔗机械、水稻机械、微耕机及其他机械,目前拥有从业人员 700 多人,专业技术人员 311 人,其中高级职称 50 多人,中级职称 130 多人;拥有国家级创新平台 2 个、省部级创新平台 5 个。后者主要从事农机服务、推广、监理工作。

# 1.4　我国丘陵山区农机装备主要短板

## 1.4.1　适应南方丘陵山区的农机装备相对缺乏

我国已成为农机装备生产制造和使用大国,已有 3 500 多种装备,但适宜南方丘陵山区的装备少。适宜平原地区的大型农业机械多数难以在南方丘陵地区通行作业;中小型农业机械因农作物品种多样、分布区域广泛而分散、道路状况和地块条件差等问题,难以开展正常作业和发挥效益。比如,平原地区使用的大型稻麦联合收割机对行距、地块大小等有一定要求,但丘陵山区的地块普遍小而分散,造成设备无法作业。

此外,农机装备的部分关键核心技术、重要零部件、材料受限,部分高端机具主要依赖进口,国产机具多为中低端产品,部分领域、环节或地区存在"无机可用""无好机用"的问题。比如,油菜移栽的农机装备、根茎类作物的采收机具,需求量大且十分紧迫,但适宜规模化生产的农机装备还不成熟,需要实现突破。

## 1.4.2　丘陵山区农机装备设计不合理

现代农业要求新型农机装备具有一机多用、绿色、环保等特性。但由于我国丘陵山区农机装备设计理念简单,导致用户在实际使用过程中,需要多套设备、多次作业,造成用户使用新机具意愿低。如,微耕机安全挡板设计不合理,不利于用户清理杂物,致使绝大部分用户将安全挡板拆除,旋耕刀裸露,形成极大的安全隐患。而安全挡板对安全操作微耕机具有至关重要的作用,绝大多数微耕机伤人事故是由旋耕刀片所致。

## 1.4.3　丘陵山区农机农艺融合发展水平较低

丘陵山区的农业生产仍然是粗放式的经营方式,农机装备制造和应用匹配度不高。同一作物种植规格差异大,某些作物品种、栽培工艺、装备不配套,种养方式、产后加工与机械化生产不协调,作物种植行距、株距与现有农机要求不匹配,一些先进适用技术集成推广受到制约。中小型农业机械因农作物品种多样、农艺技术复杂,难以开展正常作业。

一些老旧设施钢架大棚、日光温室、连栋温室，在建造时没有考虑机械化作业，农业机械进出困难。农业农村、工信、科技等部门在实际工作中缺乏协同配合，存在农机和农艺技术推广及应用与农户实际需求脱节。

### 1.4.4　农机装备产品一致性、可靠性有待提高

我国农机装备生产企业大部分是中小企业，农机装备质量发展的基础相对薄弱，造成装备在质量一致性、稳定性、可靠性、安全性和耐久性等方面差距较大，质量品牌竞争力不强，标准和质量的整体水平亟待提升。据相关统计，我国一些农用联合收割机、耕作设备等的平均故障间隔时间（MTBF）只有先进国家同类产品的1/3，其技术水平远远落后于国际领先水平，在使用过程中故障不断，不仅需要较长的维修等待时间，同时安全性也不高，无法满足规模化生产需求，降低了农机用户的使用欲望。

### 1.4.5　农机装备研发能力较弱

目前农机研发资源大都集中于科研院所、大型企业，而调研省份农机装备生产主体是中小企业，规上企业数量较少，缺乏研发需要的人力、物力、财力、技术等要素。同时丘陵山区农机装备的普遍特点是经济效益低、产品批量小、个性化、定制化要求高，科研机构及企业针对山区研发的意愿低。

### 1.4.6　智能农机推广应用发展缓慢

智能农机是卫星导航、集成电子、信息软件等现代高新技术与制造业高度融合的新型装备，对"互联网＋"基础要求高。由于信息监测不到、信号盲区、省县交界范围内信息识别错误等原因，以及受观念、技术、资金、政策等因素制约，农机服务组织、农机大户仍沿袭传统的单一耕种收作业模式，无人植保飞机、北斗导航无人驾驶等先进装备尚未普及。

## 1.5　我国丘陵山区农机装备补短板对策建议

### 1.5.1　提高农机装备应用能力

**一是推进农机农艺深度融合。** 建立健全丘陵山区农机农艺融合发展机制，加快推动良种、良法、良治、良田、良机融合发展。因地制宜开展宜机化改造试点，扩大土地"宜机化"改造面积，推动地块小并大、短并长、陡变平、弯变直、瘦变肥和互联互通，提高丘陵地区土地利用率和宜机化水平。**二是健全技术推广服务体系。** 创新机械化生产、社会化服务模式，积极发展"新型农业经营主体＋全程机械化＋综合农事服务中心""新型农业经营主体＋规模化＋特色优势产业＋全程机械化""新型农业经营主体＋适度规模＋全程机械化"等模式。建立健全以公益性服务机构为主体、多种成分共同参与、相互补充的丘陵山地装备服务体系。**三是提升农业机械化技术推广服务能力。** 精心组织好重要农时机械化生产活动，引导丘陵山地装备服务主体通过跨区作业、订单作业、生产托管等多种形

式，提高作业效率和质量。加快农技推广服务信息化步伐，支持科技特派员、农技人员、专家教授等通过互联网加快推广应用农机作业监测、维修诊断、远程调度等信息化服务平台。推动农机服务业态创新，建设一批丘陵山地装备"全程机械化 + 综合农事"服务中心，为周边农户提供全程机械作业、农资统购、技术培训、信息咨询、农产品销售对接等"一站式"综合服务。**四是建立健全技术标准体系。** 制定出台"宜机化"整治技术规范和技术标准，积极开展丘陵山区农田宜机化建设的政策研究、规划布局和机制探索，健全完善丘陵山区农田、果园、菜园、茶园和设施种养基地建设。推进水稻、甘蔗、茶等作物农机农艺融合示范基地建设，改进丘陵山区农机性能和适用范围，协调农机与水、肥、种、药等相互作用。改良耕作制度，系统调整土地资源利用布局，提高对农业机械的适应性。制订完善丘陵山区农机鉴定标准，简化农机鉴定认定程序。

## 1.5.2　提升重点领域技术装备制造水平

结合丘陵山地地域特色，推动新一代信息技术和农机装备深度融合，对农机生产企业设计、生产和设备控制进行智能整合，实现灵活的规模化生产，建设一批现代化农机装备智能工厂（车间），实施"机器换人"专项行动，提高农机装备制造精度和一致性。重点研制适应丘陵山地作业的体积小、重量轻、重心低、底盘通过能力强的智能化、轻简型、复合型丘陵坡地农机装备。加强基础前沿、关键共性技术研究，应用新材料、新工艺、新技术突破基础材料、基础工艺、电子信息等"卡脖子"技术。如水稻方面，重点研制水稻侧深变量施肥插秧机、轻简型水稻钵苗有序抛栽机、适应丘陵水田作业的拖拉机、旋耕埋茬起浆平地联合作业机、水稻大田育秧苗床整备机械、水稻工厂化育苗秧盘土配制成套设备等整机。重点研究水稻无人机精量直播技术、水稻大钵体毯状苗机械化育插秧技术、防泥水密封技术等关键核心技术。

## 1.5.3　提高农机装备研发能力

集中资源要素，统筹协调攻关。**一是打好核心技术攻关战。** 完善丘陵山地农机装备创新体系，坚持引进、消化和自主创新相结合，构建以企业为主体、市场为导向的成本共担、利益共享丘陵山地农业装备产业技术创新战略联盟，组织实施重大新型丘陵山区农机产品和配套机具的开发和生产。面向丘陵山区农机装备短板征集关键核心技术，每年更新和发布关键核心技术攻关清单，以科技重大专项、重点研发计划等为抓手，突破核心技术。**二是推动农机智能改造升级。** 推动丘陵山区农机装备向智能化和机电一体化方向发展，推动信息技术与农机装备制造业深度融合，积极发展"互联网 + 农机作业"，开发适合丘陵山区需求的无人机导航飞控、作业监控、数据快速处理平台，强化丘陵山区农机装备的信息感知技术、传感网和智能控制技术应用，推动装备远程控制、半自动控制或自主控制。强化农机装备基础数据采集，整合各类农业园区、基地物联网数据采集设施，指导丘陵山区农机装备设计、研制环节可靠性等工作。**三是打造创新研发平台。** 着力推进丘陵山区农机装备领域重点实验室、工程中心等科研平台建设，支持农机科研院校和企业联合建设国家级农机装备工程技术（研究）中心、重点实验室等创新平台，支持农机企业建立企业技术中心、技术创新中心、工程研究中心、新型研发机构等，鼓励农机企业会同高校、科研院所构建创新联盟等创新联合体，打造丘陵山地智能农机装备创新研发平台，共建学科专业，建立战略伙伴关系。**四是加强创新成果转化应用**。聚焦丘陵山区农机装备领域关键基础材料、基础零部件（元器件）、先进基础工艺、产业技术基础、工业基础软件"五基"能力，实施重点"五基"成果示范应用。推动丘陵山区农机装备急需的科技成果产业化规范化应用。搭建科学信息咨询、研发设计、知识产权、中试基地、检验认证等公共服务平台，强化平台与企业的技术开发、成果运用等合作机制。

## 1.5.4　促进大中小企业融通发展

支持产业链龙头企业发挥技术优势，牵头承担国家重大科技项目，发挥引领作用和合作平台功能，为上下游中小企业提供共性技术和行业解决方案，实现核心技术自主可控，做大做强领域内丘陵山地装备。加快培育一批专注细分市场、聚焦主业、创新能力强、成长性好的"专精特新"中小企业，培育一批国家级重点"小巨人"和制造业单项冠军企业。加大丘陵山地装备关键零部件企业培育力度，支持中小微企业实施精准"卡位"入链，围绕龙头企业组织技术攻关、产品开发和服务提升，发展以龙头企业为核心的供应链金融、供应链服务、生产性服务，支持龙头企业通过订单方式为小农户或经营主体提供全程服务。发挥国有资本助推引导作用，探索以基金或直投等方式投资现代农机装备企业或相关领域，促进主机制造、上下游企业（用户）、科研机构等实施战略合作，积极建设产业链供应链服务平台，实现研发、生产、销售、运维协同推进。鼓励地方建立丘陵山地装备服务主体名录库，加强动态监测，对纳入名录管理、服务能力强、服务效果好的组织予以重点扶持。

## 1.5.5　推动政策聚焦

加强规划政策引导，用足用好中央政策，巩固优化省级政策，撬动各级地方政策。聚焦规划、土地、财税和金融政策，支持丘陵山区农机装备产业发展和重点项目建设。深化"放管服"改革，构建科学、便捷、高效的审批和管理体系，切实调动各类市场主体的积极性、主动性和创造性，营造丘陵山区农机装备产业良性发展的市场环境。充分发挥行业协会在行业自律、信息交流等方面的作用，服务和引导行业转型升级。探索开展丘陵山区农机购置综合补贴试点，创新补贴资金使用方式，加大财政补贴力度，加快推进优机优补试点，灵活开发各类信贷产品和提供个性化融资方案，支持金融机构面向丘陵山区农机经营主体开展融资租赁业务和信贷担保服务，支持开展丘陵山区农机互助保险，争取农机政策性保险。推动各地区扩大地方政府债券覆盖范围，重点支持丘陵山区高标准农田建设、农机购机补贴、配套基础设施建设等。提高丘陵山区农机装备补贴标准和补贴额，测算比例从30%提高到35%。积极探索补贴申请、核验、兑付全流程线上办理新模式，推广应用手机App、人脸识别、补贴机具二维码管理和物联网监控等技术，推进丘陵山区农机购置补贴实施与监管信息化技术集成应用。大力开展丘陵山区特色产业发展急需新机具专项鉴定，对暂时无法开展鉴定的农机开辟绿色通道，通过农机新产品购置补贴试点予以支持。

# 附件 1
## 我国南方丘陵山区主要农作物生产农机装备情况

### 一、水稻

我国是水稻生产大国,种植面积居世界第二位,总产量居世界第一位。水稻主产区位于我国南方地区,2021年全国水稻生产综合机械化率85.59%,从总体上看,耕作和收获基本实现了机械化,但种植机械化水平依然较低。

丘陵山区水稻农机装备产品系列已相对较为完善,基本覆盖耕、种、管、收、运、加工各个环节。主要装备有:旋耕埋茬起浆平地联合作业机、水田高效卫星平地机、水稻大田育秧苗床整备机械、水稻工厂化育苗秧盘土配制成套设备、水稻棚内起盘机、轨道式水田运苗设备、轻简型水稻钵苗有序抛栽机、水稻侧深变量施肥插秧机、杂交水稻制种同步插秧播种机、再生稻联合收获机、适应水田作业的大喂入量水稻收割机、适应丘陵水田作业的拖拉机、适于多熟制地区的水稻长秧龄育插秧机、杂交水稻制种同步插秧播种机、乘坐式水田除草机、与自走式半喂入谷物联合收获机配套的秸秆集束打捆机、再生水稻收获机等。

#### 1. 国内技术不成熟,制造水平有限

如重庆鑫源、湖南农夫等企业相继研发了50~120hp半履带、履带拖拉机,基本适应丘陵水田作业环境,但还处于技术优化和产品推广阶段,没有形成量产。而国外方面,日本洋马、久保田公司研制的半履带拖拉机,15~100hp,产品线齐全,很好地解决了水田作业问题。

#### 2. 农机农艺融合差,影响机具的推广普及

由于我国南方丘陵山区地形地貌气候复杂,不同地区水稻种植方式存在差异,比如在插秧秧龄的选择和插秧密度方面,如果采用机械插秧,速度较传统插秧方式快几倍,但在秧苗成长过程中沉淀的时间却要比以往长很多,会造成秧苗不能及时下田,错过一个月左右的最佳秧龄,一旦气温逐渐升高,就会出现飘秧现象。此外,机械化插秧还要对秧苗的品种、育秧时间和秧田分布等一系列因素进行综合考虑,插秧密度不能过密或过稀,否则会影响水稻生产,导致减产。因此,农民更倾向于采取传统的农艺技术种植、收割水稻。而种植收获方式的多样性和复杂性,水稻稻苗的生长特性也影响了水稻机具的推广普及。

#### 3. 部分环节农机装备和关键核心技术缺失,缺乏统一的技术方案与实验数据

在部分环节农机装备方面,如水稻种植,轻简型水稻钵苗有序抛栽机,国内研发刚起步,尚处于样机阶段,主要面向平原水稻产区,而针对丘陵山区水稻种植区尚未研发,需要做出方案改进。在水稻收获方面,又如再生稻联合收获机,现有传统联合收获机对田面压实严重,碾压面积大,对二季再生造成了严重影响,开发轻型小型水稻联合收获机很有必要。在关键核心技术方面,如防泥水密封技术,南方水田作业机具以企业结构改进为

主，没有专门的研究攻关，没有统一的技术方案与实验数据。而国外防泥水密封技术较为先进，静配合件及运动部件的加工精度、配合精度等级选用较高；运动部件、密封件材料的耐磨性、耐久性、耐候性较好，密封可靠耐久。

## 二、马铃薯

我国马铃薯从南到北、从高海拔地区到低海拔地区都有种植，机械化生产起步较晚，进入 2000 年以后，才真正进入机械化时代。目前我国马铃薯生产整体机械化水平在全国九大种植作物中排名靠后，远远低于小麦、水稻和玉米等主要粮食作物。由于马铃薯种植区域广泛，地形、土壤、气候差异明显，种植农艺也不尽相同，对马铃薯生产机械有着不同需求，导致各个马铃薯种植区域的机械化率差异较大。总的来说，北方和中原作区机械化程度较高，特别是北方地区已基本形成了相对标准的机械化种植模式；西南作区和南方作区机械化程度相对较低，西南作区的马铃薯生产机械化刚刚起步。与世界上发达国家马铃薯机械化水平高达 95% 相比较，差距极为明显。

马铃薯生产农机装备经过 20 多年发展，有动力机械、耕作机械、整地机械、撒肥机械、起垄覆膜播种机械、上土机械、中耕机械、植保机械、杀秧机械、收获机械。其关键环节有：耕整地、播种（覆膜）、田间管理（中耕、植保）、杀秧、收获。但仍存在部分短板。

### 1. 适应性差

南方丘陵山区地块细碎、坡度大、土壤黏重，适用性机具少，发展适用于山地作业的小型马铃薯生产机具正当其时。

### 2. 农机农艺融合差

我国马铃薯种植分布广泛，尤以山地、丘陵居多，自然条件和农业生产习惯差异大，造成种植制度复杂、单种与间（套）种并存、起垄高低不一的局面。农民更易于接受和应用先进的农艺技术，而忽略农机化技术要求。种植模式的多样性，严重阻碍了马铃薯生产机械化技术的推广普及。四川省马铃薯总产量和总面积均位居全国前列，而机械化水平却是全国倒数，其中，播种机械化水平仅为 0.13%，收获机械化水平为 0.27%。

### 3. 可靠性差

国产中小型马铃薯机具市场占有率逐年增加，成为主流。许多机具制造工艺比较粗糙，关键零部件加工精度、装配质量、外观质量较差，使用寿命短。

### 4. 部分环节农机装备缺失

在马铃薯播种机方面，结合不同种植地区的农艺技术，应重点突破现有马铃薯播种机播种精度不高、播种均匀性不好、重播漏播严重等问题，提高播种效率。在马铃薯收获机方面，致力于实现高效低损机收，重点解决因劳动力问题造成的机器挖掘后人工捡拾难题，争取打造出一款适合中国国情的马铃薯联合收获机。

## 三、大豆

我国是大豆起源国，大豆种植历史已经超过 2 000 年。在 20 世纪 60 年代之前，我国大豆种植面积、总产量都居世界首位，但因产品缺乏竞争力及全球经济影响，从 1996 年开始，我国便由大豆净出口国变成了大豆进口国，且随着居民消费结构升级，对大豆需求的快速增加，国内产需缺口不断扩大，进口量也逐年增加，目前总产量居世界第 4 位，种植面积居第 5 位。按气候条件、耕作制度、品种类型，我国分为 5 个大豆主产区，其中涉及南方区域的有长江流域春夏大豆区（包括云贵高原）、东南春夏秋大豆区、华南四季大豆区。在机械化生产方面，在耕整地和播种作业环节，我国大豆生产基本实现了机械化，但仍旧存在一些难题，如高性能农机装备国产化、自主化水平较低；南方大豆产区整体机械化生产水平低，尤其是收获机械严重缺乏等，与发达国家相比还有一定差距。

与大豆相关的农机装备主要有：智能化大豆联合收获机、青毛豆（菜用大豆）脱荚机、适宜丘陵山区的高性能气力式精量播种机、轻简型玉米（大豆）收获机等。但仍旧存在部分短板。

### 1. 受地形环境及种植模式影响，南方丘陵山区限制了大豆生产机具普及

我国南方丘陵地块农户的土地分散，各户种植农作物不一，且种植的农作物分散不集中，田埂道路小，机器难下地，按照农艺要求只能应用小型机械，但小型农业机械作业带来生产成本高、规模效益低、土壤压实严重等现象，限制了农业机械化水平和效率提升。

### 2. 高性能大豆农机装备国产化、自主化水平低，进口整机装备价格昂贵

一方面，在整机装备方面，我国大豆主产区主要从欧美等发达国家进口，价格昂贵，大豆生产成本高，比如智能化大豆联合收获机，像凯斯纽荷兰、克拉斯、约翰迪尔等收获机智能化程度相对国产技术更为先进、成熟，在关键作业部件的可靠性、作业参数调节机构可靠性、割台仿形系统和作业质量检测系统的稳定性等方面更具优势。另一方面，大豆农机关键零部件依赖进口，影响我国大豆机械化水平的提高，如大豆精密播种气力式排种器，雷肯、阿玛松、约翰迪尔、凯斯纽荷兰、马斯奇奥等国际农机企业更为先进，多采用气吸式高速精密排种技术，且制造工艺相对较好，排种器、电驱式输种系统作业质量好、作业稳定。

### 3. 缺乏适合丘陵山区的大豆收获机具，国内研发机具效果不理想

我国大豆结荚位置低、颗粒大，用稻麦联合收割机收割大豆损失大，脱粒装置滚筒与凹版间隙小，易造成大豆破碎。东北地区使用大豆联合收获机多由国外技术所支持的合作公司生产，不适宜南方丘陵山区、坡地、小块地使用，且该机器价格昂贵，而国内自行生产的收获机的收获损失率大也是需要解决的问题。如轻简型玉米（大豆）收获机，国内已有院所研发但效果不理想，需重新开发。主要技术难点在于：南方玉米在收获时其茎秆及籽粒含水率很难达到机收要求（含水率≤25%），导致清选难度大，籽粒破损率高；南方大豆豆荚成熟期不一，且成熟到自然爆荚时间极短，很难把握收割期，机器收割时爆荚率高，割台损失率高，难以达到国标要求。

### 4. 经营模式不利于全程机械化水平提升，种植规模化程度低

我国大豆以小农户分散种植为主，该模式影响全程机械化水平提升。当前我国除国有农场、新型农业经营主体等规模化种植以外，以小农户分散种植为主，规模化程度低，品种繁杂、栽培模式差异大，耕种收等各环节标准化水平也低。

## 四、玉米

我国是玉米生产大国，总产量居世界第 2 位，生产区域分布广泛，辽宁、吉林、黑龙

江、内蒙古、山西、河北、山东、河南 8 省份的种植面积占全国玉米种植总面积的 60%，生产了全国 70% 以上的玉米。近几年来，国内玉米生产机械技术有了较大提高，整地、播种、田间管理等环节基本实现了机械化，玉米播种机械、施肥机械、灌溉机械、喷药机械、除草机械等种类不断增多，机械性能日趋完善，相互配套。机械播种率达到 80%，但是机械收获率较低，2015 年达到 63%，还是以摘穗为主，直接粒收的比例不足 5%，粒收水平低是我国玉米生产全程机械化的瓶颈。而南方丘陵山区，特别是西南玉米区，年平均玉米种植面积在 467 万 hm² 以上，然而玉米机播面积不足种植面积的 10%，机械化收获水平小于 2%，与全国相比还有很大差距。

与玉米生产相关的农业机械装备有：适宜丘陵山区的高性能气力式精量播种机、轻简型玉米（大豆）收获机，玉米、马铃薯等旱地作物除草机，轻简型鲜食玉米收获机等。但仍旧存在部分短板。

### 1. 适配性差

目前，生产丘陵山地玉米收获机的主要是山东、河北的企业，这些企业针对的都是北方地区的玉米品种和气候条件开发的玉米收获机，在南方土地上不一定完全适用，如轻简型鲜食玉米收获机，目前国内研制生产的机械大都应用于平原地区，体型较大，不适宜丘陵山地小地块作业。另一方面我国的玉米收获机生产企业多引用国外技术，而国外玉米收获机大多结构庞大，专业化和智能化程度高，大都为大型和中型，主要适用于北方和黄淮平原两大玉米主产区，偶有小型玉米收获机也仅能适应北方丘陵和山地，而适宜西南地区玉米种植、收获的农机装备严重缺乏，把北方适用的收获机在南方尤其西南丘陵地区作业，效果非常不理想。同样是鲜食玉米收获机，美国有 OXBO 大型鲜食玉米收获机，收获效率高，但价格昂贵，且不适用于丘陵山区。

### 2. 玉米种植特点影响机械化发展普及

在北方和南方不同的气候条件下，适宜种植的玉米品种有很大的区别，不同品种玉米的植株高度、茎粗、果穗大小、果穗高度等均有一定差异，而玉米收获机的通用性在没有得到有效解决的前提下，很难普遍适用于南北各方。加之南方玉米种植模式中，复种指数高达 200%，间（套）种普遍，复杂的种植模式严重制约了玉米生产机械化的发展。

### 3. 复杂的地形影响了玉米机械化率的提升

南方丘陵山区可耕种的土地主要分布于丘陵、山地和平坝，形成了很多梯田，耕地条件差。而收获机械的驱动动力仍然是拖拉机，行走方式仍是触地滚动，平坦的田地在机器作业时对机器的作业性能影响很小，易于实现机械化作业。而在南方丘陵山区，由于地块的起伏很难保证机械的作业质量，这也是南方丘陵山区玉米机械化水平不高的原因。

## 五、花生

花生是我国最具国际竞争力的优质优势油料与经济作物，种植区域十分广泛，全国 20 多个省份都有种植。我国是花生生产大国，2014—2018 年，花生年均种植面积 463.5 万 hm²，占世界种植面积的 17% 左右；年均产量 1 692.72 万 t，占世界总产量的 30% 以上；年均单产 3 651.98kg/hm²。花生种植面积和产量分别位居世界第 2 位和第 1 位。当前，南方丘陵地区花生种植及生产仍以传统的人工为主，以湖南为例，花生生产机械化水平较低，其耕种收综合机械化水平与我国主要农作物平均水平相比存在较大差距，且花生属劳动密集型旱地作物，作业生产成本高于其他农作物。此外，随着我国人口老龄化加剧及农业劳动投入时间和精力受限，对花生生产机械化的需求日益迫切。实现花生生产全程机械化，既可以提高作业效率、解决劳力不足的问题，还可降低生产成本、提高经济效益。

与花生相关的农业机械装备有：花生脱壳机、花生烘干机、适宜丘陵山区的轻简型花生播种和收获机具、中小型花生单粒精量播种机、智能化花生有序与无序铺放装备、花生种子精选机、秧果兼收型花生联合收获机等。但仍旧存在部分短板。

### 1. 农机农艺融合进程缓慢，农艺标准与农机化生产要求不配套

南方丘陵山区种植的花生品种多数都存在植株倒伏程度大、果柄强度低等情况，花生机械化收获时很难保证工作效率和损失率。目前南方丘陵山区花生种植农机农艺融合较缓，农艺标准与花生机械化生产要求不配套，花生种植和栽培流程还不能很好地满足机械化生产的需求。农艺部门在花生育种上，过于注重高产量、抗逆性强，尚未为了适应机械化作业开展花生品种改良。

### 2. 花生生产机械装备性能落后，部分关键技术难题还未得到有效解决

目前南方丘陵山区花生机械化生产技术相对落后，研究的具体方向还存在的一定盲目性，部分关键技术难题还未得到有效解决，如花生种子脱壳装备研发处于起步阶段，部分科研单位研发出花生种子脱壳小型技术装备，可完成主产区典型品种的花生种子脱壳作业，但在作业质量、品种适应性、自动化、智能化方面与国外（美国）相比差距较大，需进一步提升。对于自动化、机电一体化、智能化等高新技术方向的应用还非常少。现有花生生产机械设备的适应性、可靠性和生产效率有待提高，如花生播种机存在伤种率高、作业效率低等问题；半喂入花生联合收获机适应性差，捡拾联合收获机破损率和裂夹率偏高等问题较为突出。

### 3. 规模化种植少，产品附加值低

南方丘陵山区田块分散，且地形地貌复杂，花生耕作面积普遍比较小，少有大中型花生生产经营主体，客观条件导致机械的高效性难以发挥；另外，花生后期加工受限，规模化加工企业数量较少，难以起到示范带头效果。大部分花生食用油加工设备都已经落后，很难保证较高的出油率以及出油品质，缺乏出口或订单式销售渠道，无法实现花生的深加工，加工产品类型少，各环节结合不紧凑，产业链较短，花生新产品开发相对滞后，附加值不高，花生种植缺少利润增值空间。

## 六、油菜

我国是油菜生产大国，油菜种植面积和总产量均居世界首位。油菜常年种植面积约667万 hm$^2$；占世界种植总面积的1/4以上。从北部的黑龙江省到南部的海南省，从西部的新疆维吾尔自治区到东部的沿海省份，从平原到海拔4 600m以上的青藏高原，种植地区十分广泛，自然条件差异巨大，播种和收获时间也各有不同，每年3—10月都有播种和收获作业在进行，形成多样性的种植模式。我国油菜机械化生产的发展水平远落后于稻麦等大宗农作物，主要体现在栽培、收割和烘干都要耗费大量的劳动力，机具使用非常少，

传统精耕细作的劳作模式严重制约了机具的推广和使用。

与油菜相关的农业机械装备有：小型油菜直播机、适用于丘陵山区的轻简型油菜直播机、小型油菜联合收割机、油菜（高粱）小型自走式割晒收获机、适合稻茬黏重土壤的精量联合播种机、油菜毯状苗联合移栽机、油菜联合收割机、高性能油菜割晒机等。但仍旧存在部分短板。

### 1. 各地区的自然地理环境和种植模式差异大，使得农机与农艺技术融合度难于深入

一是南方地区地形地貌较为复杂，有山地、丘陵、盆地、平原等不同种类地形，地势崎岖陡峭，耕地不连片，呈碎块化，严重影响了油菜机具的普及和推广。二是气候条件复杂，耕地多黏重土，覆土薄，难以种植。三是丘陵山区道路崎岖狭小，道路通过性差，一些通村道路还是泥石路面，部分山区村屯尚未通机耕道，导致农业机械使用受限。

现有油菜品种适用于机械化播种，农艺的地方差异性和农机制造的单一性之间产生巨大矛盾，使得农业机械化发展难以成功。一直以来，我国油菜生产致力追求优质高产，在产量上追求单株产量和单位面积总产量，在品质上主要追求"双高"和"双低"，即高油酸和高亚油酸含量，低芥酸和低硫代葡萄糖苷的含量，但忽视了与机具使用的适应性。我国油菜主产区长江流域油菜种植在秋冬季（9月下旬至10月中下旬）播种，第二年春夏之交（4月底至5月中旬）收获，正值气温开始回暖，并且逐步升高的趋势，因此收获期油菜果荚成熟容易裂开，增加了收获损失率。目前油菜生产机具研发缺乏主要从品种选择、播种方式、核心部件构造原理等多角度综合探究，密切结合作物特性、农艺生产、农机使用的特性和惯性，增强三者的协调性、适应性，深入解决农艺与农机融合度不够的难题。因此，根据各个地区的自然环境和种植模式明确区域发展模式，对于引导农民开展油菜机械化种植和大面积推广示范使用非常重要。

### 2. 不同油菜品种之间种子差异较大，适用油菜机具的研发难度大

一方面，油菜作物具有自身的物料特性，和其他大宗农作物种子相比较，油菜种子体积和千粒重小，不同油菜品种之间种子差异较大，因此对于油菜直播机的播种密度和排种器型孔结构要求严格；由于育苗移栽的幼苗群体密度较大，拔扯幼苗时黏土和根系难以把控得当，研制拔苗机和栽植机并不符合实际。又如小型油菜直播机，国内有些企业有研发，但没有适用于黏性土壤环境的机具；目前，丘陵山区以小型油菜割晒机为主，小型油菜联合收割机国内尚无研发。

另一方面，油菜种子粒径小，球形度高，流动性较好，但表皮薄且含油量高，易发生破损和堵塞现象，是油菜实现机械化精量排种的难点。长江流域普遍种植的甘蓝型油菜株型高大，油菜植株下部（50cm以下）茎秆粗壮且坚韧，不易切割、输送，植株上部（60cm以上）枝条密集，分行困难。由于夏季成熟期到收获期间气温逐步升高，从而使适收期变短，到收获时最高气温已到30℃以上，角果易开裂，目前联合收获的总损失率一般在8%～12%，甚至可能导致更高的损失率。部分品种的油菜果实成熟度差别较大，上部青涩下部成熟，导致收割时增加了损失，因此，油菜品种的自身物料和生长特征也是影响机械化发展的主要原因，需要从育种、栽培技术等角度综合改良。

### 3. 农村生产体制的限制，农户使用机械收获的积极性难以调动

目前农村基本还是沿用传统的种植方式，手工劳作，管理自家有限的耕地，散户、小

规模的种植模式与机械化大规模生产方式相悖。种植于梯田和冬水田的油菜，由于部分田块面积偏小、地势起伏大，机械作业过程中转移和搬运耗费人力，耗费时间，使得机械快速高效、节省人工的优势难以发挥。同时因为在机械统一收获时，每家每户之间收获的油菜要及时分离，导致油菜籽清理也会浪费一定时间，这一客观性的难题难以得到解决，机械化生产的优势难以展现，农户使用机械收获的积极性难以调动。此外，农村劳动力结构分布不合理，青壮年外出等原因造成的劳动力水平低下，管理者素质跟不上，操作机手水平不足等原因，也严重影响和制约着生产的高效。

**4. 种植户农机购置补贴和科研研发财政补贴缺乏政策导向机制，对油菜机械化投入不足**

土地规模、人工耗费、购买机具补贴和产品税收是制约农产品生产发展的 4 个主要因素，机具补贴和产品税收主要由国家政策决定。农机购置补贴是财政投入的一大部分，缺乏必要的资金投入和明确的导向机制，使得目前无论是机具的研发还是农户的购买，都处于观望状态。种植户有使用机械生产的想法，但常常由于高昂的购置费用而望而却步。只有从中央到地方都加大投入，给予农户适当的农机购置补贴，推动农民将购买欲望付诸实践，才能有效地促进基层油菜农机的推广使用。作为财政投入的另一重要部分，应增加科研推广培训投入，鼓励各大高校和科研院所研发农业机械，从项目上给予财政补贴，促进科研深入生产实际，适用于生产实际。

## 七、甘蔗

甘蔗作为糖料作物，是我国制糖的主要原料。同时，还可以从蔗糖中提炼出乙醇，作为其他众多能源的替代品。我国丘陵山地蔗区面积占甘蔗种植面积的 40%～60%，研发适应丘陵山地的全地形甘蔗收割机对解决我国甘蔗机收难题意义重大。主要短板如下：

### 1. 种植机械

目前市场上使用的主要是整秆式甘蔗种植机，作业时均需要工人在机器上喂种或摆种，存在辅助工多、劳动强度大、作业效率低、容易伤芽、漏种漏播等问题，同时普遍存在种植质量不高的问题，如种植深度不足，造成后期甘蔗容易倒伏，不利于后续机械化收获作业。美国、澳大利亚、巴西和日本等国主要采用以切段式收割机收获的蔗段作为蔗段种植机的原料，作业效率高。但由于其伤芽率较高，需要较大的下种量。而我国蔗种价格较高，不适合采用国外的蔗段种植技术，需要自主研发伤芽率低、精量排种的蔗段种植机。华南农业大学成功研发了减少喂种人工的切种式种植机，也正在开展种植机上不需要辅助人工蔗段精量排种技术的研发。

### 2. 中耕机械

一方面，现有甘蔗中耕培土机不适应"双高"基地宽窄行培土作业的需要，培土质量不高，两小行甘蔗之间培土量不足，形成凹陷状垄面，不利于后续机械收获作业。另一方面，目前的甘蔗施肥机械施肥量和施肥位置比较粗放，造成肥料浪费，利用率不高。

### 3. 收获机械

目前国际上基本上采用切段式收割技术。这种收获方式虽然技术较成熟、效率高、适应性较强，但仍存在损失较大、含杂较多等问题，蔗农和糖厂对切段式收获有一定的抵触情绪。而整秆式甘蔗收获机技术不成熟，只能收获直立甘蔗，存在适应性差、效率低、辅助工多等问题。目前湖北神誉机械制造有限公司、湖北国拓重工科技有限责任公司、福建泉州市劲力工程机械有限公司等厂家和华南农业大学、广西农业机械研究院、中国农业机械化科学研究院等科研院所研发生产的整秆联合收割机，过分注重整秆的剥叶率，导致作业效率低下、蔗茎破损率高，市场接受度不高。国内正开展以高效率、低茎秆破损率为核心技术的中、小型甘蔗整秆收割机研究。广西正在探索"高效割收 + 地头高效除杂"的两步法分段机收模式。即采用收割机对甘蔗进行整秆带叶砍收后打捆或堆集，再集运到转运站或地头进行高效剥叶除杂，最后装车入厂。高效收割机已基本成型，但高效剥叶除杂机研发刚刚起步，技术尚未成熟。

#### 4. 土地农艺不宜机

目前的甘蔗收获机不适应丘陵坡地作业。洛阳辰汉农业装备科技有限公司、柳工农机股份有限公司、中联重机股份有限公司、江苏沃得农业机械有限公司等厂家生产的切段式联合收割机基本是以凯斯纽荷兰、约翰迪尔和日本文明等机型为原型机改进设计的，对我国8°～15°山地蔗区作业的适应性差。进口的凯斯纽荷兰、约翰迪尔等也存在同样问题。目前国内还没有全地形甘蔗收割机底盘，华南农大一直致力于全地形仿形四履带底盘行走技术和根部切割器仿形控制系统研究，正处于技术集成和样机研制阶段。广西农机院、中国农机院、南京农业机械化研究所也正在开展相关机具研发。美国、澳大利亚、巴西等主要产蔗国基本上采用大型切段式甘蔗联合收割机，没有相应的丘陵山地甘蔗收割机机型。日本文明、松源等中小型收割机引入我国后普遍存在作业效率低、田间损失大等问题。

#### 5. 设备稳定性有待提高

甘蔗收割机由于体型大、传动路线长，采用大量液压技术，国产液压元器件质量稳定性较差。据测算，国内一些厂家的甘蔗收割机使用国外液压件占到总成本的近50%。

## 八、水果

我国是世界上第一大水果生产国和消费国。我国的水果统计分为两大类：林果类（包括柑橘、苹果、梨、葡萄、红枣、香蕉等）和瓜果类（包括西瓜、甜瓜、草莓等）。我国果园作业机械研究起步较晚，总体机械化水平较低。果园按地形主要分为丘陵山区果园、平原地区果园两种，由于各地地形地貌、发展现状和经济水平的差异，使得不同区域果园管理机械化水平差异较大。

我国果园多位于丘陵山区，地形复杂、多坡地，果树种植密度较大，机耕道狭窄等。果树生产管理过程的机械化程度低，在传统的水果生产过程中，如中耕除草、开沟、植保、套袋、修剪、采摘和运输等环节主要依靠人工来完成，不仅劳动强度大、劳动效率低，而且标准化程度低。究其原因，主要是丘陵山区果园坡度较大，多数果园并没有进行有效的整理作业，种植规范化水平低，适用的机械少，开沟、施肥、修剪、施药、花果管理和采收等作业基本依赖人工完成。目前国内已生产出相关机具，但普遍存在不适合多人连续采摘作业、举升高度有限、效率低下、操作不方便等问题，需要进一步改进技术。主要短板如下：

## 1. 机械适应性差，整体效果都不理想

目前丘陵山地果园大多为人工套袋，机械化套袋非常缺乏，国内虽有几十家生产企业，但是整体效果都不理想，没有人工效果好，农户不认可。多功能升降作业平台，目前国内已生产出相关机具，但普遍存在不适合多人连续采摘作业、举升高度有限、效率低下、操作不方便等问题。我国有机肥深施开沟机的研究较晚，目前国内已有多个厂家生产有机肥抛撒机，可用于葡萄、核桃等作物，但体形偏大，不适用于行间距小的果园和丘陵山区作业。同时，其一般采用开沟机基础上加撒料装置的方案，缺少针对有机肥施用的开沟施肥一体化部件。

## 2. 部分环节的机具空缺，或性能达不到要求

目前国内地膜铺设装备多应用于平原地区大田作物，缺少适宜山区果园的地膜铺设和回收设备。机械化疏花疏果技术在国内研究起步较晚，青岛农业大学、江苏省农业科学院分别研制出矮密苹果树主轴式、棚架 Y 形梨园三节臂机载式疏花疏果机等，但相关机具性能距实际应用相差较大，用户接受度不高，技术还需进一步优化。在果实分选环节，目前对于规则形状的水果已实现了高质量分选，但对于一些带叶、异形、薄皮的水果，如丑柑、不知火柑等品种，还没有相关的成熟分选设备。在农用物资运输和果品转运方面，目前国内已设计研发多款自走式、牵引式、遥控式等适合国内丘陵山地果园的轨道式运输机械，但运送量和行驶速度尚不能完全满足工作要求，安全性、可靠性还需改善，需要作针对性的改进研发。采摘是水果生产中用工量最大的环节，目前国内绝大部分还是采用纯手工采摘，效率低下、劳动强度大。随着人工成本增加和劳动力短缺等问题凸显，水果机械化采摘已成为亟须攻克的技术难题。目前水果机械化采摘主要有摇臂式、撞击式、气动式、分割式及机器人采摘几种模式。采摘水果只能进行食品深加工，不能用于鲜食。目前，国内已有少数院所和企业开展了仿生机械手苹果采摘机研究，但尚处于试验阶段，对于成熟苹果不能准确分辨位置、不能快速采摘，使用效果不佳。我国草莓采摘产业起步较晚，机械化水平低，主要为人工采摘的方式，到了草莓集中成熟的季节，常常因人手因素导致采摘效率低，大量成熟的草莓因为来不及采摘或者采摘方式不当烂在地里，给果农造成巨大经济损失，同时提高了草莓的市场价格，降低了国产草莓的竞争力。我国草莓多为小规模种植，日本、美国的草莓采摘机器人技术已成熟，但不适用于我国生产实际。目前，国内已有相关科研院所开展了研发，但尚处于设计试验阶段，技术尚不成熟。

## 3. 产品质量不稳，各项性能仍需提升

目前国内已有相关企业研发生产藤蔓类水果绑枝机，但多为手动式，效率偏低，且绑扎牢靠度不够高，产品的各项性能仍需提升。韩国生产的一款电动式绑枝机，采用锂电池作为动力源，绑枝速度快、操作简单，并可调节捆绑枝条的松紧度。

## 4. 农机智能化程度不高，性能不佳

目前已经开始研发自动避障果园除草机，但还处于样机设计阶段。国外研制的产品则集自动化、智能化以及现代信息技术于一体，普遍具有避障功能，操作方便，效率高，效果好，但不适用于复杂种植模式下的国内果园。目前，我国果园灌溉系统大多还是靠人工操作，凭借经验和感觉对果园进行灌溉，既不节省水资源，同时耗费工时。国外果园水肥利用率高，技术成熟，基本实现了水肥一体化管理，主要采用滴灌、喷灌进行果园节水灌

溉，并运用智能控制技术对灌溉水量、均匀度、肥料进行精量控制。

## 九、蔬菜

蔬菜作为仅次于粮食的第二大作物，是农民增收的重要来源。我国是世界上最大的蔬菜产销国，蔬菜播种面积、产量分别占世界总量的 40% 和 50% 以上，全国蔬菜种植面积超过 3 亿亩，其中叶类蔬菜种植面积约占 1/3。但目前蔬菜种植机械化水平低下，尤其丘陵山地仍以手工作业为主，耗时多，劳动强度大。我国蔬菜生产综合机械化水平只有 23% 左右，与其他农作物相比，机械化发展较慢，尤其是种植和采收环节。其中，设施蔬菜机械化水平 35% 左右；而播种面积占蔬菜总播种面积 80% 的露地蔬菜，生产机械化水平更低。主要短板如下：

### 1. 适应性差或效率低，一些收获机械的研发尚处于起步阶段

果类蔬菜主要指番茄、茄子、黄瓜、南瓜、冬瓜等，目前收获基本依赖人工，国内果类蔬菜鲜食居多，国外机械化收获方式不适用于国内。目前，国内相关院所、企业对果类蔬菜的收获机械研究还处于试验验证阶段，仅有相关样机，但均存在效率低的问题，离市场化应用还有很大距离。国内对茎叶类蔬菜收获机械的研发尚处于起步阶段，蔬菜的收获过程仍然以人工收获为主。结球类蔬菜生产的适用机械，仅有浙江大学、东北农业大学、甘肃农业大学等高校开展了研究，几乎没有成熟机型。非结球类蔬菜生产的适用机械，南京农机化所研制了手扶式叶菜有序收获机，江苏大学、上海农机所等院所和企业也相继研制了金花菜、茼蒿、芦蒿、芹菜收获机，但都没有进入大规模市场化推广阶段。结球类蔬菜生产的适用机械，美、德、荷、意、日等国均有成熟机型；非结球类蔬菜生产的适用机械，日、韩、意等国技术较为先进，可实现鸡毛菜、金花菜、菠菜、芹菜、韭菜等的有序切割、有序输送及有序收集。

### 2. 部分生产环节机具空缺，或性能达不到要求

蔬菜生产需要施用大量有机肥，目前主要靠人工撒施，耗时费工、成本高，难以适应产业的快速发展。现有装备中无上料机构，且靠人工驾驶，存在效率低、田间通过性差、作业环境恶劣、安全性差等问题。目前，南京农机化所已开发了一款大型轮式自上料有机肥撒肥机，但体型较大不适合丘陵山区作业。在初加工环节，果蔬烘干机可将荔枝、龙眼、香菇等新鲜果品、蔬菜等进行脱水烘干，以减少新鲜果蔬的损耗，提高质量，确保优质优价。目前国内市场上的果蔬烘干设备普遍存在烘干不均匀、干燥终止点误判率高、批次干燥成品率低、烘干成本高等问题。国外果蔬烘干设备已广泛使用微波真空干燥、真空冷冻干燥等技术，产品质量稳定，在质量、品种以及包装等各方面均能满足不同消费层次的需求。蔬菜的小粒种子精密播种是世界性难题，由于种子质量小、体积小且播量小，部分种子几何形状不规则，播深要求较严格等原因，导致其播种难度大，不易实现精量播种。目前垄作或平播的小粒种子播种机国内已有成熟产品，相关高校和企业也已研制出具有平土、镇压、铺膜、穴播、覆土功能的精量膜上播种机，但尚未推广应用，还需优化技术。

### 3. 农机智能化程度不高，性能不佳

南方丘陵山区种植播栽机械化率仅为 1.42%，基本处于起步阶段。目前，蔬菜移栽作

业国内多为半自动钵苗移栽机，需人工进行苗杯投苗动作，省力但不省工，且作业效率偏低。虽已有相关企业开展全自动钵苗移栽机研发，但还处于起步和示范推广阶段，在高速取苗、送苗、栽苗方面和整机稳定性方面与国外相比还存在较大差距。国际上蔬菜移栽机采用电气化技术、气动技术、智能控制技术等，实现了蔬菜智能全自动移栽。以久保田、洋马、井关为代表的日本机具，机型小、效率高，但结构复杂、成本高。在育苗方面，目前我国大多采用人工育苗方式，劳动强度大，作业效率低，育苗质量差。工厂化育苗技术国内虽然已有相对成熟产品，但总体智能化、信息化水平与国外相比还有差距，推广普及的速度还相对落后。以荷兰为代表的欧美发达国家，早在20世纪50年代就开始工厂化育苗设备研究，目前已基本实现了蔬菜育苗的机械化、自动化、智能化操作。花椒为我国特色作物，国外未见可应用于花椒收获的技术与装备。国内目前也有一些花椒采摘机，但是与花椒的精确采摘要求不匹配，机具故障率高，采摘效率低下，机具研发进度慢。

## 十、茶叶

我国茶叶种植区域广泛，平地缓坡丘陵山区等各种地形地貌均有种植。但总体上来说，70%左右的茶叶种植处于山区丘陵地带，2021年全国茶叶产量达到了306万t。由于地理位置和交通以及耕作传统的原因，绝大部分丘陵山区茶园的机械化水平都比较低。茶园生产过程中用工荒、雇工难、成本高、效益低的问题十分突出，严重制约丘陵山区茶产业可持续健康发展。主要短板如下：

### 1. 适应性差

如目前国内已有相关企业生产茶树修剪机，但大多还是手提式，工作强度偏大。担架式、走轮式机型投入研发还不够，产品还不太成熟。国内茶园中耕机大多是对国外现有机器的仿制，体积和重量都较大，运输到山区茶园较为困难，难以在狭窄的茶行和黏重土壤条件下灵活作业。我国有机肥深施开沟机的研究较晚，虽有产品，但体形偏大，不适用于行间距小的茶园和丘陵山区作业。

### 2. 部分生产环节机具空缺或性能达不到要求

在施肥开沟装备方面，目前茶园施肥机虽有产品，但使用效果不好，尤其是在山区茶园，基本为人工施肥，存在无机可用问题。国内茶园除草机虽有产品，但宽度大、机器质量大，在茶蓬间作业不便，行间和地块间转移不便，性能还不过关，产品不成熟，杂草容易缠绕刀具加大作业阻力，降低作业质量。目前国内采茶基本还是依赖人工，使用采茶机多为单人手持式或背负式，劳动强度大，用工量多。目前国内已研制出名优茶采摘机器人、名优茶采摘机等机具，但产品技术尚不成熟，还未能大面积推广应用。

### 3. 产品质量不稳

作业性能较低，刀齿缠草、功耗较大等问题突出，同时，由于材料及设计上的缺陷，导致机器的关键部件可靠性较低，易损坏，严重影响中耕机的工作效率和使用寿命。

### 4. 农机智能化程度不高

国内茶园以手动喷雾器、背负式机动喷雾器为主，智能化、信息化水平较低。高性能、高机动性的喷雾机虽有产品，但与国外产品差距较大。

**附件2**

# 南方丘陵山区急需农机装备情况表

| 序号 | 农作物类别 | 装备使用环节 | 短板问题 | | | | 紧缺程度 | | | 急需装备名称 |
|---|---|---|---|---|---|---|---|---|---|---|
| | | | 宜机化程度低 | 智能化水平低 | 研发经费短缺 | 设备维护、维修难，费用高 | 非常紧缺 | 紧缺 | 饱和 | |
| 1 | 水稻 | 耕 | 是☑ 否□ | 是☑ 否□ | 是☑ 否□ | 是□ 否☑ | □ | ☑ | □ | 作业用拖拉机、履带自走式旋耕机 |
| | | 种 | 是☑ 否□ | 是☑ 否□ | 是☑ 否□ | 是□ 否☑ | □ | ☑ | □ | 机械化育秧装备、轻简型水稻钵苗，有序抛栽机、适于多熟制地区的水稻长秧龄育插秧机、杂交水稻制种同步插秧播种机 |
| | | 管 | 是☑ 否□ | 是☑ 否□ | 是☑ 否□ | 是□ 否☑ | □ | ☑ | □ | 作业用拖拉机、乘坐式水田除草机 |
| | | 收 | 是☑ 否□ | 是☑ 否□ | 是☑ 否□ | 是□ 否☑ | □ | ☑ | □ | 作业用拖拉机、再生稻收获机、冬水田收获机，与自走式半喂入谷物联合收获机配套的秸秆打捆机、轻简型全喂入谷物收获机 |
| | | 运 | 是☑ 否□ | 是☑ 否□ | 是☑ 否□ | 是□ 否☑ | ☑ | □ | □ | 作业用拖拉机 |
| | | 加工 | 是☑ 否□ | 是☑ 否□ | 是☑ 否□ | 是□ 否☑ | ☑ | □ | □ | 家用型小型粮油作物批式循环干燥机 |
| 2 | 玉米 | 耕 | 是☑ 否□ | 是☑ 否□ | 是☑ 否□ | 是□ 否☑ | □ | ☑ | □ | |
| | | 种 | 是☑ 否□ | 是☑ 否□ | 是☑ 否□ | 是□ 否☑ | ☑ | □ | □ | 轻简型玉米播种机、南方黏性土壤特性的玉米专用复合种植播种机 |
| | | 管 | 是☑ 否□ | 是☑ 否□ | 是☑ 否□ | 是□ 否☑ | ☑ | □ | □ | 间（套）作植保机 |
| | | 收 | 是☑ 否□ | 是☑ 否□ | 是☑ 否□ | 是□ 否☑ | □ | ☑ | □ | 窄幅玉米联合收获机、轻简型玉米收获机、鲜食玉米收获机 |
| | | 运 | 是☑ 否□ | 是☑ 否□ | 是☑ 否□ | 是□ 否☑ | □ | ☑ | □ | |
| | | 加工 | 是☑ 否□ | 是☑ 否□ | 是☑ 否□ | 是□ 否☑ | □ | ☑ | □ | |

（续）

| 序号 | 农作物类别 | 装备使用环节 | 短板问题 | | | | 紧缺程度 | | | 急需装备名称 |
|---|---|---|---|---|---|---|---|---|---|---|
| | | | 宜机化程度低 | 智能化水平低 | 研发经费短缺 | 设备维护、维修难、费用高 | 非常紧缺 | 紧缺 | 饱和 | |
| 3 | 马铃薯 | 耕 | 是☑否□ | 是☑否□ | 是☑否□ | 是☑否□ | ☑ | □ | □ | 小型履带自走式旋耕机 |
| | | 种 | 是☑否□ | 是☑否□ | 是☑否□ | 是☑否□ | ☑ | □ | □ | 马铃薯精量播种机 |
| | | 管 | 是☑否□ | 是☑否□ | 是☑否□ | 是☑否□ | ☑ | □ | □ | 马铃薯等旱地作物除草机、薯类菜秧（切蔓）机 |
| | | 收 | 是☑否□ | 是☑否□ | 是☑否□ | 是☑否□ | ☑ | □ | □ | 针对粘重土壤的马铃薯收获机、山地薯类联合收获机 |
| | | 运 | 是☑否□ | 是☑否□ | 是☑否□ | 是☑否□ | ☑ | □ | □ | 马铃薯捡拾集装运机械 |
| | | 加工 | 是☑否□ | 是☑否□ | 是☑否□ | 是☑否□ | ☑ | □ | □ | 马铃薯储藏分选机 |
| 4 | 油菜 | 耕 | 是☑否□ | 是☑否□ | 是☑否□ | 是☑否□ | ☑ | □ | □ | 油菜精量播种机、移栽机 |
| | | 种 | 是☑否□ | 是☑否□ | 是☑否□ | 是☑否□ | ☑ | □ | □ | |
| | | 管 | 是☑否□ | 是☑否□ | 是☑否□ | 是☑否□ | ☑ | □ | □ | |
| | | 收 | 是☑否□ | 是☑否□ | 是☑否□ | 是☑否□ | ☑ | □ | □ | 油菜分段收获装备、小型油菜联合收割机、割晒机、油菜低损收获机 |
| | | 运 | 是☑否□ | 是☑否□ | 是☑否□ | 是☑否□ | ☑ | □ | □ | |
| | | 加工 | 是☑否□ | 是☑否□ | 是☑否□ | 是☑否□ | ☑ | □ | □ | 家用型小型粮油作物批式循环干燥机 |
| 5 | 茶叶 | 耕 | 是☑否□ | 是☑否□ | 是☑否□ | 是☑否□ | ☑ | □ | □ | 茶园中耕机 |
| | | 种 | 是☑否□ | 是☑否□ | 是☑否□ | 是☑否□ | ☑ | □ | □ | 茶园一体化自走式施肥机、茶园开沟施肥机 |
| | | 管 | 是☑否□ | 是☑否□ | 是☑否□ | 是☑否□ | ☑ | □ | □ | 茶园管理机、山地茶园除草机、茶树修剪机、茶园高性能喷雾机 |
| | | 收 | 是☑否□ | 是☑否□ | 是☑否□ | 是☑否□ | ☑ | □ | □ | 芽茶选择性采摘智能装备、大宗茶小型自走式采茶机、茶叶鲜叶分级机 |
| | | 运 | 是☑否□ | 是☑否□ | 是☑否□ | 是☑否□ | ☑ | □ | □ | |
| | | 加工 | 是☑否□ | 是☑否□ | 是☑否□ | 是☑否□ | ☑ | □ | □ | 精制茶叶生产线、机采茶生产线、茶叶清洁化生产线 |

（续）

| 序号 | 农作物类别 | 装备使用环节 | 宜机化程度低 是/否 | 智能化水平低 是/否 | 研发经费短缺 是/否 | 设备维护、维修难，费用高 是/否 | 紧缺程度 非常紧缺/紧缺/饱和 | 急需装备名称 |
|---|---|---|---|---|---|---|---|---|
| 6 | 甘蔗 | 耕 | 是☑否□ | 是□否☑ | 是□否☑ | 是☑否□ | 非常紧缺□紧缺☑饱和□ | |
| | | 种 | 是☑否□ | 是□否☑ | 是□否☑ | 是☑否□ | 非常紧缺□紧缺☑饱和□ | |
| | | 管 | 是☑否□ | 是☑否□ | 是☑否□ | 是☑否□ | 非常紧缺□紧缺☑饱和□ | |
| | | 收 | 是☑否□ | 是☑否□ | 是☑否□ | 是☑否□ | 非常紧缺☑紧缺□饱和□ | 山地甘蔗联合收割机、甘蔗行间剥叶机、果蔗收获机、高效整秆式甘蔗收获机和蔗稍打包回收一体机、智能混动切段式甘蔗联合收获机 |
| | | 运 | 是☑否□ | 是□否☑ | 是□否☑ | 是□否☑ | 非常紧缺□紧缺☑饱和□ | |
| | | 加工 | 是□否☑ | 是□否☑ | 是□否☑ | 是□否☑ | 非常紧缺□紧缺□饱和☑ | |
| 7 | 大豆 | 耕 | 是□否☑ | 是☑否□ | 是☑否□ | 是☑否□ | 非常紧缺□紧缺☑饱和□ | |
| | | 种 | 是☑否□ | 是☑否□ | 是☑否□ | 是□否☑ | 非常紧缺☑紧缺□饱和□ | 适宜丘陵山区的高性能气力式精量播种机、南方黏性土壤特性的大豆专用复合种植播种机 |
| | | 管 | 是☑否□ | 是☑否□ | 是☑否□ | 是□否☑ | 非常紧缺□紧缺☑饱和□ | |
| | | 收 | 是☑否□ | 是☑否□ | 是☑否□ | 是☑否□ | 非常紧缺☑紧缺□饱和□ | 轻简型大豆收获机 |
| | | 运 | 是□否☑ | 是☑否□ | 是☑否□ | 是□否☑ | 非常紧缺□紧缺☑饱和□ | |
| | | 加工 | 是□否☑ | 是☑否□ | 是☑否□ | 是□否☑ | 非常紧缺□紧缺☑饱和□ | |
| 8 | 油茶 | 耕 | 是☑否□ | 是☑否□ | 是☑否□ | 是☑否□ | 非常紧缺□紧缺☑饱和□ | |
| | | 种 | 是☑否□ | 是☑否□ | 是☑否□ | 是□否☑ | 非常紧缺□紧缺☑饱和□ | |
| | | 管 | 是☑否□ | 是☑否□ | 是☑否□ | 是☑否□ | 非常紧缺□紧缺☑饱和□ | |
| | | 收 | 是☑否□ | 是☑否□ | 是☑否□ | 是☑否□ | 非常紧缺☑紧缺□饱和□ | 油茶采摘机、油茶果采收机 |
| | | 运 | 是□否☑ | 是☑否□ | 是☑否□ | 是□否☑ | 非常紧缺□紧缺☑饱和□ | 油茶采授粉机 |
| | | 加工 | 是□否☑ | 是☑否□ | 是☑否□ | 是☑否□ | 非常紧缺☑紧缺□饱和□ | 油茶果剥壳清选机 |

（续）

| 序号 | 农作物类别 | 装备使用环节 | 短板问题 |  |  |  | 紧缺程度 | 急需装备名称 |
|---|---|---|---|---|---|---|---|---|
|  |  |  | 宜机化程度低 | 智能化水平低 | 研发经费短缺 | 设备维护、维修难，费用高 |  |  |
| 9 | 水果 | 耕 | 是☑ 否□ | 是☑ 否□ | 是☑ 否□ | 是□ 否☑ | 非常紧缺□ 紧缺☑ 饱和□ | 果（茶）园有机肥开沟施肥一体机 |
|  |  | 种 | 是☑ 否□ | 是☑ 否□ | 是☑ 否□ | 是□ 否☑ | 非常紧缺□ 紧缺☑ 饱和□ | 遥控自上料有机肥撒肥机 |
|  |  | 管 | 是☑ 否□ | 是☑ 否□ | 是☑ 否□ | 是□ 否☑ | 非常紧缺☑ 紧缺□ 饱和□ | 水果智能套袋机、山地果园地膜自动铺设与回收一体化装备、履带式高低可调多功能平台、果园智能灌溉系统、疏花疏果机、猕猴桃绑枝机、果园避障除草机、葡萄起蔓机 |
|  |  | 收 | 是☑ 否□ | 是☑ 否□ | 是☑ 否□ | 是□ 否☑ | 非常紧缺□ 紧缺☑ 饱和□ | 苹果（梨、柑橘）采摘机、蓝莓采摘机、草莓采摘机、红枣采摘机、枸杞采摘机、山核桃、坚果类作物收获机、鲜食葡萄根系采摘机 |
|  |  | 运 | 是☑ 否□ | 是□ 否☑ | 是☑ 否□ | 是□ 否☑ | 非常紧缺□ 紧缺☑ 饱和□ | 山地果园电动单轨道运输机 |
|  |  | 加工 | 是□ 否☑ | 是☑ 否□ | 是☑ 否□ | 是□ 否☑ | 非常紧缺□ 紧缺☑ 饱和□ | 水果分选机（带叶和形状不规则）、龙眼剥肉机、多功能水果烘干设备 |
| 10 | 蔬菜 | 耕 | 是☑ 否□ | 是☑ 否□ | 是☑ 否□ | 是□ 否☑ | 非常紧缺☑ 紧缺□ 饱和□ | 遥控自上料有机肥撒肥机、蔬菜体苗高速全自动移栽机、小粒种子膜上播种机、大葱块苗快速移栽机、大蒜播种机、袋栽食用菌自动接种机、食用菌铺料、混料、翻料机 |
|  |  | 种 | 是☑ 否□ | 是☑ 否□ | 是☑ 否□ | 是□ 否☑ | 非常紧缺□ 紧缺☑ 饱和□ |  |
|  |  | 管 | 是☑ 否□ | 是☑ 否□ | 是☑ 否□ | 是□ 否☑ | 非常紧缺□ 紧缺☑ 饱和□ | 工厂化育苗设备、芦笋分级机 |
|  |  | 收 | 是□ 否☑ | 是☑ 否□ | 是☑ 否□ | 是□ 否☑ | 非常紧缺☑ 紧缺□ 饱和□ | 根茎类蔬菜收获机、茎叶类蔬菜、榨菜（茎瘤芥类）联合收割机、山地小型鲜食辣椒采收机、花椒采摘机、选择式芦笋采收机、食用菌自动采收机、莲藕收获机、全自动采椒机 |
|  |  | 运 | 是☑ 否□ | 是☑ 否□ | 是☑ 否□ | 是□ 否☑ | 非常紧缺□ 紧缺☑ 饱和□ | 轻简化可移动可伸缩食用菌棒输送装备 |
|  |  | 加工 | 是☑ 否□ | 是☑ 否□ | 是☑ 否□ | 是□ 否☑ | 非常紧缺□ 紧缺☑ 饱和□ | 多功能蔬菜烘干设备、金丝绞瓜揉丝机、食用菌低温绿色烘干设备、循环式食用菌工厂化智能生产设备 |

丘陵山地模块化农机装备应用

32

# 附件 3

## 南方丘陵山区主要农机装备生产情况表

| 序号 | 地区 | 农机装备主要生产企业 | 产品名称 |
|---|---|---|---|
| 1 | 四川省 | 峨眉山市川江茶叶机械设备有限公司 | 茶叶加工机械 |
| 2 | | 四川省登尧机械设备有限公司 | 茶叶加工机械 |
| 3 | | 四川吉耘机械有限公司 | 耕整地机械 |
| 4 | | 首创科技股份有限公司 | 农业干燥、蚕桑设备 |
| 5 | | 绵阳市靖华节能环保科技有限公司 | 空气源热泵干燥设备 |
| 6 | | 夹江县大江机械制造有限公司 | 茶叶加工机械 |
| 7 | | 四川省钟声机电设备制造有限公司 | 碾米机、粉碎机、组合机 |
| 8 | | 四川省佳信机械制造有限公司 | 油菜脱粒机、高粱脱粒机、淀粉浆渣分离机 |
| 9 | | 四川华旭机械制造有限公司 | 稻麦脱粒机，薏米脱粒机 |
| 10 | | 四川艾马仕科技有限公司 | 微耕机 |
| 11 | | 四川省万马机械制造有限公司 | 碾米机、粉碎机、揉丝机 |
| 12 | | 四川嘉能机电有限公司 | 潜水泵、电机 |
| 13 | | 乐山市东川机械有限公司 | 碾米机、粉碎机、铡草机、电动机等 |
| 14 | | 德阳市金兴农机制造有限责任公司 | 收割机 |
| 15 | | 四川钭进科技有限公司 | 组合式碾米机 |
| 16 | | 广汉市蜀汉粮油机械有限公司 | 粮食仓储设备、粮油加工设备 |
| 17 | | 四川五一机械制造有限公司 | 小型农业机械、水产养殖设备等 |
| 18 | | 四川川龙拖拉机制造有限公司 | 拖拉机及其配套农机具 |
| 19 | | 四川三台力达泵业有限公司 | 水泵 |
| 20 | | 四川三台剑门泵业有限公司 | 水泵 |
| 21 | | 绵阳市鑫宇锻造有限公司 | 榨油机 |
| 22 | | 雅安市名山区永祥茶机制造有限公司 | 茶叶加工机械 |
| 23 | | 四川一百发展科技有限公司 | 电动喷雾器、电动绿篱机、电动草坪修剪机 |
| 24 | | 四川奥凯川龙农产品干燥设备制造有限公司 | 农产品干燥、种子机械、钢板仓储 |
| 25 | | 四川兴明泰机械有限公司 | 柴油动力机械、铡草机械等 |
| 26 | | 四川红驰农机制造有限公司 | 谷物联合收割机、玉米收获机、履带旋耕机、除草机等 |
| 27 | | 四川刚毅科技集团有限公司 | 收割机、插秧机、微耕机、烘干机 |
| 28 | | 四川省旭东机械制造有限公司 | 碾米机、饲料粉碎机、铡草机、秸秆揉丝机 |
| 29 | | 四川洁能干燥设备有限责任公司贾家分公司 | 烘干设备 |

（续）

| 序号 | 地区 | 农机装备主要生产企业 | 产品名称 |
|---|---|---|---|
| 30 | 重庆 | 重庆鑫源农机股份有限公司 | 微耕机 |
| 31 | | 重庆威马动力机械有限公司 | 微耕机 |
| 32 | | 重庆宗申动力机械股份有限公司 | 微耕机、割灌机 |
| 33 | | 重庆市恒昌农具制造有限公司 | 农机配件 |
| 34 | | 重庆华世丹机械制造有限公司 | 微耕机 |
| 35 | | 重庆科业动力机械制造有限公司 | 微耕机 |
| 36 | | 重庆润浩机械制造有限公司 | 微耕机 |
| 37 | | 重庆嘉木机械有限公司 | 微耕机、中耕培土机、树枝粉碎机 |
| 38 | 云南 | 云南力帆骏马车辆有限公司拖拉机装配厂 | 拖拉机 |
| 39 | | 昆明新天力机械有限公司 | 拖拉机、微耕机、旋耕机 |
| 40 | | 昆明神犁设备制造有限责任公司 | 小型拖拉机、拖拉机变形运输机 |
| 41 | | 通海县宏伟农机商贸有限公司 | 微耕机、拖拉机、起垄机 |
| 42 | | 通海县宏兴工贸有限公司 | 拖拉机、收割机、耕作机 |
| 43 | | 陆良县云海机械有限公司 | 拖拉机 |
| 44 | | 云南省包装食品机械厂 | 茶叶输送机、茶叶风选机、液压压茶机、红外线节能蒸茶台、茶叶自动抖筛机、茶叶圆筛机、茶叶潮水机、茶叶解块机、咖啡鲜果虹吸分离机、咖啡鲜果加工组合机组、咖啡脱皮机、咖啡脱壳抛光机 |
| 45 | | 云南茶兴机械有限责任公司 | 茶叶揉捻机、杀青机、烘干机、曲茶机、智能色选机 |
| 46 | | 云南富邦制冷设备有限公司 | 制冷设备 |
| 47 | | 昆明康立信电子机械有限公司 | 简易保鲜储藏设备、简易冷藏库、组装式冷藏库 |
| 48 | 贵州 | 贵州双木农机有限公司 | 瓶式炒干机 |
| 49 | | 贵州金三叶机械制造有限公司 | 茶叶滚筒杀青机 |
| 50 | | 黔西南州智慧农机有限责任公司 | 微型耕耘机、锤式破碎机 |
| 51 | | 安顺煜辉经贸有限责任公司 | 半喂入机动脱粒机 |
| 52 | | 都匀开发区沙坝农机厂 | 机动脱粒机、微耕机、农机产品零件/配件机械 |
| 53 | | 贵州省黔南州黔丰农业机械制造销售有限公司 | 稻麦脱粒机 |
| 54 | 广东 | 广东科利亚现代农业装备有限公司 | 乘坐式高速水稻抛（插）秧机、半喂入联合收割机、全喂入联合收割机、花生联合收割机、切段式甘蔗联合收割机、育秧成套设备 |
| 55 | | 广东江隆农机科技有限公司 | 拖拉机、谷物联合收割机、青贮机、喷药机、割晒机 |

（续）

| 序号 | 地区 | 农机装备主要生产企业 | 产品名称 |
|---|---|---|---|
| 56 | 广西 | 广西柳工农业机械股份有限公司 | 甘蔗联合收割机 |
| 57 | | 广西合浦县惠来宝机械制造有限公司 | 丘陵山地拖拉机、南方黏性土壤特性的大豆玉米专用复合种植播种机、油茶板栗收获机 |
| 58 | | 广西宜州玉柴农业装备有限公司 | 单缸柴油发动机 |
| 59 | | 广西云瑞科技有限公司 | 植保无人机 |
| 60 | | 广西宜州林胜堂蚕具有限公司 | 桑蚕机械 |
| 61 | | 广西开元机器制造有限责任公司 | 半喂入水稻联合收割机 |
| 62 | | 广西贵港联合收割机有限公司 | 半喂入水稻联合收割机 |
| 63 | | 桂林桂联农业装备有限责任公司 | 背负式水稻联合收割机 |
| 64 | | 桂林高新区科丰机械有限责任公司 | 多功能小型斜挂式收割机、甘蔗割铺机、单人地钻、高枝锯、绿篱机、机动喷雾器 |
| 65 | | 广西蓝星智能农机装备有限责任公司 | 智能混动切段式甘蔗联合收获机 |
| 66 | | 广西百域智能农机装备有限公司 | 分步式甘蔗收获装备 |
| 67 | | 广西双高农机有限公司 | 南方黏性土壤特性的大豆玉米专用复合种植播种机 |

# 广西桂西北农业机械化调研

为深入探索广西桂西北农业机械化道路，受广西壮族自治区农机服务中心委托，课题组在桂西北地区开展优势特色农作物生产机械化需求调研。桂西北地区范围主要包括桂林市、百色市和河池市。

本文调研内容主要包括：

①优势特色农作物种植现状。桂西北优势特色农作物生产机械化种植面积、种植条件、种植模式、农机农艺融合情况、当地发展潜力等。

②机具应用现状。现有机具应用情况，目前国内外现有机具适用情况，哪些机具处于空白状态，机械化实现的难点、阻力。

③机械化需求程度。各生产环节劳动强度，劳动力、资金投入占比，哪些作物迫切需要实现生产机械化，哪些生产环节迫切需要实现生产机械化。

④机械化实现难度。根据现有技术和研发能力，各优势特色农作物实现生产全程机械化的难度，各个生产环节单独实现机械化的难易程度，哪些是可由自治区内科研院校、企业解决的。

⑤机械化发展方向。种植模式、作业条件改善建议，现有机具改进建议，空白机具引进、研发方向及应用前景；各种农作物实现机械化的优先度，列出短、中、长期实现优势特色农作物机械化发展规划。

下面将从上述五个方面进行阐述。

## 2.1 桂西北特色农作物种植状况

### 2.1.1 桂林特色农作物种植状况

桂林市拥有国家级粮源基地县6个，自治区粮源基地县3个，2020年乡村人口总数为234.12万人，2020年农作物种植面积和产量如图2-1和图2-2所示。

项目组对阳朔、灵川、全州、兴安、永福、灌阳、龙胜、资源、平乐、恭城、荔浦11个县（市），及秀峰、叠彩、象山、七星、雁山、临桂6个城区进行了调研，其中城区以蔬菜种植为主。下面将对其中10个县（市、区）农作物种植状况予以介绍。

**（1）灵川县**

灵川县位于广西东北部，属国家丘陵县，行政区域面积2 302km²，耕地面积

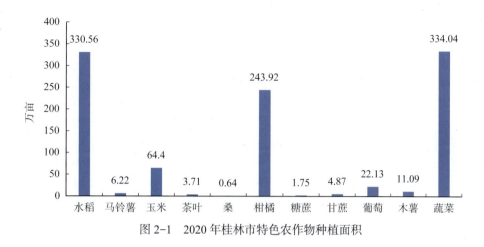

图 2-1 2020 年桂林市特色农作物种植面积

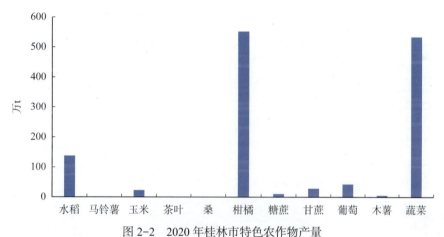

图 2-2 2020 年桂林市特色农作物产量

27 797.84hm²，主要农作物有水稻、柑橘、大豆、玉米和食用菌等。其中水稻种植面积26.29 万亩，产量 11.44 万 t；柑橘种植面积 26 万亩，产量约 60 万 t；食用菌栽培面积706.5 万 m²，产量 5.08 万 t。该县特色农作物为食用菌，常年栽培面积 700 万 m²，产值超5 亿元。

①食用菌栽培条件：食用菌生长需要的营养物质包括碳素、氮素、矿质元素和生长素。其中的碳素营养由富含纤维素、半纤维素、木质素的木材、木屑等提供，氮素营养由麦麸、米糠、豆饼粉、玉米粉、尿素等提供。在配制培养料时，必须注意碳素与氮素的比例。

食用菌生长需要适宜的温湿度，不同的食用菌所要求的温湿度是不一样的。同一种食用菌的不同品种及同一品种要求的温湿度也不一样。

食用菌生长需要的空气湿度以 60% ～ 70% 为宜。在菌丝培养期间对空气的相对湿度要求不高，主要是在出菇期间要求 80% ～ 90% 的高湿环境。因此，出菇期间要注意勤喷水，以增加栽培场所空气的相对湿度，满足子实体生长的需要。

栽培场所要求空气新鲜、氧气充足。要经常注意菇房的通风换气，保持空气清新。在通风换气时务必注意温度变化和空气相对湿度的影响。

②食用菌种植模式：食用菌生产有袋栽、瓶栽、床栽、畦栽、箱栽等方式，其中袋栽是灵川县的主要栽培方式。

传统"一家一户"生产模式。该模式以手工作坊方式来种植，栽培设施多为土房或简易塑料大棚，这种传统模式受人工素质、季节、气候等影响较大，产量较低。

采取"公司 + 农户""公司 + 合作社 + 农户"的生产模式。该模式是由公司为农户提供菌种、栽培技术，并向农户按质量标准、协议价格收购产品，并负责终端销售。农户负责食用菌的栽培，并按协议价格出售给公司。这种生产模式能够减少农户装备投资，进一步降低劳动强度，不断提高生产效率，但是产品质量稳定性较差。

工厂化生产模式。该模式有半人工半机械化、主要环节机械化和全程机械化三种方式。全程机械化生产模式是采用工业化的生产方式，利用工业技术控制光、温、湿等环境要素，应用机械化、自动化作业，实现食用菌规模化、集约化、标准化生产，形成集食用菌生产、加工、贮藏、包装、销售为一体的标准化示范基地，能够有效提高食用菌单产和生产效率，推动食用菌生产向周年化、标准化、规模化、工厂化、智能化发展。

灵川县以食用菌生产、加工、销售为主营业务的家庭农场、合作社、企业等有 42 家，有温控大棚 23 座（个），拥有冷库设施 7 万 m³，食用菌种植品种主要有秀珍菇、灵芝、香菇、姬菇、平菇、云耳、双孢蘑菇、黑皮鸡枞、猪肚菌、赤松茸等，分布在灵川 12 个乡镇 47 个村。秀珍菇单棒产 1.2 斤*，单价 6 元 / 斤，产值 7.2 元 / 棒，总体成本 5 元 / 棒，效益 2.2 元 / 棒。赤松茸亩产 5 000 斤，单价 5 元 / 斤，产值 2.5 万元，总体成本 1.5 万元，效益 1 万元 / 亩。姬菇单棒产 2.5 斤，单价 2 元 / 斤，产值 5 元 / 棒，总体成本 5 元 / 棒。

部分主要食用菌品种如图 2-3 所示。

秀珍菇　　　　　　　　　　赤松茸　　　　　　　　　　姬菇

图 2-3　部分食用菌品种

### （2）全州县

全州县位于广西东北部，地处湘桂走廊，堪称广西北大门，自古以来是南来北往的商品集散地。南与桂林市相距 125km，北与湖南省永州市相隔 79km，湘桂铁路与 322 国道平行贯穿全县南北。总面积 4 021.19km²，辖 15 镇 3 乡，总人口 84.5 万人，为桂林市面积最大、人口最多的县。

---

\* 斤为非法定计量单位，1 斤等于 0.5kg。

全州县是典型的农业大县，全县有耕地面积 73 万亩，其中水田 54.6 万亩，旱地 18.4 万亩。全县农业生产逐步形成了粮食、水果、养殖业、药材四大农业产业支柱。粮食：全州县素有"桂北粮仓"之美誉，粮食总产量 43 万 t，每年向国家提供商品粮 2.5 亿 kg 以上，多次荣获全国粮食生产先进县和全区粮食生产先进县，是全国第一批 100 个商品粮基地县之一。水果：全县水果种植总面积 4.69 万 hm²，年总产量 25.5 万 t，2022 年水果种植面积如图 2-4 所示。全县已成为广西水果生产大县，产品物美价廉，畅销全国各地及东南亚等地。药材：全县已种植金槐 27 万亩，金槐米产量 1.6 万 t，市场收购价格达每千克 60 元以上，产值达 10.8 亿元以上，惠及全县 18 个乡镇 175 个村，共 20 多万人，带动大批农村家庭走上致富之路。选育出适合当地生产条件的丰产、稳产、优质及抗逆性、抗病性强的优良品种金槐桂 G9-1、金槐桂 G9-2、金槐桂 G9-3 等。此外，全县还有三种木本药材——杜仲、厚朴、黄柏，种植面积 800hm²。

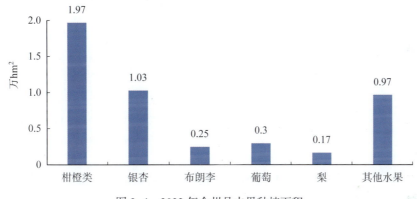

图 2-4　2022 年全州县水果种植面积

全州县特色农作物主要为金槐（图 2-5）。该药材在种植前须平整地面，林地坡度不超过 20°，种植前还必须进行深耕，深度一般是 30 ～ 40cm。种植时间应抢在早春苗木发芽前（清明前）。栽植时苗木要竖直，根系要向四周舒展，深浅要适当。金槐生长期需要大量水分，特别是新梢速生期，遇天气炎热，蒸腾量大则需水更多。在生长季节如遇干旱，应适时适量淋水。金槐是既喜水又怕涝的树种，园内积水超过 5d，就会造成落叶、烂根，甚至植株死亡，因此在汛期要做好排水工作。金槐嫁接的目的是除劣改优，矮化树体，便于密植和采收，提早结实，提高产量，稳定药效成分含量。全州县金槐芽接的春接时间一般以 3 月 10 日前后为宜。

图 2-5　金　槐

**（3）兴安县**

兴安县下辖 6 镇 4 乡，总面积 2 348km²，耕地面积 39.3 万亩。粮食、柑橘、葡萄、毛竹、生猪、白果是传统主导产业，甜玉米、食用菌、罗汉果是新培植的新兴产业。

兴安县依托资源优势大力发展现代特色农业，农业经济得到快速发展。2021 年全县水果种植面积 33.2 万亩，其中柑橘种植面积 17 万亩，总产量 37.9 万 t。葡萄产业品系齐全，早、中、晚熟品种搭配合理，全面推广"三避"技术，品质提高，面积达到 14.5 万亩，实现鲜果总产量 31.2 万 t。甜玉米以高尚镇为主推广种植 10 万亩，其中推广免耕甜玉米 6.5 万亩。食用菌种植面积发展到 560 万 m²，实现了周年生产，并朝食药两用方向发展，以溶江镇、高尚镇为主种植"仿野生灵芝"渐成规模。完成蔬菜总产量 49.9 万 t，同比增长 4.92%。

兴安县特色农作物为葡萄。该县已成为华南地区最大的鲜食葡萄产区之一，享有"南方吐鲁番"之美誉。2017 年，"兴安葡萄"通过农业部农产品地理标志认证。该县葡萄生产状况及效益如下：

葡萄种植所需土壤为土质疏松、土壤肥沃、排水良好的砂质土或壤土。葡萄生长需要充足的光照条件，在其生长前期对水分的需求大，后期和结果期较少。葡萄花期最适温度为 20℃左右，果实膨大期最适温度为 20～30℃，昼夜温差大果实更甜。

葡萄种植成本有土地租金、种苗费用、肥料费、水电费、人工费等。以巨峰葡萄为例，种植 1 亩需投资在 3 000 元以上，初期 2～3 年需要养树，是纯投入期，3 年后进入丰产期。

葡萄的种植效益，以巨峰葡萄（图 2-6）为例，该品种进入丰产期之后产量非常稳定，基本都在 3 000 斤 / 亩以上，高产时可以超过 6 000 斤 / 亩。巨峰葡萄地头价为 1.8～2.2 元 / 斤，所以种植效益很不错。

图 2-6　巨峰葡萄

**（4）永福县**

永福县是一个拥有 28 万人口的中等县，属于山区丘陵地貌，耕地面积 12.43 万亩，主要农作物有水稻、花生、大豆、玉米、蔬菜、罗汉果等。2022 年，罗汉果种植面积 9 万亩、水稻种植 23.99 万亩、花生种植 0.70 万亩、大豆种植 2.98 万亩、玉米种植 3.91 万亩、蔬菜种植 19.92 万亩、木薯种植 0.48 万亩。

永福县特色农作物为罗汉果（图 2-7），2022 年罗汉果产值达到 10 亿元，是全国最大的罗汉果种植基地和销售集散地。

图 2-7　罗汉果

永福罗汉果种植需温暖环境，不耐严寒，气温不能太低，温度在 25～28℃之间较好。且宜生长在背风向阳的东南坡，其生长前期耐阴，中、后期喜光，但忌强光；最好选择坡度较缓的丘陵荒地、林地及田地，喜欢生长在土层深厚的腐殖质土壤中。种植模式为农户分散种植和合作社连片种植。

①经济效益分析：重点提高罗汉果种植、加工生产机械化水平，提高罗汉果品质，提高罗汉果产品竞争力和价格优势。采用传统烘干法的果品价格平均为 1.2 元 / 个，新型烘干法的罗汉果价格均为 2 元 / 个，价格提升 66.7%，以亩产 9 000 个果计算，每亩可增收 7 200 元。

通过建设水肥一体化种植及无人机植保，可减少人工灌溉和植保管理成本，提高效益。按照人均人工 100 元 /d，每年管理期 100d，每亩种植基地需要灌溉、管理的人工为 0.1 人计算，500 亩示范区人工费用为 100 元（d•人）×0.1 人 / 亩 ×100d×500 亩 = 500 000 元。

人工清洗生产率为 3 000 个 /d，机械清洗生产率为 45 000 个 /d，需 2 个辅助人工；按每天人工费 100 元，耗电量 50 元 /d 计，500 亩示范区机械清洗费用为 9 000 个果 / 亩 ×500 亩 ÷45 000 个 ×250 元 /d = 25 000 元，人工清洗所需费用为 9 000 个果 / 亩 ×500 亩 ÷3 000 个 /d×100 元 /d = 150 000 元，机械清洗费用仅为人工清洗费用的 1/6。

罗汉果自动分级机生产率为 50 000 个 /d，需 2 个辅助人工，人工费 150 元 /d，电费 20 元；人工分级生产率为 10 000 个 /d，人工费 150 元 /d；500 亩示范区机械化包装的费用为 9 000 个果 / 亩 ×500 亩 ÷50 000 个 /d×（2 人 ×150 元 / 人 + 20 元）= 28 800 元，人工分选费用为 9 000 个果 / 亩 ×500 亩 ÷10 000 个 /d×150 元 /d = 67 500 元，机械化包装比人工节省 67 500 − 28 800 = 38 700（元）。

②生态效益：在以往，当地主要使用烧柴火的烘干室对罗汉果进行烘干，每年需要大量砍伐木柴，产生大量的二氧化碳等温室气体。通过使用真空低温烘干，可大幅降低柴火消耗量，减少二氧化碳等温室气体的排放，减少对大气的污染。

**（5）灌阳县**

灌阳县位于广西东北部，行政区域面积 1 835km²，耕地面积 19 409.3hm²，2022 年水稻种植面积 27.69 万亩，油茶种植面积 6.02 万亩，甜柿种植面积 0.03 万亩（计划推广种植 1 万亩），红薯种植面积 5.89 万亩，雪梨种植面积 4.8 万亩。

其特色农作物主要有油茶、甜柿、红薯、雪梨（图2-8）。油茶主要种植在土壤厚度60cm以上（至少要超过40cm），排水良好、肥力较好，湿润、透气性好、微酸性（pH 5.5～6.5）的砂质壤土、轻黏壤土土壤上，石灰岩山地不能栽植。甜柿主要种植在土层深厚，pH 5.5～7.5的砂质壤土的山地、平地、丘陵地区。红薯大多种植在表土疏松、土层深厚、排水良好的土壤里，pH在5.2～6.7之间。雪梨主要种植条件为当地土层深厚、疏松、排水良好的砂质壤土。雪梨树耐涝怕旱，pH在5.8～8.5之间均可生长良好。

每亩茶籽约可榨油160斤，按市价80元/斤计，一亩油茶可得1.28万元的收入。甜柿在丰产期每亩平均产4 000斤鲜果，按市价4元/斤，一亩甜柿可获得1.6万元的收入。红薯每亩平均产量1.5万～2万斤，若加工成红薯粉销售，每亩可获得7 000～8 000元收入。雪梨平均每亩收入为6 000～8 000元。

（a）油茶                  （b）甜柿

（c）红薯                  （d）雪梨

图2-8　灌阳县特色作物

**（6）龙胜各族自治县**

龙胜县共有耕地面积27.23万亩，以山地为主，其中蔬菜面积6万亩，粮食种植面积16.99万亩，水果种植面积9.9万亩，罗汉果种植面积7万亩。

龙胜县特色农作物种类如下：高山蔬菜，以平等镇、伟江乡高山一带为主的西红柿和南山萝卜为代表；全县范围内除普遍种植的罗汉果之外，沿河一带600m海拔以下还种植有柑橘，600m海拔以上还种植有落叶果树梨、甜柿等。这些农作物主要种植在26°～35°的梯地、坡地。

龙胜县通过引进龙头企业吉福思生物科技有限公司，在全县范围内大面积推广种植罗汉果，取得了良好的社会效益和经济效益，2022年，全县种植罗汉果6.5万亩，平均亩产果8 000个，亩产值达6 000元以上。2023年，罗汉果种植面积超8万亩。

### （7）资源县

资源县位于广西东北部越城岭山脉腹地，总面积 1 941.01km²，是一个少数民族聚居县。全县辖 4 乡 3 镇，共 74 个村（街），总人口 18.15 万人，耕地面积 16 455.34hm²。

资源县以推进优势农产品区域布局为主线，大力发展有机富硒农业，培育壮大特色水果、蔬菜、罗汉果、中药材、高山茶叶、亚冷水鱼、优质畜禽等产业集群，目前特色农作物及种植面积包括水稻 8.61 万亩、红提 5.8 万亩、番茄 2 万亩、猕猴桃 1.28 万亩、罗汉果 1.3 万亩、金银花 4.16 万亩、优质高山茶叶 1.1 万亩、百合 0.22 万亩、白芨 0.3 万亩、重楼 0.12 万亩、玉竹 0.35 万亩、食用菌 83 万 m²、"三木"药材 18.68 万亩。特色农业产值占农业总产值的 70% 以上。

其主要农作物主要有水稻、茶叶、葡萄（图 2-9）。

（a）水稻　　　　　　　（b）茶叶　　　　　　　（c）葡萄

图 2-9　资源县主要农作物

### （8）恭城瑶族自治县

恭城县主要农作物种植面积 16 737hm²，其中水稻 6 580hm²，玉米 4 788hm²，马铃薯 1 432hm²，花生 3 937hm²，耕种收综合机械化水平 65.7%，其中机械化耕种水平达 96.29%。

月柿（图 2-10）是恭城县传统特色农产品，也是恭城县一大特色产业。全县常年月柿种植面积 22 万亩，产量 63 万 t。月柿喜温喜光，适宜生长于土层深厚、肥沃、透气性好、保水力强的壤土，恭城独特的丘陵山区地貌及其温湿度与月柿的生长种植条件完美契合。目前，全县已形成以月柿种植为核心，集生产、加工、销售、物流、旅游于一体的柿子产业链条，脆柿、红柿、柿饼等加工产品及柿子醋、柿子酒、柿子汁等系列产品远销日本、东南亚及欧盟地区。

图 2-10　恭城月柿

**（9）荔浦市**

荔浦市地处广西东北部、桂林市南部，居柳州、桂林、梧州、贺州、来宾五市之间，荔浦市境四面环山、周高中低、自西向东倾斜，中部是起伏的低中丘台地，一部分是石山峰林，将市境切割成数块小盆地，总面积 1 758km²，全市耕地面积 37 万多亩。

荔浦市农作物种类繁多，主要有水稻、蔬菜、水果、花卉、苗木、食用菌等。其中特色农产品有荔浦芋、荔浦马蹄、荔浦砂糖橘（图 2-11），被誉为"荔浦三宝"，均获得了国家地理标志产品认证。其中 2022 年荔浦芋种植面积 10 万亩，荔浦砂糖橘种植面积 30.2 万亩，荔浦马蹄种植面积 8 万亩。

（a）荔浦芋头　　　　　（b）荔浦马蹄　　　　　（c）荔浦砂糖橘

图 2-11　荔浦特产

①荔浦芋种植发展情况：围绕荔浦市荔浦芋全产业链发展"十四五"目标，打造百亿元荔浦芋产业建设项目为龙头，重点实施优质荔浦芋特供基地生产，二产（深加工）新型工业发展，三产延伸荔浦芋文化融合发展。以隆赢、爱明、祥盛等公司作为龙头企业，与其他企业（合作社、种植大户）联合，以青山镇为项目核心区域，在"十四五"期间落实万亩优质荔浦芋特供基地，辐射带动荔浦市各乡镇落实 10 万亩优质荔浦芋特供基地建设，实现荔浦芋年总产量 1.5 亿 kg，年产值 30 亿元，年销售收入 45 亿元。同步建设荔浦芋深加工产业园，对荔浦芋的副产品（芋泥、鲜芋片、芋肉丸等）进行深加工，实现年加工产值 40 亿元，加工品年销售收入 60 亿元。

②荔浦砂糖橘种植发展情况：目前全市砂糖橘种植面积 30.2 万亩，年产量 70 余万 t，产值达 19.9 亿元，是全国砂糖橘种植面积最大、产量最大的县，素有"中国砂糖橘看荔浦"的美称；同时，由于位于北回归线向北 1°，荔浦砂糖橘生长周期长，加之采用了树冠覆膜留树保鲜技术，果实留树颜色更红，甜蜜加倍。20 多年的砂糖橘种植史使荔浦形成了砂糖橘产、供、销产业链，现有 300 多家合作社，带动 24.5 万名农民就业。

③荔浦马蹄种植发展情况：长期以来，马蹄种植是荔浦发展的特色产业之一，荔浦市农民按照种植习惯采用"早稻 + 马蹄"模式进行种植，目前全市马蹄种植面积 8 万亩，总产值 12 亿元。荔浦市还将现有食品深加工企业的产业链延伸到农村，引导农民走"公司 + 基地 + 农户"的发展模式。

**（10）临桂区**

临桂区位于广西东北部。地处东经 109°45′～110°20′、北纬 24°51′～25°41′之间。耕地面积 53.16 万亩，其中水田 42.74 万亩、旱地 10.42 万亩。粮食种植面积 661 230 亩，其中：水稻种植面积 531 543 亩、玉米种植面积 20 011 亩、高粱种植面积 2 856 亩、大豆种植面积45 040亩、绿豆种植面积2 856亩、其他杂豆种植面积6 038亩、马铃薯种植面积18 558亩、甘薯种植面积34 328亩。花卉作物种植面积71 152亩。中草药材种植面积75 359亩，其中：罗汉果种植面积40 486亩、葛根淮山种植面积13 766亩、金银花种植面积3 618亩、厚朴种植面积165亩、杜仲种植面积216亩、其他药材种植面积17 107亩。茶叶种植面积2 455亩。水果种植面积197 650亩，其中：柑橘种植面积174 622亩、桃子种植面积1 070亩、猕猴桃种植面积1 576亩、葡萄种植面积5 441亩、百香果种植面积4 438亩、马蹄种植面积7 500亩、其他水果种植面积3 002亩。蔬菜及食用菌种植面积369 040亩。瓜果类种植面积70 992亩。

临桂区特色农作物主要为罗汉果、马蹄。临桂罗汉果在2005年2月获得无公害产地认证，2006年临桂获得"广西无公害中药材示范基地县"称号，2021年，"临桂马蹄"获得国家地理标志证明商标。

①临桂罗汉果种植条件及模式：临桂罗汉果对土壤的要求很高，要求表土深厚，肥沃，腐殖质丰富，疏松湿润的壤土或黄红壤，pH在6.0～6.5。对地形要求排水良好，通风透光，坡度在15°～30°，海拔300～500m，背风向阳的山坡地。主产乡镇包括茶洞镇、黄沙乡、宛田乡、中庸镇、五通镇、两江镇、临桂镇7个乡镇。临桂茶洞镇获得"全国罗汉果之乡"称号。目前，临桂区罗汉果种植模式基本上是以单户为主，一家一户分散种植，管理粗放，机械化应用程度不高，产品销售基本上靠商贩上门收购和零售为主，种植与销售、加工之间严重脱节。

②临桂马蹄的种植条件及模式：马蹄比较适合在排灌方便、表土疏松、底土比较坚实、耕层20cm左右的砂质黑色土壤浅水田中生长。临桂独特的地理气候造就了当地品质优良的特色农产品——临桂马蹄。临桂区四塘乡被授予"马蹄之乡"称号。目前，临桂区马蹄种植模式基本上是以单户为主，一家一户分散种植。

桂林市各县（市、区）农作物种植面积如表2-1所示。

表2-1　桂林市各县（市、区）农作物种植面积

单位：hm²

| 县（市、区） | 水稻 | 玉米 | 豆类 | 薯类 | 糖料蔗 | 中草药类 | 柑橘类 | 蔬菜及食用菌 | 瓜果类 | 木薯 | 马蹄 |
|---|---|---|---|---|---|---|---|---|---|---|---|
| 阳朔县 | 15 581 | 3 174 | 2 067 | 2 407 | 354 | 64 | 15 207 | 15 597 | 1 774 | 406 | 0 |
| 灵川县 | 17 535 | 3 026 | 3 819 | 2 665 | 105 | 944 | 17 342 | 25 223 | 2 079 | 98 | 322 |
| 全州县 | 36 418 | 8 416 | 5 042 | 5 852 | 529 | 4 542 | 19 700 | 30 484 | 2 328 | 1 499 | 549 |
| 兴安县 | 31 303 | 4 858 | 2 876 | 3 963 | 40 | 631 | 11 339 | 18 522 | 1 124 | 435 | 333 |
| 永福县 | 16 001 | 2 729 | 2 498 | 1 829 | 400 | 4 845 | 25 995 | 12 523 | 734 | 316 | 607 |
| 灌阳县 | 18 469 | 2 390 | 2 113 | 3 951 | 114 | 959 | 5 803 | 10 900 | 1 114 | 214 | 75 |
| 龙胜县 | 11 254 | 2 551 | 531 | 2 803 | 0 | 3 324 | 4 196 | 4 002 | 218 | 501 | 0 |
| 资源县 | 5 743 | 1 219 | 590 | 2 101 | 0 | 3 361 | 1 116 | 8 717 | 298 | 0 | 0 |
| 平乐县 | 21 210 | 5 535 | 4 050 | 3 211 | 497 | 3 253 | 7 959 | 29 483 | 10 005 | 1 431 | 3 359 |
| 恭城县 | 6 580 | 4 788 | 2 803 | 2 556 | 35 | 810 | 15 361 | 12 818 | 350 | 1 013 | 173 |

（续）

| 县（市、区） | 水稻 | 玉米 | 豆类 | 薯类 | 糖料蔗 | 中草药类 | 柑橘类 | 蔬菜及食用菌 | 瓜果类 | 木薯 | 马蹄 |
|---|---|---|---|---|---|---|---|---|---|---|---|
| 荔浦市 | 19 592 | 2 345 | 2 041 | 2 078 | 599 | 1 267 | 20 143 | 17 205 | 1 558 | 1 273 | 5 336 |
| 秀峰区 | 262 | 0 | 0 | 0 | 0 | 0 | 0 | 442 | 0 | 0 | 8 |
| 叠彩区 | 341 | 18 | 52 | 47 | 2 | 0 | 95 | 1 422 | 18 | 2 | 0 |
| 象山区 | 1 209 | 15 | 41 | 157 | 0 | 81 | 9 | 969 | 161 | 0 | 0 |
| 七星区 | 467 | 54 | 34 | 63 | 0 | 0 | 106 | 1 914 | 40 | 0 | 0 |
| 雁山区 | 3 575 | 682 | 272 | 460 | 0 | 0 | 1 788 | 4 880 | 1 120 | 0 | 20 |
| 临桂区 | 35 453 | 1 335 | 3 668 | 3 521 | 564 | 4 324 | 11 647 | 24 615 | 4 429 | 229 | 1 144 |

数据来源：桂林市各县（市、区）农业农村局及政府公报。

## 2.1.2 河池特色农作物种植状况

河池地处广西西北边陲、云贵高原南麓，是大西南通向沿海港口的重要通道，东连柳州，南界南宁，西接百色市，北邻贵州省黔南布依族苗族自治州。东西长228km，南北宽260km，总面积3.35万km²。下辖金城江区、宜州区2个区，罗城仫佬族自治县、环江毛南族自治县、南丹县、天峨县、东兰县、巴马瑶族自治县、凤山县、都安瑶族自治县、大化瑶族自治县，共2区9县。河池山多地少，岩溶广布，是主要的喀斯特地貌资源分布区，喀斯特地貌面积为2.18万km²，占全市总面积的65.74%，占广西喀斯特地貌总面积的24.34%，是广西喀斯特地貌出露面积最多的城市。全市喀斯特地貌大石山区人均耕地不足0.3亩，除宜州区外，其他10个县（区）均属于滇桂黔石漠化片区。石漠化土地面积0.723万km²，占全市土地总面积的21.6%，占全广西石漠化面积的35%。河池市耕地总面积31.17万hm²（467.55万亩）。其中，水田12.67万hm²（190.05万亩），占全市耕地面积的40.65%；水浇地0.05万hm²（0.75万亩），占全市耕地面积的0.16%；旱地18.45万hm²（276.75万亩），占全市耕地面积的59.19%。

河池市区域内有相当部分的旱地耕地因土地条件较差，存在耕地高坡度，强酸性、沙性或黏性质地，有机质含量低下等各种障碍因素；部分水田存在高地下水位、耕作层较薄、剖面质地层次结构差等各种障碍因素，在很大程度上制约了当地粮食作物或经济作物的持续稳定增产。根据《2020年河池市耕地质量等级变更评价报告》，2020年河池市耕地总体质量等级为5.90，整体耕地质量等级中等偏低。其中，南部地区的耕地质量等级较北部地区低，耕地质量较高水平等级（等级3及以下）主要分布于环江县，部分分布于都安县和南丹县。宜州区耕地面积在全市最大，其次为环江县、都安县，对全市耕地总体质量等级影响较大。此外，河池市大部分地区的耕地质量为中等级别（级别4和5），主要分布于宜州区、罗城县、大化县；耕地质量等级较低（级别为6及以上）的耕地主要分布于宜州区、环江县、罗城县。

河池市拥有自治区粮源基地县3个，2020年乡村人口总数为188.63万人，2020年全市特色农作物种植面积和产量如图2-12和图2-13所示。

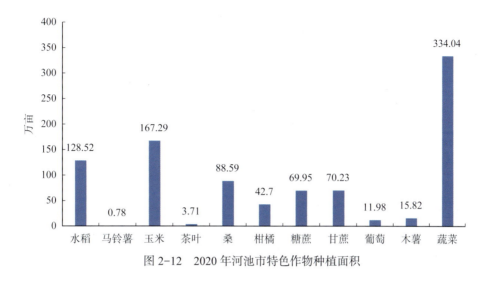

图 2-12 2020 年河池市特色作物种植面积

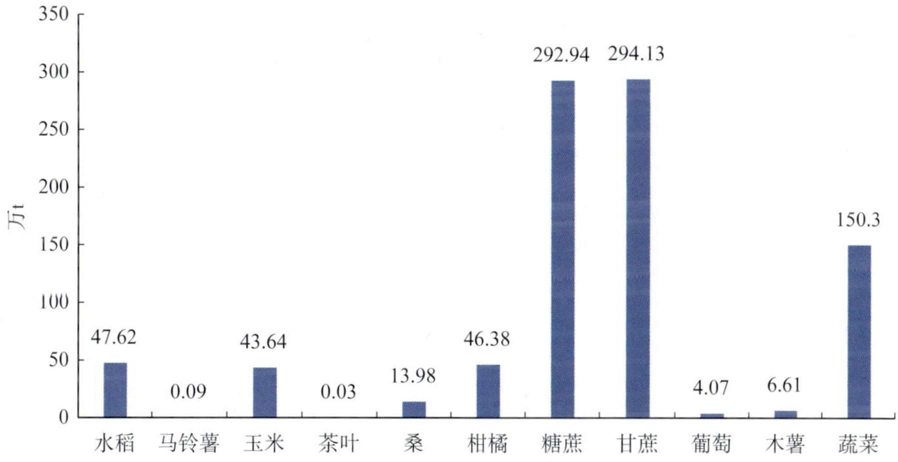

图 2-13 2020 年河池市特色作物产量

河池市及其各县（区）的农作物种植面积如表 2-2 所示。

表 2-2 河池市及其各县（区）的农作物种植面积

单位：hm²

| 地区 | 水稻 | 玉米 | 豆类 | 薯类 | 糖料蔗 | 桑园 | 油茶 | 柑橘 | 蔬菜 |
|------|------|------|------|------|--------|------|------|------|------|
| 河池市 | 85 679 | 111 527 | 23 142 | 26 524 | 46 636 | 62 940 | 122 053 | 56 937 | 1 502 962 |
| 金城江区 | 6 985 | 5 649 | 1 540 | 1 519 | 53 481 | 4 385 | 3 547 | 7 038 | 167 065 |
| 宜州区 | 18 891 | 16 608 | 2 297 | 3 087 | 20 731 | 26 168 | 3 673 | 12 200 | 227 007 |
| 南丹县 | 8 118 | 7 249 | 1 926 | 1 889 | 1 436 | 1 062 | 5 807 | 2 899 | 168 330 |
| 天峨县 | 3 210 | 7 769 | 2 143 | 1 357 | 0 | 464 | 12 893 | 2 716 | 80 949 |
| 凤山县 | 2 818 | 5 363 | 2 417 | 1 823 | 39 | 2 813 | 24 747 | 606 | 75 525 |

（续）

| 地区 | 水稻 | 玉米 | 豆类 | 薯类 | 糖料蔗 | 桑园 | 油茶 | 柑橘 | 蔬菜 |
|---|---|---|---|---|---|---|---|---|---|
| 东兰县 | 5 375 | 6 302 | 1 129 | 1 462 | 358 | 3 357 | 20 140 | 1 953 | 94 738 |
| 罗城县 | 13 544 | 6 644 | 1 522 | 1 362 | 8 811 | 5 527 | 7 427 | 8 093 | 225 025 |
| 环江县 | 10 877 | 8 578 | 554 | 1 350 | 3 870 | 13 479 | 9 260 | 15 389 | 141 807 |
| 巴马县 | 4 584 | 9 345 | 2 398 | 1 794 | 1 419 | 1 239 | 25 460 | 2 460 | 121 013 |
| 都安县 | 6 957 | 21 808 | 5 102 | 7 850 | 2 812 | 3 679 | 4 120 | 1 631 | 127 748 |
| 大化县 | 4 320 | 16 213 | 2 114 | 3 031 | 3 590 | 769 | 2 580 | 1 953 | 73 754 |

数据来源：2022 年河池市各县（区）农业农村局。

### 2.1.3 百色特色农作物种植状况

百色市拥有自治区粮源基地县 2 个，2020 年乡村人口总数为 202.26 万人，2020 年农作物种植面积和产量如图 2-14 和图 2-15 所示。

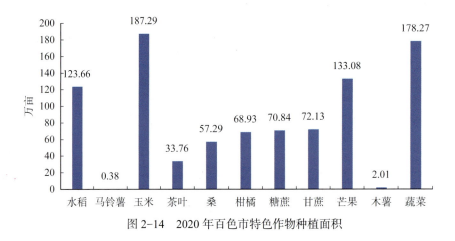

图 2-14 2020 年百色市特色作物种植面积

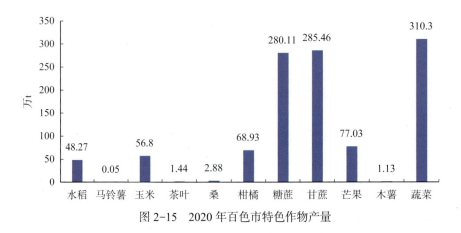

图 2-15 2020 年百色市特色作物产量

百色市下辖右江区、田阳区2个区，田东县、德保县、那坡县、凌云县、乐业县、田林县、西林县、隆林各族自治县8个县，靖西市、平果市2个县级市，共计12个县（区、市）。

### （1）右江区

优势芒果种植面积38.83万亩，特色柑橘种植面积5.65万亩，其他水果种植面积4.52万亩。坚果种植面积3 000亩。八角种植面积21万亩。油茶种植面积26万亩。

右江区地处低纬度地区，属南亚热带季风气候，全年夏长冬短，气候湿润，春秋相似，日照多，热量充足，降水量适中且比较集中，6—8月的降水量占全年的75%左右，平均年降水量1 115mm，年平均气温22.1℃左右，全年无霜期为357d。

2015年，右江区澄碧湖芒果产业（核心）示范区启动建设，将芒果产业连点成线、连线成面。示范区通过完善基础设施、推广先进技术、引进龙头企业等措施，推动生产标准化、技术集成化、组织专业化、管理规范化、发展集约化，提高芒果品质和附加值。近两年，右江区连续获得自治区优特项目，在富林香花油茶基地和那禄油茶基地进行油茶种植模式的探索，总结出了可供各地参考的模式。由于八角收购价提高，右江区八角种植户收入大幅增长，提高了八角种植者的信心。泮水乡驮安村八角种植以"公司+农户"模式，规范种植技术，实行市场统一收购。2020年，右江区向自治区提出申请，获批建设六沙园艺场柑橘生产优特项目，并总结出了一套可推广可复制的技术生产模式。阳圩镇建有一个3 000亩的坚果示范基地，采取"公司+农户+基地"的模式，按照"建基地、强龙头、联农户"的产业化发展思路，形成"高效、精品、生态"的发展方向。

①油茶树种植条件：

对温度的要求：油茶树性喜温暖湿润的气候，要求平均气温14～21℃，最低月平均温度不低于0℃，最高月平均温度约为31℃，开花期最适温度为14～18℃，极端最低温度-12.3～-9℃。根据调查，右江区地处热带，日照充足，各乡镇都比较适合油茶种植。

对水分的要求：相对湿度在74%～85%之间，年降水量在1 000mm以上，年日照时数为1 800～2 200h。

对土壤的要求：油茶树需要栽植在排水比较好的砂质土壤，坡度在5°以上、25°以下。油茶树对土壤要求不严格，但在土层深厚，疏松肥沃，pH在5.5～6.5的砂质土壤（红土壤、黄土壤、紫色土壤）生长更为有利。右江区大部分乡镇属丘陵山地，非常适合油茶种植。

②澳洲坚果种植条件：

土壤条件：澳洲坚果种植地应选择土层深厚、肥沃、土壤疏松、水分条件好、海拔在700～1 200m之间、坡度在25°以下背风、阳坡、相对集中连片的地块。土壤宜选砖红壤、赤红壤，pH在4.5～6.5之间，最好是5～5.5之间。澳洲坚果不能在雨水易于沉积的低凹、狭谷、沟箐种植。

温度：澳洲坚果虽然是一种热带树种，但适宜温度不高，如果温度超过33℃，对其产量会造成一定影响。澳洲坚果在花芽分化的时候，其温度要控制在15～21℃，最适温度为17～19℃，而在坐果的时候，其温度要控制在20～30℃。

右江区各种经济作物生产效益参差不齐，油茶生产效益尚可，坚果由于本地种植较少，价格有优势，但是果品采收几乎全靠人工，成本较高。其余芒果、柑橘和八角等则效益不稳。

**（2）田阳区**

各种农作物种植面积分别为：水稻148 350万亩、玉米157 050亩、大豆600亩、甘薯300亩、芒果43万亩、番茄23万亩。

目前芒果投产35万亩，除了商品果，每年都会产生数量不少的次果，成为产业提质增效的瓶颈。田阳区通过产业融合、招商引资，引进果天下等芒果果肉果汁加工项目、深百情现代农业深加工暨生态食品产业平台等农产品深加工重点项目，补齐精深加工短板。同时开发出芒果干、芒果果脯、芒果饮料、芒果酒、芒果醋等精深加工产品，减轻了次果销售压力，提升了综合效益。2020年起，田阳区以建设百色番茄广西特色农产品优势区为契机，以打造"全国有影响力、市场有号召力"的高端番茄品牌为抓手，支持新型农业经营主体开展番茄绿色食品、有机农产品申请认证；同时结合历史文化，百色番茄种植起源、种植模式、品质特性等优势，利用各种媒体媒介做好宣传，在北京新发地等农批市场召开推介会，极大地提高了了百色番茄的品牌知名度。

特色农作物种类：芒果、番茄。

特色农作物种植条件：河谷乡镇，阳光充足，雨量充足，水利灌溉充足，产业配套完善。

芒果种植条件：

海拔：种植芒果对土壤的要求并不苛刻。依芒果品种的习性不同，其种植的区域一般可选在海拔600m以下，地下水位低于3m，排水性良好，具有一定微酸性的砂壤土或冲积土地带，碱性或偏碱的土壤不宜种植芒果，易引起缺素（钾、锌、镁等）症状。

温度：芒果对温度条件的要求较高，能耐高温，不耐寒。20～35℃的温度比较适合生长，温度低于20℃时生长会开始放缓，低于10℃时其叶片、花序均会停止生长，5℃以下会产生严重的冻害和死亡。花药在20℃以下时不能开裂散粉，花粉粒在15℃以下时不能萌发，25℃以上时萌发良好。

水分与湿度：芒果对雨水的忍受性很强，但在开花授粉期以干旱少雨为宜。降水量保持在750mm左右即能丰产稳产，秋冬季节天气干旱有利于花芽分化和提前开花。如在开花坐果期遇到阴雨大露，空气湿度较大时会出现严重的落花、落果等现象。在果实发育期，如多雨干湿不均会引起裂果及诱发煤烟病和炭疽病。

光照与防护：芒果为阳性树种，喜阳怕阴，光照充足有利于开花与结果。种植于向阳背风处的芒果开花较早且结果产量高，外形美观，品质优良，含糖量高，耐贮运。

**（3）田东县**

田东县位于广西西部、百色市东南部右江河谷中心地带。全县总面积2 816km²，占广西总面积的1.2%。耕地面积39.3万亩，其中水田面积19.68万亩。果园地面积16万亩，林地面积167万亩，牧草地面积62万亩，水域面积3.25万亩，山地面积347万亩，未利用荒地面积116万亩（其中难以利用荒地87.7万亩），人均耕地面积1.02亩。

田东县居于北回归线上，属南亚热带季风气候，光照充足，热量丰富，雨热同季。

年均气温 21.9℃，少霜无雪，无霜期长达 362d，年均降水量 1 167mm，年均日照时数 1 869h，适宜亚热带作物生长。

田东县立足本地特色资源，延伸产业链条，拓展产业增值增效空间，大力推进 "5 + 2"（即芒果、优质稻、糖料蔗、猪、鸡和牛、油茶）特色产业发展，不断充盈农民钱袋子。2021—2022 年榨季蔗农销售糖料蔗总收入 3.1 亿元，户均收入 2.2 万元。2021 年全县农村居民人均可支配收入 19 252 元，同比增长 9.9%。目前粮食作物以水稻为主，经济作物主要种植甘蔗、木薯等，特色农作物为芒果。

①芒果的种植条件：田东县交通便利，地势平坦、土地肥沃。土壤成土母质，为红土发育而成的赤红壤、砂壤土、黄壤土，土层浓厚、肥沃，耕性好，表土层有机质含量 1% ～ 3%，全氮含量为 0.075% ～ 2%，速效磷 5 ～ 10mg/kg，速效钾 50 ～ 150mg/kg，pH 5.5 ～ 7，适合芒果生长发育。气候属亚热带季风气候区，干湿季明显，雨热同季，气候温暖，无霜期达 350 ～ 357d。一年多夏多炎热，秋有余暑，冬无严寒，春来得早，光照充足，热量丰富，为芒果生产提供了十分有利的自然条件。

②芒果的产业效益：

经济效益：以 1 000 亩芒果基地为例，建成 3 年后进入盛果期，每亩产芒果 2 750kg，单价 6 元 /kg，亩产值为 16 500 元。按 30 年的盛果期，建成进入盛果期后，年产值达 1 650 万元。

社会效益：芒果可以解决农村劳动力就业，同时将促进林果产品加工业的发展，促进经济社会可持续发展，增加农民收入。

在社会评价方面，种植芒果将促进农业和农村经济结构的战略性调整，农业和农村经济整体效益也将得到较大提高，农民人均收入将有大幅度增长，同时将促进地方财政增收。

生态效益：目前田东县芒果生产基本上采用传统的浅耕施肥、下雨撒肥的施肥方式和人工喷药防治病虫害方式，不仅费工费力效益不高，而且化肥、农药容易挥发到空气中或被水冲走，利用率不到 70%，造成化肥、农药的浪费和残留，对生产生活环境污染极大，影响人居环境。采用芒果生产全程机械化生产模式，可以减少化肥、农药的使用量，通过机械化化肥深施和机械化高效植保喷药，可以减少化肥、农药使用量 20%，从而减少化肥、农药对环境的污染，推动芒果产业步入绿色发展之路。

**（4）那坡县**

那坡县耕地面积 41.22 万亩，其中粮食播种面积 25 万亩，其他主要农作物分别为桑蚕 10.9 万亩，八角 32 万亩，油茶 16 万亩，花椒 1.2 万亩，水果 4.8 万亩，中药材 4.6 万亩。

那坡县特色农作物主要有：桑蚕、八角、油茶、花椒。

桑树主要种植在稻田及地势比较平坦的地方，要求土质肥沃、土层深厚、地面平整。主要分布在南部 6 个乡镇，气温常年较高，利于桑叶生长，每年养蚕 10 批次左右，年产值达 2.9 亿元。

八角主要种植在海拔高度 200 ～ 700m，土壤含磷、锰、钾等元素且排水性良好的坡地，坡度最好保持在 20° 左右，避免积水。主要分布在南部 6 个乡镇及城厢镇，年产八角

10 万 t，年加工菌油 2 100t，年产值达 3.24 亿元。

油茶种植在海拔 500m 以下的低山，要求阳光充足、坡度 25° 以下、土层浓厚、肥沃，排水良好的酸性土壤。主要分布在城厢镇、坡荷乡、百都乡 3 个乡镇，年均产油量达 140 万斤，年产值 4 300 万元。

花椒种植在石山地区，该地区一般属于阴坡和半阴坡，水分条件较好。主要种植在北部城厢、坡荷、龙合 3 个乡镇，年产量 680 万斤，销售收入 3 400 万元。

**（5）凌云县**

凌云县共有耕地总面积 18.26 万亩，其中水田面积 6.91 万亩、旱地面积 11.35 万亩。桑园面积 9.18 万亩，茶园面积 12.05 万亩，八角林地面积 22.59 万亩，油茶林地面积 31.02 万亩。

主要特色农作物为桑蚕、茶叶、八角、油茶。

凌云县的桑园有少部分种在平地，其余都是在 25° 以上的山地或者石山地；茶叶、八角、油茶基本上都是种在 25° 以上的山地。绝大部分为以户为单位，种植规模较小。

目前，凌云县桑蚕生产过程中除桑园翻土、桑枝修剪、少部分自动上蔟、脱茧实现机械化外，其余生产环节都是依靠人工。茶叶生产过程中，基本实现产品加工机械化，其余生产环节都是依靠人工。八角、油茶生产基本都是人力生产。总体上特色农作物产业为粗放式种植，主要依靠人力从事生产，生产成本较高，产业效益低。

**（6）乐业县**

乐业县总面积 2 633.17km²，其中土山面积占 70%，石山面积占 30%。全县有林地面积 274.07 万亩，耕地面积 37.61 万亩。截至 2022 年底，主要特色产业种植面积：猕猴桃 4.5 万亩、茶叶 10.86 万亩、刺梨 2.3 万亩、油茶 8.4 万亩、核桃 5.7 万亩、砂糖橘 2.3 万亩、芒果 1.8 万亩、高山蔬菜种植示范基地 3 000 余亩，各种品牌建设初见成效。在众多特色品牌产业发展的同时，近年利用水田、旱地发展烤烟产业，培植地方税源，壮大农村经济实力，2023 年种植烤烟 4 000 亩左右。

地方名特优产品主要有猕猴桃、刺梨、铁皮石斛、茶叶、板栗、八角、核桃、油茶等十余种。其主要特色农作物为烤烟。

从自然条件来看，乐业县属于亚热带湿润气候区，境内气候温和，年气温平均 16.8℃，雨量充沛，全年降水量平均值为 1 327.2mm，光照充足，年日照平均值 1 339h，土质优良，具有得天独厚的自然气候优势。乐业县的幼平乡、逻西乡、新化镇、花坪镇、雅长乡部分村，山峰海拔 500～800m，河谷分布在布柳河谷和红水河谷，海拔 250～500m，全县有 22 块大坝，河流、水域面积较广。乐业县地形地貌有云贵高原特色，又有低海拔河谷平原地势，是生产优质烟叶的适宜地。

从生产的经济效益来看，2022 年乐业县种植烤烟 1 500 亩，55 户烟农参与种植，因受特大水灾影响，损失面积 700 多亩，全县共收购烟叶 2 745.611 担*，实现烟农售烟收入约 422.5 万元（不含价外各种补贴），创税收 92.95 万元，户均收入 8.4 万元。灾后也得到了保险部门的一定经济补偿，降低了烟农经济损失，烟农种烟积极性比较高。

---

\* 担为非法定计量单位，1 担等于 50kg。

**（7）西林县**

西林县耕地面积约为16.44万亩，各种作物种植面积分别为水稻4.84万亩、玉米11.21万亩，花生1.43万亩，甘蔗1.2万亩，水果20万亩，油茶12万亩，茶叶10万亩。

特色农作物种类主要有：水稻、水果、油茶、茶叶。

水稻主要种植在耕地水田上，水果、油茶、茶叶主要种植在荒坡地上，种植坡度均小于45°。种植模式均由农户或企业承包荒坡地种植。

2022年水果价格有所回升，产业效益比往年好一些，亩均利润4 000～10 000元，茶油每千克价格为100元左右，鲜茶叶每千克为5～6元，基本与往年持平。

**（8）隆林各族自治县**

隆林县位于广西西北部，处在滇、黔、桂交界地带。东与田林县为邻，南与西林县接壤，北以南盘江为界，与贵州省的兴义、安龙、册亨等县（市）隔江相望，总面积3 543km²，境内有土山区和石山区两大类。土山区面积369.3万亩，占总面积的69.3%；石山区面积163.6万亩，占总面积的30.7%。全县耕地面积98.7万亩，其中灌溉水田为20.9万亩、望天田3.8万亩、水浇地25.5万亩。

隆林县主要农作物有水稻、玉米、高粱、小麦、油菜等，主要特色农作物为高粱，2023年主要以"公司 + 农户"的方式发展订单农业种植高粱。据统计，目前已在桠权、者保等乡镇落实高粱种植面积4 500亩。种植地块属于丘陵山区，采取机械耕作种植，收获以机械脱粒为主，以"公司 + 农户"订单方式销售。据了解，2022年在桠权镇生基湾村采取"公司 + 农户"试种400余亩高粱，经济收入达121万余元，平均亩收入达3 000余元。

**（9）靖西市**

靖西市耕地面积88万亩。靖西市农业生产历来以粮食种植为主，经济作物和林、牧、渔为辅。粮食作物以稻谷、玉米为主，其次为豆类、麦类和薯类，经济作物主要有田七、花生、甘蔗、桑蚕、水果、烟叶、茶叶等；其中香糯、田七、茶叶是靖西市有名的土特产。靖西市属石山、石漠化地区，相当一部分耕地为中低产地，产量不高、效益较低，直接影响到广大农村群众的经济收入。近年来，靖西市通过不断优化调整农业产业结构，推动特色农产品生产向区域化、规模化和专业化方向发展，全市初步形成了以"烟、菜、桑、果"为主的特色农业产业群。市委、市政府决定在"十四五"期间深入实施农业发展"六个十万亩"工程，即，甘蔗种植面积10万亩、优质果园种植面积10万亩、桑园种植面积10万亩、烤烟种植面积10万亩、蔬菜种植面积15万亩、中药材种植面积10万亩。

靖西市主要特色农作物种类有火龙果、柑橘、油茶、桑蚕、烟叶、百香果等。

靖西市特色农作物种植地域分布及特征如下：柑橘类水果以连片规模化种植为主，种植园坡度为0°～30°，主要集中在该市的北部乡镇。桑蚕以散户小户种植为主，种植地域也集中在北部乡镇，种植园坡度一般为0°～20°。火龙果、百香果、烤烟均采用连片规模化、产业化、标准化种植，种植坡度一般在0°～20°，种植地域分别位于该市南部乡镇，全市19个乡镇，以及该市中部和南部乡镇，种植园坡度分别为0°～20°、0°～30°和0°～20°。油茶主要集中在北部乡镇，大多都是散户在荒山荒坡种植，种植园坡度为

$0° \sim 40°$。

2022 年靖西市百香果新增种植面积 9 260 亩，建成 5 个百亩以上高标准示范果园（基地）。全市水果种植总面积达 18.93 万亩，全年水果产量达 6.17 万 t，产值 12.5 亿元左右。新老桑园种植面积稳定在 18.2 万亩，鲜茧产量 1 187.8 万 kg，增长 15.1%，产值 7 亿元左右。全市种植烟叶 6.18 万亩，累计收购烟叶 13.62 万担，产值达 2.03 亿元，稳居全区第一位，烟农人均收入 2 万元，比上年增加 1 070 元。油茶种植 9 600 亩，产值 0.38 亿元左右。

### （10）平果市

平果市位于云贵高原与东南丘陵交界地带，地势自西北向东南倾斜，属土山丘陵和石山峰林交错地形。东西最大横距 61km，南北最大纵距 78km。最高海拔 934.6m（位于海城乡西北部鬼头山主峰），最低海拔 76m（位于四塘镇濑江与右江汇合处）。境内大多属喀斯特地形，岩溶地貌广。

平果市耕地面积 51.29 万亩，其中水田 16.32 万亩，旱地 34.97 万亩。2022 年，各种作物种植面积为：水稻 14.25 万亩，玉米 18.18 万亩，红薯 1.34 万亩，大豆 4.26 万亩，甘蔗 5.60 万亩，木薯 0.46 万亩，水果 12.50 万亩，蔬菜 13.16 万亩，桑园 6.44 万亩。

上述桑园、甘蔗、柑橘、香蕉、火龙果等特色农作物一般种植于缓坡地带及山间平地，地块面积小，适合使用山地小型机械，部分面积较大的连续平地及田间通行条件较好的耕地可使用大中型机械。种植模式主要有：农业龙头企业承包经营、农业合作社合作经营、大户承包经营、零散农户小面积经营。种植面积 90% 以上已实现土地流转。

①柑橘种植条件：

温度：适合栽培柑橘的年平均温度为 20℃ 左右，最低温度不能低于 −9℃。1 月平均温度要大于 4℃，年日照时数要大于 1 200h。温度高于 12.8℃，柑橘才会生长，其最适温度为 23 ～ 29℃。如果温度在 13℃ 以下或者高于 37℃，柑橘的生长会受到影响。秋季花芽分化的时候，晚上的温度要求在 10℃ 左右，白天的温度要求在 20℃ 左右。

光照：光照过于强烈或过于微弱，均不利于柑橘的生长。光照过于微弱，发芽率会很低，成枝率也很低，而且开花坐果少，果实产量和质量都会受到影响。

水分：柑橘要健康成长，土壤的持水量要求在 70% 左右。如果达不到 60%，则需要浇水。如果持水量太高，则需要排水。空气湿度要求在 75% 左右。

土壤：柑橘的适应性非常广，不管是红壤、黄壤，还是紫色土，都能够健康成长。但是柑橘要想长得好，土层还是要深厚一些，土壤 pH 在 6 左右比较好。

海拔：柑橘在 800m 以下海拔都可以栽培，一般高度在 100 ～ 400m 之间比较适合。若当地发生冻害，海拔升高，发生冻害的可能性会更大，果实也会更酸。柑橘的上色与温度关系比较大。适当低温有利于上色。如果温度高于 20℃，对果实上色会产生影响。

②产业效益：以种桑养蚕为例，2022 年，全市脱贫户种植桑园 1.48 万亩，养蚕 2.25 万张，鲜茧产量 1 200t，产值 4 800 万元。亩均产值 3 243 元，是种植玉米产值的 3 倍以上。

特色农作物种植需节本增效。劳动力资源的短缺和用工成本的大幅提升给特色农作物生产经营带来极大压力，倒逼经营户全力引入农业机械替代人工种植。目前人口老龄化严重，适龄劳动力短缺，尤其在农忙、果树修剪和水果采摘时节，用工荒问题凸显。另外，随着农村居民收入和生活水平的提高，低廉的"工钱"根本无法匹配农民辛苦、繁重的农活。根据调查，平果市从事施肥、打药的人工工资从 2017 年的 80 元 /d 涨到 2022 年的 150 元 /d，重体力工和技术工从 120 元 /d 涨到 250 元 /d 以上，部分特色农作物经营户表示，人工成本逐渐成为最大生产成本。越来越多的特色农作物经营户表示愿意通过引进农业机械来降低人工成本。

百色市各县（市、区）农作物种植面积如表 2-3 所示。

**表 2-3　百色各县（市、区）农作物种植面积**

单位：hm²

| 县<br>（市、区） | 水稻 | 玉米 | 薯类 | 大豆 | 甘蔗 | 木薯 | 水果 | 蔬菜<br>（含食用菌） | 桑园 |
|---|---|---|---|---|---|---|---|---|---|
| 右江区 | 6 160 | 1 398 | 373 | 113 | 10 933 | 116 | 33 320 | 14 800 | 123 |
| 田阳区 | 9 812 | 10 470 | 20 | / | 3 733 | / | 21 333 | 23 333 | / |
| 田东县 | 7 400 | 8 680 | 393 | 1 353 | 13 666 | / | 30 640 | 1 754 | 487 |
| 德保县 | 8 620 | 15 333 | / | / | 1 180 | / | 4 867 | / | 4 133 |
| 那坡县 | 4 266 | / | / | 2 000 | 1 400 | / | 3 200 | 4 333 | 7 267 |
| 凌云县 | 4 800 | 5 673 | 33 | 1 453 | / | / | 6 000 | 4 067 | 6 120 |
| 乐业县 | 3 468 | 7 324 | 213 | 433 | / | / | 8 225 | 4 371 | 227 |
| 田林县 | 4 153 | 12 367 | 453 | 527 | 11 553 | / | 15 567 | 7 667 | 68 |
| 西林县 | 3 226 | 7 473 | / | 3 667 | / | / | 13 333 | / | / |
| 隆林县 | 6 800 | 4 233 | 973 | 2 106 | 857 | 130.2 | / | 4 904 | 3 180 |
| 靖西市 | 12 731 | 17 000 | 4 800 | 2 660 | 1 696 | 53 | 11 712 | 8 861 | 12 133 |
| 平果市 | 9 966 | 12 120 | 893 | 2 840 | 3 733 | 307 | 8 333 | 8 773 | 6 333 |

数据来源：政府发展统计公报 2020 版。

## 2.1.4　总结

通过对桂西北特色农作物种植现状的调研，可将桂林、百色、河池三市特色农作物归纳于表 2-4。

**表 2-4　桂林、百色、河池三市特色农作物概况**

| 特色农作<br>物种类 | 种植地区 | 土壤种植条件 |
|---|---|---|
| 食用菌 | 灵川县 | 食用菌生长需要的营养物质包括碳素、氮素、矿质元素和生长素；食用菌生长需要适宜的温度，不同的食用菌所要求的温度是不一样的。同一种食用菌的不同品种及同一品种要求的温度也不一样。食用菌生长需要的空气湿度以 60% ～ 70% 为宜。栽培场所要求空气新鲜、氧气充足 |

（续）

| 特色农作物种类 | 种植地区 | 土壤种植条件 |
|---|---|---|
| 金槐 | 全州县 | 金槐在种植前须平整地面，林地坡度不超过20°，种植前还必须进行深耕，深度一般是30～40cm。种植时间应抢在早春苗木发芽前（清明前）。金槐是既喜水又怕涝的树种，园内积水超过5d就会造成落叶、烂根，甚至植株死亡，因此在汛期要做好排水工作。栽植时苗木要竖直，根系要向四周舒展，深浅要适当，金槐生长期需要大量水分，特别是新梢速生期，遇天气炎热，蒸腾量大则需水更多 |
| 葡萄 | 兴安县 | 葡萄花期最适温度为20℃左右，果实膨大期最适温度为20～30℃，昼夜温差大果实更甜。土壤：土质疏松、土壤肥沃、排水良好的砂质土或壤土。光照：生长需要充足的光照条件。水分：生长前期水分需求大，后期和结果期所需水分较少 |
| 罗汉果 | 永福县、龙胜县、临桂区 | 罗汉果的生长对土壤有很高的要求，土壤要求表土深厚肥沃，腐殖质丰富，疏松湿润的壤土或黄红壤，土壤pH在6.0～6.5左右。对地形要求排水良好，通风透光，坡度在15°～30°左右，海拔300～500m，背风向阳的山坡地 |
| 油茶 | 灌阳县、右江区、德保县、凌云县、田林县、靖西市 | 油茶种植所需土壤要求厚度达60cm以上，至少要超过40cm，具有排水良好、肥力较好、湿润、透气性好、微酸性（pH 5.5～6.5）的砂质壤土、轻黏壤土（石灰岩山地不能栽植） |
| 甜柿 | 灌阳县、龙胜县 | 甜柿主要种植在土层深厚，pH 5.5～7.5的砂质壤土，山地、平地、丘陵地区均可种植 |
| 甘薯 | 灌阳县 | 甘薯大多种植在表土疏松、土层深厚、排水良好的土壤里，pH要求在5.2～6.7之间 |
| 雪梨 | 灌阳县、龙胜县 | 雪梨主要种植条件为土层深厚，疏松、排水良好的砂质壤土。雪梨树耐涝怕旱，pH在5.8～8.5之间均可生长良好 |
| 南山萝卜 | 龙胜县 | 南山萝卜适宜在海拔高、光照充分、气候寒冷、昼夜温差大、土壤比较松软的地方种植，当地人通过起垄增加沙壤土的厚度，使萝卜脆甜、好看 |
| 番茄 | 龙胜县、田阳区 | 番茄的最佳生长发育温度为24～26℃，其对光照极其敏感，也喜光，只有光照充足，才能长得健壮旺盛 |
| 水稻 | 资源县、田林县 | 水稻喜欢温暖湿润的环境，生长期间的适宜平均气温为18～25℃。全国各稻区最热月平均气温一般都在20℃以上，均可满足水稻种植需求 |
| 茶叶 | 资源县、凌云县、田林县 | 茶适宜在偏酸性土壤中生长，最适pH为4.0～6.0。茶正常生长过程中离不开水，一般而言，在年降水量小于1 000mm的地域不适宜栽种茶树，年降水量至少要1 500mm之上。茶树稳定生长的适宜温度在18～25℃以上 |
| 葡萄 | 资源县 | 种植葡萄的气候条件是高温低湿。其生长所需最低气温约12～15℃，最低地温约为10～13℃，花期最适温度为20℃左右，果实膨大期最适温度为20～30℃。如昼夜温差大，则着色及糖度较好 |
| 月柿 | 恭城瑶族自治县 | 月柿喜温喜光，适宜生长于土层深厚肥沃、透气性好、保水力强的壤土。恭城独特的丘陵山区地貌及其温湿度与月柿的生长种植条件完美契合 |
| 荔浦芋 | 荔浦市 | 荔浦芋性喜高温湿润，具有很好的耐湿性，但不耐旱。一般情况下，荔浦芋的球茎萌发温度以13～15℃为最佳，幼苗在20～25℃的温度环境下可以快速生长，结芋最佳气温是20～30℃。同时，荔浦芋在生长期要确保土壤的长期湿润。荔浦芋对光照要求不高，在散射光的照射下生长最好 |

（续）

| 特色农作物种类 | 种植地区 | 土壤种植条件 |
|---|---|---|
| 荔浦砂糖橘 | 荔浦市 | 土层深厚、肥沃、疏松、排灌方便，65.8%为潴育型水稻土，土体较厚，达100cm以上，发育层次明显，耕层厚14～17cm，质地轻壤至中壤，pH 5.5～6.5，理化性状好，有机质含量高，质地及酸碱度适中，且耕种历史悠久，宜耕期长，对肥料反应快，这样的土壤条件非常有利荔浦砂糖橘的生长 |
| 荔浦马蹄 | 荔浦市 | 荔浦马蹄种植基地宜选择在海拔高度50m以上、排灌良好、土壤肥沃、有机质丰富、保肥性良好的中砂壤土，耕作层大于15cm，pH 5.5～7.5 |
| 马蹄 | 临桂区 | 马蹄比较适合在排灌方便、表土疏松、底土比较坚实、耕层20cm左右的沙质黑色土壤浅水田中生长。临桂独特的地理气候造就了当地品质优良的特色农产品——临桂马蹄 |
| 八角 | 右江区、德保县、凌云县 | 八角喜冬暖夏凉的山地气候，适宜种植在土层深厚、排水良好、肥沃湿润、偏酸性的沙质壤土或壤土上，在干燥瘠薄或低洼积水地段生长不良。正糙果3—5月开花，9—10月果熟，春糙果8—10月开花，翌年3—4月果熟。八角主要种植在海拔200～700m，土壤含磷、锰、钾等元素且排水性良好的坡地，坡度最好保持在20°左右，避免积水 |
| 柑橘 | 右江区、靖西市、平果市 | 一般来说，12.8℃为柑橘开始生长温度，生长的最佳温度是23～31℃，达到37～38℃时生长受到抑制。有效积温对柑橘生长影响很大，我国柑橘生产区≥10℃年积温为4 500～9 000℃ |
| 芒果 | 右江区、田阳区、田东县 | 芒果种植区域一般可选在海拔600m以下，地下水位低于3m，排水性良好，具有一定微酸性的砂壤土或冲积土地带。碱性或偏碱性土壤不宜种植芒果，易引起缺素（钾、锌、镁等）症状。芒果对温度的条件要求较高，能耐高温，不耐寒。芒果为阳性树种，喜阳怕阴，光照充足有利于开花与结果。种植在向阳背风处的芒果开花较早且结果产量高，外形美观且品质优良，含糖量高，耐贮运 |
| 澳洲坚果 | 右江区 | 澳洲坚果种植地应选择土层深厚、肥沃、土壤疏松、水分条件好，海拔为700～1 200m，坡度在25°以下背风、阳坡、相对集中连片的地块。土壤宜选砖红壤、赤红壤，pH为4.5～6.5，最好是5～5.5之间。澳洲坚果虽然是一种热带树种，但不耐高温，温度超过33℃，会对其产量造成一定影响 |
| 花椒 | 德保县 | 花椒多种植在石山地区，缘于这些地区一般属于阴坡和半阴坡，水分条件较好。花椒适宜温度为10～15℃，年均温度低于10℃的地方虽然也能种植，但常发生冻害。花椒种植地的年日照时长需达到2 000h以上，否则枝条生长细弱，分枝少，产量低。年降水量需在500mm左右。土层深度需达到60～80cm |
| 烤烟 | 乐业县 | 乐业县属于亚热带湿润气候区，境内气候温和，年平均气温16.8℃，雨量充沛，全年降水量平均值为1 327.2mm，光照充足，年日照平均值1 339h，土质优良，具有得天独厚的自然气候优势。乐业县地形地貌有云贵高原特色，又有低海拔河谷平原地势，是生产优质烟叶的适宜地 |
| 高粱 | 隆林县 | 高粱适合生长的温度为15～20℃，不耐寒，一般在冬天很容易受到冻害，最低能耐5℃的低温。高粱对湿度要求严格，吸收水分能力强，所以保证土壤墒情有利于高粱生长 |
| 火龙果 | 靖西市、平果市 | 种植火龙果要使用排水良好、土层肥沃的土壤。火龙果原产热带地区，最佳生长温度为25～35℃。火龙果生长期内应至少浇一次透水 |

（续）

| 特色农作物种类 | 种植地区 | 土壤种植条件 |
|---|---|---|
| 百香果 | 靖西市 | 百香果适宜环境温度为 20～30℃，-2℃时，植株会严重受害甚至死亡。阳光充足，土壤肥沃疏松，弱碱性土壤当低于适合百香果生长。百香果较耐旱，如果气候干燥，要适量浇水，雨季要注意排水。百香果喜欢阳光充足，长日照条件下，有利于百香果开花结果。百香果适应性强，对土壤要求不高。但大面积生产的土壤厚度至少需 50cm。百香果是浅根系植物，喜湿润，既忌积水又怕干旱。因此首先要开好排水沟，防止果园积水；同时铺杂草保水，15d 不下透雨时要灌水 1 次 |
| 桑树 | 德保县、凌云县、靖西市、平果市 | 桑树主要种植在稻田及地势比较平坦的地方。桑树属于深根性植物，根系最深可达 3m，通常为 1～2m。但桑树 60% 的根系集中在 0～40cm 的土层，所以栽种桑树的土壤的耕作土层深度要达到 60cm 以上。桑树喜中性偏酸土壤，pH 在 6.5～7.0 之间。要求土壤疏松肥沃，透气性能和排水性能较好，有机质含量较高 |
| 甘蔗 | 平果市 | 甘蔗适宜生长温度为 18～30℃，低于 20℃时就会生长缓慢。光照条件：需要充足的光照，一天最少要 8h 日光照射。土壤条件：土质肥沃疏松、排水性好、透气性强 |
| 香蕉 | 平果市 | 香蕉适宜平均温度高于 21℃，≥10℃年活动积温在 7 000℃以上，全年无霜或有霜日 1～2d。光照条件：花芽分化期、开花期和果实成熟期需每天日照 6h 以上。土壤条件：土壤肥力好、土层深厚、排灌方便、疏松透气、pH 在 5.5～6.5 之间 |

## 2.2 桂西北特色农作物机具应用现状

### 2.2.1 桂林市特色农作物机具应用现状

**（1）恭城瑶族自治县**

目前恭城县拥有各类拖拉机 1.6 万多台，农机总动力达到 14.2 万 kW。在落实农机购置补贴政策工作中，2022 年全县共补贴各类机具 4 502 台，受益农户 2 874 户，享受购机补贴资金 665 万元，其中电动果剪补贴 2 106 把，轨道运输机 91 台。

从上述调查情况分析，电动果剪和轨道运输机有效提高了月柿产业机械化水平，但其整体机械化发展水平仍然偏低，农户仅在修剪与收获运输阶段使用到机械化产品，植保与收获环节机械化参与程度低，与全程机械化目标还有一定差距。植保环节中，由于丘陵山区特殊地形地貌关系，植保无人机操作难度高、整体价格偏贵，考虑到技术水平和经济效益等因素，大部分农户依旧选择人工植保。月柿的采摘是分批次、分成熟度采摘，目前市面上没有专门用于月柿的采摘机械，只能全部依赖人工操作，而人工采摘劳动强度大、工作环境差、工效低、工价高，随之生产成本相应提高，导致月柿种植效益下降，甚至出现亏损，严重打击了月柿种植户的种植积极性，也严重制约了恭城县月柿种植产业的可持续发展。

**（2）灌阳县**

灌阳县农机总动力 34.7 万 kW，拥有各类主要农业机械 96 705 台（套），水稻生产耕种收综合机械化率达到 82.89%。

**（3）荔浦市**

荔浦市特色农作物种植机械化不同环节发展不均衡。耕整地环节机械基本完善齐全，拥有旋耕机 47 台，微型耕耘机 14 420 台。种植环节缺乏移栽、育苗机械，管理环节缺灌溉施肥一体机。收获环节基本靠人工，农业机械几乎为零。大多数种植户规模小，组织化程度不高，缺乏有效的统一管理；缺乏周转资金，机械化水平低，市场竞争力差，抗风险能力不强。

**（4）临桂区**

目前，临桂区农机总动力 43.171 4 万 kW，其中：拖拉机及其配套机械 2 945 台（套），3.490 6 万 kW；种植业机械 39 051 台（套），17.299 8 万 kW（耕整地机械）；排灌机械 39 291 台（套），7.975 4 万 kW；田间管理机械 3 320 台（套），0.567 3 万 kW；收获机械 27 532 台（套），5.476 1 万 kW；设施农业：水稻机械化育秧中心 2 个、联栋温室 0.082 2 万 m²、塑料大棚 51.55 万 m²；农产品初加工机械 3 561 台（套），3.678 6 万 kW；畜牧机械 2 384 台（套），1.306 万 kW；水产机械 33 台（套），0.006 7 万 kW；农田基本建设机械 82 台（套），0.408 8 万 kW；植保无人机 10 架；运输机械 1 206 台，1.947 7 万 kW；其他机械 6 339 台（套），1.014 4 万 kW。

**（5）灵川县**

2022 年末，全县农机总动力达到 55.46 万 kW，拥有各类主要农业机械 112 275 台（套）。其中，各类拖拉机 11 334 台，各类种植业机械 34 204 台，排灌机械 19 777 台，田间管理机械 7 714 台，收获机械 15 369 台，农产品初加工作业机械 11 648 台，畜牧机械 2 444 台，水产机械 692 台，其他机械 9 093 台。

灵川县水稻生产耕种收综合机械化率达到 85.22%，主要农作物耕种收综合机械化水平达 76.24%。

随着灵川县食用菌产业的发展，各类食用菌机械设备与设施在生产中的应用范围不断扩大，全县食用菌机械化生产水平逐年提高，但总体上仍处于起步阶段。全县个体散户都是全人工操作，只有少数食用菌龙头企业应用机械化生产，在菌棒制作环节已经配备自动化菌棒装袋机、菌棒输送传输机以及周转菌棒筐的叉车，接种环节已经配备液体菌种发酵罐，自动化采收环节属于空白，保鲜储存环节已配备冷库等。

**（6）龙胜各族自治县**

截至 2022 年底，全县农机总动力达 32.72 万 kW，同比增长 1.87%；全县主要农作物耕种收综合机械化水平达 65.69%，其中水稻耕种收综合机械化水平 73.53%。

2022 年龙胜县实施茶叶加工机械化项目，具体应用的机械有杀青机、揉捻机、理条机、烘干机、烘焙机、压饼机和输送机等。罗汉果加工机械有清洗机、烘干机、色选包装机等。

特色农作物生产环节中急需实现生产机械化的机具是油茶果机械化采摘机械。

**（7）全州县**

全州县农机总动力达到 67.3 万 kW，全县主要农作物和水稻生产耕种收综合机械化水平分别达到 75.01%、85.6%；大型拖拉机 260 多台，水稻联合收割机 320 多台（套）。

目前，金槐生产基本是人工操作，机械化程度非常低。实现金槐生产机械化主要在采摘、烘干环节进行。

### （8）兴安县

兴安县农机总动力 55.854 7 万 kW，其中：拖拉机及其配套机械 8 257 台（套），5.371 4 万 kW；农业排灌动力机械 13 650 台（套），6.201 3 万 kW；谷物联合收割机 208 台（套），0.632 8 万 kW；农产品初加工机械 14 257 台（套）；畜牧机械 3 333 台（套），1.460 7 万 kW；水产机械 99 台（套），0.007 8 万 kW；农田基本建设机械 202 台（套），2.153 1 万 kW；植保无人机 8 架；运输机械 2 633 台（套），3.529 万 kW；其他机械 4 875 台（套），1.215 1 万 kW。

兴安县葡萄生产环节除耕整地环节已实现机械化外，其他环节基本尚未普及机械化。

### （9）永福县

永福县拥有农业机械总动力 31.88 万 kW。各类农业机械拥有量 53 962 台（套），其中拖拉机 4 986 台，种植业机械 2 188 台，排灌机械 10 791 台，田间管理机械 12 041 台，收获机械 10 795 台，农产品初加工机械 7 988 台，畜牧机械 1 032 台，农田基本建设机械 8 台，植保无人机 21 台，轨道运输机 3 685 台，烘干机 115 台，包装机 86 台、清洗机 226 台。

永福县生产环节中急需实现生产机械化的机具是罗汉果全程机械化机具，一是适宜山上罗汉果园地的耕整机械缺乏，农民劳动强度太大。二是罗汉果种植劳动量最大的是点花授粉，每个罗汉果都要点一次花，而且要在早上花开的时候，过时就点不上了。由于没有相应的机械，农民必须早起人工点花，非常辛苦，所以急需罗汉果点花机械。

### （10）资源县

2022 年，资源县农机总动力达到 28.12 万 kW，水稻耕种收综合机械化水平达到 79.21%，全县农作物耕种收综合机械化水平达到 69.15%。

资源县红提种植生产大部分为散户种植，种植面积以 2～10 亩为主，规模化种植程度不高，在土地耕作、滴灌施肥、植保作业中机械化程度较高，比较迫切需求的农机产品为全自动电动打药机（遥控、自主收管）、园内电动运输车等机械。

## 2.2.2 河池市特色农作物机具应用现状

河池市种植面积比较大的特色农作物包括糖料蔗、桑树、柑橘、板栗、蔬菜等。其中糖料蔗的农机农艺融合程度比较高，50 亩以上的种植大户基本按照实现全程机械化的农艺种植，行距为 1～1.2m，总面积占比达 50% 以上。其余散户的种植地也基本能实现中耕培土机械化，行距为 0.8～1.0m，只是不能满足机械化收获的行距要求。在桑园管理方面，农机农艺融合程度比较低，多数都是传统的密植，行距为 60～80cm，后续的施肥培土、除草很难实现机械化作业。同时，由于桑树根系较为发达，市场上的小型微耕机功率偏小，适应不了桑园的培土作业，摘叶环节还完全依靠人工操作，无配套机具。在柑橘生产领域，大户种植农机农艺融合比较好，耕种管收机械化水平也相对比较高，小户种植农机农艺融合比较低，以人工作业为主。在桃李、板栗、油茶等生产领域，多数种植在陡坡上，除草、施肥、喷药等环节，以人工作业为主，机械化水平总体很低。

## 2.2.3　百色市特色农作物机具应用现状

### （1）田东县

截至 2022 年底，田东县农机总动力达 34.75 万 kW，拥有各类农业机械 91 100 多台（套），拥有大中型拖拉机 410 多台。

田东县芒果园按照示范基地田间通行条件建设，采用机械化修剪、机械化田园施肥管理、机械化植保、机械化运输等方式，有效降低生产成本，提高生产效率。目前迫切需要的农机是果园单轨道运输设备、施肥机、除草机以及电动机械化果树修剪机械。

### （2）平果市

平果市目前机械化程度较高的生产环节为耕地和整地，机械化程度达 100%。2020—2021 年，该市投入补贴资金购置特色农作物轨道运输机，机械化程度大幅提高，轨道建设总里程 68.4km。近年通过推广无人机及开展社会化服务，大部分特色农作物采用植保飞防，全市推广无人机 7 架，作业服务面积 3.5 万亩。全程机械化所需设备主要为收获及包装机械，目前这些环节的生产尚依赖人力操作。

截至 2022 年末，平果市农机总动力 35.80 万 kW，拥有拖拉机 5 008 台，配套机械 5 520 台，耕整种植施肥机械 11 632 台，排灌机械 8 681 台，田间管理机械 813 台，收获机械 13 732 台，农产品初加工机械 13 298 台，畜牧机械 9 943 台，运输机械 1 748 台，其他机械 5 459 台。2022 年主要农作物耕种收综合机械化率 59.18%，其中水稻耕种收综合机械化率 85.62%，全市村屯农机覆盖率 100%。农机化发展较快的榜圩、凤梧等乡镇，农机动力在农业生产各环节完全取代畜力。

### （3）田阳区

截至 2022 年，田阳区农机具拥有量基本情况如图 2-16 所示。

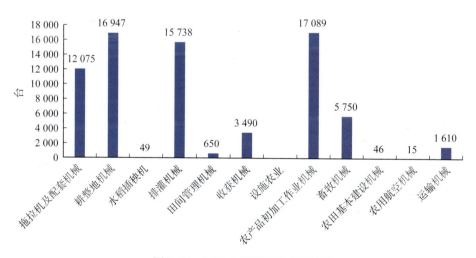

图 2-16　2022 年田阳区农机拥有量

2019 年以来，田阳区共安装了 200 多台轨道运输机，极大地提高了工作效率，降低了劳动强度，也比较适宜本地的种植环境条件，芒果种植户安装需求强劲，但 2021 年轨道运输机补贴标准降低后，购置 200 ～ 250m 长度机具的支出比 2019—2020 年增加 1 万～ 1.5 万元，农户反映太贵不接受。在无人植保机使用方面，主要是甘蔗、芒果叶面喷药杀虫，主要由农业、农机专业合作社开展推广服务，取得不错效果。

**（4）靖西市**

到 2022 年底，靖西市农业机械总动力已达 39.556 万 kW，各类机械装备 70 048 台，耕整机、插秧机、联合收割机从无到有，门类日趋齐全，农机具保有量如图 2-17 所示。

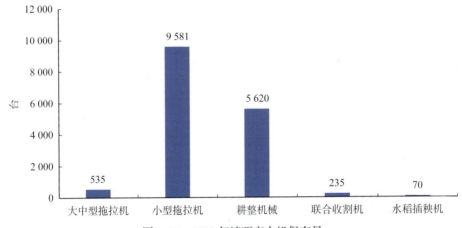

图 2-17　2022 年靖西市农机保有量

靖西市特色农作物种植目前都是采用先进的种植技术，在生产全程机械化过程中，由于缺乏适用的机种和机收装备，机械化应用环节只能在机耕和植保过程当中使用，没有达到农机农艺的最佳融合状态。以标准化、规范化、机械化程度最高的海升现代柑橘产业核心示范区为例，其所配备的机械设备主要包括：拖拉机 6 台、喷雾机 8 台、旋耕机 8 台、秸秆切碎还田机 3 台、深松机 2 台、滴管系统，柑橘水果运输、装载机械，仓储厂房冷库，柑橘分选加工机械，果品检测糖酸一体机等。

**（5）乐业县**

乐业县属于典型的丘陵山区农业县，可使用地块较小、坡度大，地块间落差大，不连片，农机"下田难"问题普遍存在，不利于大中型农机设备推广使用。全县广泛使用微耕机，仅 2022 年就有 243 台微耕机办理了农机购置补贴。

烤烟生产在烟草企业的大力支持和各方扶持下，普遍推行现代烟草农业经营模式，大力推广农业机械，从翻冬碎土、起垄、覆膜、移栽都是使用大型、中型或专用农业机械。育苗阶段曾经使用过台式剪叶机，目前分散育苗使用的是小型电动剪叶机。烘烤过程也是使用科技含量较高的自动烘烤监视仪和配套使用生物质燃料供热系统。在大田管理阶段，病虫害防治则实行无人机飞防与粘虫板物理防治相结合。烤烟生产以采收叶片为目标，而缘于烟叶叶片生长特性和采收成熟度要求，目前在施用除芽剂、揭膜培土、烟叶采摘、编烟上架、分级等环节尚无法使用机械操作。

相比其他产业，烤烟生产机械化程度虽较高，但从长远考虑，还有一定研发推广空间，比如小型培土机、农药喷淋机、单轨运输机、生烟绑扎机等。

### （6）凌云县

2022年，凌云县拥有拖拉机、收割机、微耕机、园艺砍伐机、电动修剪机等机具2.45万台（套），农业机械总动力达17.46万kW。

根据凌云县的生产特点，桑蚕、茶叶、八角、油茶产业急需的机械，主要集中在种、管、收、运输等环节。

### （7）隆林各族自治县

截至2022年底，隆林县农业机械总动力33.1486万kW，其中耕整地机械27165台，联合收割机105台，机动脱粒机1980台。全县累计完成机耕面积47.8万亩，农作物耕种收综合机械化水平达53.42%，其中，水稻耕种收综合机械化水平达76.31%。

该县经济作物以烤烟为支柱产业，其次为桑蚕、油茶果、茶叶、西贡蕉等。目前，机械化装备主要是微小型耕作机械、农产品及青饲料初加工机械和适宜山区农用运输的中小型方拖，其主要生产机械化需求在种、管、收、运输环节。

### （8）那坡县

那坡县农业机械总动力19.69万kW，其中种植机械15234台，6.7万kW，收获机械2836台，1.11万kW。特色农作物机械化率还不到30%。桑叶生产需要采摘机械，目前有耕作、喂叶、消毒、上蔟、脱茧机械；八角生产需要采摘机械，目前有烘干机械；油茶生产需要采摘、剥壳机械，目前有烘干、榨油机械；花椒生产需要采摘、筛选机械，目前有烘干、包装机械。综上所述，特色农作物收获机械、种植机械还是一片空白。

### （9）西林县

2022年，全县有拖拉机及配套机械1359台，谷物联合收割机保有量63台，耕整机3019台，微耕机8118台，排灌机械1902台，农产品初加工机械22391台，基本满足粮食生产机械化作业需求。全县主要农作物耕种收综合机械化率达到52.56%，水稻耕种收综合机械化率达到72.72%。农业机械整体结构呈现先进适用、绿色环保、自动化智能化的特点。

2022年全县累计安装轨道113条（套），合计长度22600m，开创了西林农作物"轻轨"之路，破解了农民群众以往运输农产品和肥料必须靠人工肩挑手扛的困境。2022年首次引进5台谷物干燥机，改写了农民群众"靠天晒谷"的历史，补齐了西林水稻种植全程机械化短板，助力打造西林"富硒冷水米"品牌。目前全县建有水果打蜡厂50余家，生产线90余条，年产值18亿元。全县种植茶叶10.03万亩，累计有198家茶叶加工企业，每年加工各类茶叶超过4120t，年产值超186亿元。柑橘和茶叶两大支柱产业承载了全县80%以上的机械使用量。

特色农作物生产急需的机械主要为肥水一体化设备、轨道运输机、植保无人机、育秧插秧等机具。

### （10）右江区

右江区特色农作物生产中田园管理机、机动割草机、高效宽幅远射程机动喷雾机应用比较多，拥有量比较多，收获机械几乎还是空白。近几年，由于山地轨道运输机的出现，果品和物资的运输机械化得到改善。植保无人机的推广应用，使优特作物的植保机械化作业状况得到改善。

目前，右江区果农运输用得比较多的是山地轨道运输机，植保机械有植保无人机和远射程机动喷雾机，除草机械有机动割草机和田园管理机等机械，还有果品清洗、分级打蜡等设备。芒果植保机械主要是以半机械化的高效宽幅远射程机动喷雾机为主，作业效率比人工高一些。近年也有采用植保无人机进行芒果植保作业的。

2022年，右江区那禄油茶生产示范基地与农机生产厂家共同探索开发了一款油茶果采收机，其使用效果尚待评价。但油茶机械化采收要求果品成熟期相对一致，目前仅香花油茶品种能满足这一农艺要求。

## 2.2.4 总结

通过对上述各区（市、县）特色农作物生产机械化需求进行梳理，可将结果归纳为表2-5。

表2-5 桂西北特色经济作物生产机械装备需求状况

| 特色农作物 | 耕整地 | 种植 | 管理 | 田间收获 |
|---|---|---|---|---|
| 水稻 | | ◆ | ▲ | ▽（微型收割机） |
| 玉米 | △ | | ★ | ○（小型） |
| 柑橘 | | ◆ | ◇◎■★● | ○ |
| 葡萄 | | | ★■○● | ○ |
| 月柿 | | | ■ | ○ |
| 甜柿 | | | | ○ |
| 罗汉果 | ⊙ | ○（点花机） | ▲ | ◎ |
| 茶叶 | | ◆ | ◇◎▲★ | ▽ |
| 食用菌 | | | | ○ |
| 马蹄 | | □ | ▲ | ○ |
| 金槐 | | | | ○☆ |
| 芋头 | | □ | ▲ | ○ |
| 梨 | | | | ○ |
| 桑蚕 | ⊙（培土机） | ◆ | ●★◎ | ○（剥壳、采摘类） |
| 油茶 | | ◆ | ◎●★■◇▲（坡地） | ▽ |
| 甘蔗 | | | | ▽ |
| 李子 | | | ●★■（坡地） | ○ |
| 芒果 | | | ★◎●◇ | ○ |
| 澳洲坚果 | | | ★■● | ◎○ |
| 花椒 | | | ●■★ | ○（采摘、筛选） |
| 香蕉 | | | | ○ |
| 火龙果 | | ◆ | | ○ |

（续）

| 特色农作物 | 耕整地 | 种植 | 管理 | 田间收获 |
|---|---|---|---|---|
| 圣女果 | | | | ▽ |
| 板栗 | | ◇▲●★■（坡地） | | ○ |
| 高粱 | | | | |
| 木薯 | | | | ▽ |
| 南山萝卜 | | ◆ | | ○ |
| 烤烟 | ⊙（揭膜培土机） | ◆ | ■◎▼ | ○ |
| 百香果 | | ◆ | | ▽ |
| 八角 | | | ◇◎★■ | ○ |
| 大豆 | △ | ★（小型精准） | | ▽ |
| 甘蔗 | | | ●■◎ | ▽（坡地） |

注：○市场上机械空白，无此类机械；▽有相关机械但不成熟，或者成本太高，还在实验室阶段；◇缺乏相应的修剪机械；□缺乏相应的育苗机械；▲缺乏相应的灌溉施肥一体机；●缺乏适应的除草机械；★缺乏相应的施肥机械；■缺乏相应的喷药机械；◆缺乏相应的移栽机械；☆缺乏相应的烘干机械；⊙缺乏相应的耕整机械；◎缺乏相应的田园运输设备；▼缺乏相应的扎捆机械；△缺乏相应的点播机械。

通过对特色农作物生产机械应用现状调研可以发现，目前存在的问题主要为相应田间管理机械比较匮乏，针对特色农作物的育苗移栽机械基本没有；种植、收获、打药、除草等环节都需要人工去完成；轨道运输虽然有，但是由于补贴、价格等原因没有普及，所以肥料运输等还存在一定的难题；现在新兴的无人机植保等相关产品开始在市场推广，但是由于价格、山地操纵不便等因素导致使用还存在一定问题。

## 2.3　桂西北特色农作物机械化短板

### 2.3.1　特色农作物生产机械化主要流程

**（1）油茶生产全程机械化所需设备**

整地（小型挖掘机）→种植（挖坑机）→成林管护（电动剪枝机、除草机、施肥机）→茶果采收（人工）→茶果运输（轨道运输机）→茶果初处理（剥壳清洗生产线、烘干设备）→茶籽压榨（茶籽榨油设备、精炼及脱蜡设备）→灌装（油茶机械化灌装生产线）。

**（2）甜柿生产全程机械化所需设备**

整地（小型挖掘机）→种植（挖坑机）→修枝（电动剪枝机）、除草（除草机）、施肥机、水肥一体化设施、植保（无人机）→运输鲜果、肥料（轨道运输机）→保鲜（冷库）→真空包装机进行无菌机械化包装。

**（3）甘薯生产全程机械化所需设备**

整地（轮拖＋旋耕机、轮拖＋起垄机）→种植（人工插苗）→管护（自走式喷杆喷雾机、除草机）→采收（轮拖＋收获机）→运输（车辆）→加工（全自动粉丝生产线）→

包装（真空包装机）。

**（4）雪梨生产全程机械化所需设备**

钻穴定植、开沟施肥、钻穴施肥、除草、松土、授粉、喷药、修剪和分级等配套机具。

**（5）马蹄全程机械化所需设备**

耕整机械、马蹄收获机、马蹄清洗机、马蹄削皮机。目前，临桂区马蹄生产环节除耕整地环节已实现机械化外，收获等其他环节尚未实现机械化。

**（6）罗汉果全程机械化所需设备**

耕整地机械、中耕除草机械、植保机械化喷药机械、水肥一体化机械、轨道运输机、选果清洗设备、烘焙机械、喷码机、打包机、包装机等机械。目前，临桂区罗汉果生产环节除耕整地环节已实现机械化外，其他环节尚未实现机械化。

**（7）罗汉果全程机械化的技术路线**

机械化耕地 → 水肥一体化灌溉 → 机械化植保 → 机械化运输 → 机械化清洗 → 机械化烘干 → 机械化包装，所需机械设备为微耕机、微滴灌设备、喷雾机、植保无人机、轨道运输机、清洗机、真空低温烘干设备、自动分级机、打孔机、包装机等。

**（8）食用菌全程机械化生产所需设备**

菌棒制作环节：需要木材切割粉碎机、搅拌机、装袋机、灭菌锅、传输机、菌种培养罐、接种箱。

栽培养菌、出菇管理阶段：需要温控大棚、打冷机、水淋机、制冷设备、鼓风机、自动喷雾设备、诱虫灯、注水针。

采摘、加工阶段：需要自动传输机、智能感应采摘机、等级分选机、冷库、烘干机、蒸锅、食品加工、包装设备。

运输设备：叉车、铲车。

**（9）金槐生产急需机具**

挖坑机械、除草机械、修剪机械、杀虫机械、轨道运输机械、烘干机械。

**（10）葡萄生产急需机械**

田园管理机、整地微耕机、电动修剪机、植保设备、水肥一体化设备、碎枝机、水肥一体化大棚、轨道运输机、选果清洗设备、保鲜仓储设施。

## 2.3.2　特色农作物短板机具和环节

灵川县食用菌产业规模虽然较大，但是食用菌生产方式和经营方式相对滞后，规模小，科技含量低，机械化生产程度低。灵川县食用菌生产急需的设备：一是工厂化生产模式急需的菌种接种设备（食用菌拌料机，全自动拌料装袋、压盖、上料接种一体机，无菌液体菌种接种机）和灭菌设备（高压灭菌柜，环保常压锅炉等）。二是栽培环节需要的温控大棚和水、温、光智能控制设备。三是采摘环节需要的自动化采收机器人系统（含采摘机器人、升降换层机以及转运机器人）。

永福县罗汉果产业目前整体机械化水平偏低。一是缺乏适宜山上罗汉果园地的耕整机械，农民劳动强度太大；二是适宜农药、肥料以及罗汉果采收、运输的山地运输工具；三是由于水肥一体化设施和植保机械缺乏补贴，投入成本大，农民购买和使用的积极性不高，使得罗汉果的种植还基本处于靠天吃饭的境地；四是罗汉果清洗、包装等环节机械化程度较低，用工量大、请工难等难题愈加明显，极大制约了当地罗汉果产业的发展；五是传统烤房热效率低下，产生大量废气污染，不节能环保。以传统方式烘烤罗汉果难以控制温度，烘烤质量较差，难以达到国家质量标准。

资源县茶叶种植产业发展较快，以种植白茶和高山云雾茶为主，各茶园面积为 250～1 600 亩，因种植环境基本处于高山坡地，落差大，肥料搬运基本靠人工，劳动强度高，人工聘请难、支出大；原有茶叶加工机械以单机为主，加工精度不高且品质不优，影响茶叶经济价值；茶叶种植比较迫切需求轨道运输机械（该运输机械也适用于水果、蔬菜、中药材种植行业，种植大户渴望度较高，因投资较大，建议适当提高补贴标准）及茶叶加工设备。

玉米在河池市种植面积达 23 142hm²，多数是种植在坡地或者山地，机械化作业条件困难，除耕整地环节实现了机械化，其他环节仍然以人工作业为主。现有种植和收获机具在河池丘陵山地小地块都不是很适用。急需适合黏性土质小地块作业的手推式点播机以及小型轻便的玉米收获机械。

田阳区大面积种植的特色农作物为芒果和小番茄，农户对芒果生产轨道运输机、无人植保机及小番茄采摘机械十分关注，对其购置补贴政策咨询较多。2022 年农户申请办理果树修剪机 90 台用于芒果树枝修剪，补贴标准降低后申请办理比较少。水稻插秧机需求有所增加。2021 年以来由于有旱改水项目的实施，农户和农业生产组织咨询办理水稻插秧机补贴开始增多，2022 年 2 月百育镇九合村那兰屯农户已订购 45 台 8 行乘坐式水稻插秧机。

在大豆生产环节，急需适合黏性土质小地块作业的手推式点播机以及小型轻便的大豆收获机械或者剥壳机械。

在糖料蔗生产环节，急需小型可靠的割铺或者割堆收获机械和便捷的移动剥叶机具。

在桑园管理方面，急需体积小功率大的培土作业机具、轻便耐用的伐条机具和桑叶采摘机具。在蚕房管理方面，急需性价比高的喂叶装置、消毒设备、蚕沙清理设备。同时希望能指导河池市建立方格蔟的地方标准和省力化蚕房标准，便于方便相关机具的研发和申请农机鉴定。

在油茶和板栗生产环节，急需轻便易操作效率高的采摘装置和剥壳机具。

在柑橘生产环节，急需轻便易操作效率高的采摘装置和适应 20° 左右坡度作业的喷药机具。柑橘生产全程机械化所需的机械主要是修枝、植保、施肥、除草、运输等设备。

澳洲坚果生产全程机械化所需的机械主要是植保、施肥、除草、运输、采收等机械。

目前，马蹄收获机械还是空白，马蹄收获环节全靠人工操作，用工量比较大。马蹄生产急需实现生产机械化的机具需求有：马蹄收获机、马蹄清洗机、马蹄削皮机。

芒果生产全程机械化所需的机械主要是机械化植保、剪枝、除草、施肥、物资运输机械。芒果植保机械主要是以半机械化的高效宽幅远射程机动喷雾机为主，作业效率比人工高一些。近年也有采用植保无人机进行芒果植保作业。据了解，芒果果皮过于娇嫩，不太适合机械化采收。芒果生产主要急需的机具有运输机具、深加工机具。

八角生产全程机械化所需的机具主要有机械化植保、除草、施肥、果品采收等机械，其中，八角采收机具目前市场上还没有出现，因而急需树上生果品采收机具。

在火龙果、烟叶、百香果等种植环节主要采用青苗移栽，目前尚缺乏青苗移栽方面的机械装备。

在水稻种植区域为山区坡地时，无机耕道路，机械搬运困难，大型水稻种植机械无法进入作业，耕地环节以微耕机为主，插秧以人工为主，收割环节以小型稻麦脱粒机为主。机具研发需求为适宜山区小田块水稻种植的微型收割机（机重小于75kg，能完成收割、脱粒作业，动力4.0kW左右）。因水稻收割和加工主要为小型稻麦脱粒机和碾米机，迫切需求将该两种农机产品重新纳入购机补贴目录。

## 2.4 桂西北特色农作物全程机械化分析

### 2.4.1 桂西北特色农作物共性特征

**（1）林果类**

林果类特色农作物在桂西北地区主要包含柿子、雪梨、柑橘、金槐、李子等，其林间种植主要分布在三种地形，第一种是平地种植、第二种是小坡度种植、第三种是大坡度种植（占比较多），其中平地种植经过规范化后易于实现机械化作业，小坡度地面进行"梯改坡"后可使其满足农具的通行要求，大坡度则需要进行改造。目前在国内有两种改造方式，第一种是改造成水平梯级果园，采用脊线建设果园，农机通过缓坡旋转爬坡进入目标梯田；第二种是采用轨道运输机进行改造，通过轨道运输及爬坡带动农机去山上果园进行作业。在平地上主要采用效率高的，功率强的农机进行开沟施肥及除草作业。在坡地上主要采用通过性强，操纵方便的小型开沟施肥及植保机械进行作业。

芒果套袋可以保护果面干净、降低粗糙度，可以防治病虫害、防锈、减少果实之间的碰撞，使果面光洁细腻；减少农药的使用次数，降低农药残留量和减少技术管理投入的成本。比较好的果袋应具有以下特性：纸质软、扎袋方便、套袋效率高；透气性、透湿性好，促进果实生长；透光度适中，可更好地促进糖度上升，促进提早成熟；经特殊抗水剂处理，耐风雨；经特殊防虫剂处理，能更好更有效防止虫害。芒果套袋之前必须要对全园、果面喷施杀菌剂、杀虫混合剂、叶面肥2次左右，待果面上的药液干后立即进行套袋。芒果在套袋的时候，最好是从树顶开始操作，然后往下向树冠外围扩展。应选那些发育良好的芒果进行套袋，如果是畸形果、病果、烂果就不要套袋，可以把这些次果顺便摘掉。套袋的时候，一定注意果袋内不要留有芒果叶片。对于那些在不同成熟期的果实，最好用不同颜色的果袋加以区分，以便成熟时分期、分批采收，防止误采。摘除果袋的时间，要根据芒果品种成熟期、气候条件来决定。目前套袋还需要人工完成，没有适用的机器。

**（2）室内特色农作物**

室内特色农作物主要有食用菌、圣女果等。室内农作物生产的机械化，主要在于全程智能化监控和光温湿度的控制以及采摘设备的研发。圣女果和食用菌采摘都是通过机械模拟人工进行识别操作，目前还处于实验室阶段。食用菌和圣女果都处于室内，可以采用滴灌技术以及烟雾两用机进行植保和施肥作业。食用菌培养环节还需要拌料机，全自动拌料装袋、压盖、上料接种一体机，无菌液体菌种接种机，高压灭菌柜，环保常压锅炉来保证菌体的接种工作和环境。

### （3）根茎类

根茎类特色农作物在桂西北地区主要有甘薯、马蹄、芋头、南山萝卜等农作物，在收获和育苗移栽以及植保环节，这些农作物使用的机械基本相符，甘薯、南山萝卜等长根作物在收获环节主要采用链条式采收装置，芋头、马蹄等短根作物在收获环节主要采用滚筒式采收装置，在植保环节可以采用无人机植保。

### （4）茶园类

茶园类特色农作物主要包含茶叶、油茶、桑树，在植保、开沟覆土以及除草环节都可以采用通用性山地拖拉机，采用更换属具的方式满足多种作业需求，目前国内正在进行试点。

### （5）藤本类特色农作物

藤本类特色农作物主要包含葡萄、猕猴桃、百香果、罗汉果、火龙果等，其主要问题集中在采摘和管理环节。这类藤本作物主要种植在大棚里面，土地条件为平整地。在管理环节，这类植物在合理的行间距情况下，都可以采用小型履带动力底盘来完成植保、除草、土地耕整等作业。

罗汉果开花时间各异，花朵结构特殊，花粉味道独特，经观察有昆虫采食，因此需要专门科研机构研发授粉虫媒，并在品种选育、虫媒定向开发方面进行有益探索，现阶段还需要人工进行授粉。其他藤本作物可以采用培育授粉虫媒来完成授粉。在采摘阶段我国提倡使用鲜果，目前这些藤类农作物没有适合的采摘方式，只有机器人进行识别采摘，但不是很成熟。

葡萄在成熟期需要套袋，果实套袋能有效保护果实，大大提高优质高档水果的商品率。选择的果袋应具有抗风雨能力强、透气性能好、透光度高、疏水度高、防菌等特点，根据不同品种不同用途选择不同果袋。套袋前对果园必须浇一次透水，地面干后即可开始套袋。套袋后可明显减少甚至避免发生日灼，有条件的果园最好实施微灌。套袋前根据当地病害情况和用药经验喷一次杀菌剂，预防果穗病害。要注意选用水溶性杀菌剂，不要选用乳剂，否则果面易留有斑点，可用40%嘧霉胺1 000倍液等杀菌剂进行喷施，药液干后套袋。可先用清水将袋口湿润，使其袋口容易封严，用右手撑开袋口，用左手托住袋的底部，使袋底部两侧的通气排水口张开，袋体膨起，将袋从下向上拉起，果柄放在袋上方的切口处，使果穗位于袋子的中央，然后将袋口用铁丝绑紧，避免水分流入。在铁丝以上要留1～1.5cm的袋边。套袋时严禁用手揉搓果穗。套袋后遇到高温天气（气温高于38℃），应打开袋的底口通风，以降低袋内温度。套袋作业最好在7～10d内完成。去袋一般在果实成熟前一周进行，选择晴天上午10点前或下午4点后进行，阴天可全天进行。

### （6）基本作物类

基本特色作物主要包含玉米、水稻、甘蔗、大豆等，其耕种管收四大环节机械作业在大平原地区已经趋于成熟，只是针对桂西北地区小型地块在种植和收获两大方面农具存在一些空白。像玉米点播机械，针对当地的黏性土壤，目前小型小功率点播机械不能满足农民使用需求。针对水稻种植环节，适应小地块的插秧机械上还不是特别成熟。甘蔗收获机械在山地使用还存在一定短板。在基本作物管理方面，类似于根茎类作物管理方式，还存在一些短板。

## 2.4.2 重要特色农作物全程机械化方案

### 2.4.2.1 果园全程机械化方案（以柑橘为例）

#### （1）果园生产全程机械化模式选择与构建

柑橘生产全程机械化涉及产前、产中、产后全部生产阶段，六个环节分别为育苗、建园、枝条管理、田间管理、采运及初加工，其中用到了18项关键技术，主要有容器育苗、种植管理、果园建园、修剪、粉碎、炭化、施药、除草、施肥、灌溉、采收、运输、清选、打蜡分级、包装、贮藏。

由于柑橘种植的地形不同，仅用一个标准实现机械化模式就很困难，应该根据不同地形，因地制宜，提出不同的模式，通过尝试改造得以实现。大坡度山地果园（25°以上），可配置轨道运输机，搭载手扶式小型作业机械，如小型横向运输机、小型除草机、小型打药机、小型挖穴机等，作业机械宽度0.8m以内。小坡度作业梯带，梯带宽度2.5m以上，距梯带外沿0.7m处栽植，园内侧作业道宽1m，栽植密度0.8～1.6m（推荐0.8m或者1.2m）。最终既可如图2-18所示，在类似的大坡度上设置整齐的轨道，也可以如图2-19围绕山脊设置转向滑轨，保证果园器具上得去、下得来。

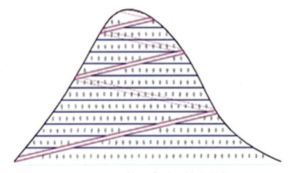

图 2-18　大坡度上设置轨道　　　　　图 2-19　围绕山脊设置转向滑轨

在大坡度果园，轨道运输机可与脊带配合使用，轨道运输机设在内部，果树种植在外延部分，不像传统果园在其脊带的正中间，这样有利于机械在内侧行驶，并且保证脊带水平，以便机械能在脊带上正常作业。

单履带运输车、手扶割草机、小型打药机可在一定程度上满足大坡度果园对运输、植保等小型机械的使用要求。

小坡度丘陵果园（6°～25°），可采用工程机械进行坡地田间通行条件建设，形成小坡度作业梯带，配备乘坐式或者遥控式中型作业装备，作业机械宽度1.2m以内，作业装备包括田间运输机、除草机、风送打药机、开沟机等。梯带宽度3m以上，距梯带外沿0.7m处栽植，园内侧作业道宽1.5m，栽植密度0.8～1.6m（推荐0.8m、1.2m或者1.6m）。

应该有长远眼光，做到因地适机，在不破坏生态的基础上，对丘陵山地进行田间通行条件建设；小并大，短变长，陡变平，弯变直，互联互通（贯通、平直、高效），实现果园机械进得去、出得来，能转弯、可掉头的目标。

平地或缓坡地果园（6°以内），可采用专用开沟和起萃机进行平地田间通行条件建设，形成标准化作业道，配备乘坐式或者遥控式大型作业装备，作业机械宽度2m以上，作业装备包括田间运输机、除草机、风送打药机、修剪机、采摘机等，建议行距宽度4.5m，栽植密度0.8～2m（推荐1.2m、1.6m或者2m）。

### （2）丘陵果园生产作业机械

生产作业机械化涉及的生产环节主要有：容器育苗、果枝修剪、枝条粉碎与炭化、开沟施肥、割草、施药、水肥灌溉。

目前国内割草机械主要分为手推割草机、跨座割草机、拖拉机牵引割草机、遥控割草机、自动割草机。针对丘陵山区果园特殊的地理环境，结合果园的栽培现代农艺特征，现在都在研究一种山地果园自主导航割草机器人，探讨移动过程中的越障性能和稳定性，其中包括研究机器人在非平坦地形上的避障与自主导航问题。

目前割草机市场上有三种动力方式：第一种是全机械动力平台，对其进行手动调节方向，或者进行遥控调节方向；第二种是纯电动力平台；第三种是油电混合动力平台。

市场上比较常用的喷雾机类型有背负式和履带式，国外还有仿形式喷雾机。仿形式喷雾机能通过对农药的二次雾化，以及风送式扰动，能够使药液与植物叶片充分接触，达到更好的杀虫效果。但是针对山地果园还需要改进。在25°以上地区宜采用轨道运输农药进行左右拉管喷药，缓坡地用仿形喷雾机进行喷药。

水肥灌溉在果园中应用比较普遍，但是存在以下两个问题：第一个是管路堵塞问题，第二个是流量不均匀问题。管路堵塞主要是因为果园在丘陵山地，水质比较硬，含钙量较多，在酸性环境下易形成碳酸钙、碳酸镁导致管道堵塞。流量不均匀是因为在刚开始建设果园时没有按照水平脊带进行建园，导致灌水器布置时，有的地方高、有的地方低，在田间通行条件建设时要保证脊带建设。

### （3）采收机械

针对大坡度果园，目前国内成熟果品采摘运输存在三种方式：首先是人力搬运，其次是牲畜搬运，最后是自行设置的一些简易导轨。这种简易导轨存在一定安全隐患，但可以进行采摘运输。

国内还有一些企业和科研院所针对大坡度以及小坡度果园研制了几款转运机械，包括自走式单轨道山地果园运输机、遥控双向牵引式单轨道山地果园运输机、遥控牵引式无轨道山地果园运输机、无动力无轨道山地果园运输机、单履带动力运输车，这些设备除应用于山地果园外，还可以应用于茶园、高山蔬菜等生产领域。

国外多采用树干振动式收获机械，这种机械对好保存类果实具有很大的采摘优势，主要分为跨式采收装置、气力采收装置。对一些鲜食类水果，国外多采用榨汁等途径，用于鲜食的比例较少，而我国恰恰相反，鲜食比例较高，榨汁用途较少。所以，针对这类水果，应从我国国情出发，研究适用于我国的水果采收装置。总的来说，振动摇果类机械具有效率高、采收均匀、适应性好等特点，但也存在机器较大，成本较高，仅适宜大面积标准园林的缺点。目前国内针对不同果实振动频率的设定和整机制造方面还存在一定短板。

国内很多科研院所已在研究搭载机械手臂的采摘机器人，但还处在实验室阶段，尚不成熟。像柑橘采摘与苹果、梨以及猕猴桃采摘就不同，其结合部位为木质，需要剪切，所以，针对不同水果的专用采摘机械还是有很大的不同。

#### 2.4.2.2 茶园全程机械化方案（以茶叶为例）

茶叶生产全程机械化技术是指以茶叶为作业对象，重点突破茶园耕作、茶树管理、植保灌溉、茶叶采摘和茶叶加工等作业环节，推广选用合适的机械装备，建立适宜的全程机械化生产作业模式的综合技术。

茶园耕作主要包括垦植、起垄培土、开沟施肥、中耕除草等环节，其配套机具可选择范围较大，主要有犁、耙、小型旋耕机、除草铲等，机械化程度较高。

茶园的植保灌溉环节主要包括植保施药、物理除虫等。目前茶园以手动喷雾器、背负式机动喷雾器为主，智能化、信息化水平较低。高性能、高机动性的喷雾机虽有产品，但与国外产品差距较大。近年来，植保技术发展迅速，喷药方式已由传统的喷枪、人工施药方式向风送、航空施药等方式过渡；同时，物理防虫技术也得到了大力推广，光诱、色诱、电网捕杀、气吸等新技术在茶园得到了较好的应用，"绿色、高效"是现代茶园病虫害防治技术的发展方向。茶园机械化灌溉技术主要有微灌、喷灌等，微灌不仅节约能源，还可进行水肥一体化作业，近年来已在各地大面积推广。

收获是茶叶生产最关键的环节，同时也是较薄弱的环节，应用的机型主要有单人式采茶机、双人式采茶机、自走式采茶机、多功能采茶机、采茶机器人等。

茶叶加工主要包括杀青、揉捻、烘干等环节，机具主要有滚筒式杀青机、热风式杀青机、红外杀青机、自动揉捻机、链板式干燥机、滚筒式干燥机等，已基本实现机械化。

在施肥开沟装备方面，目前茶园施肥机虽有产品，但使用效果不好，尤其是在山区茶园，基本为人工施肥，存在无机可用问题。国内茶园除草机虽有产品，但宽度大、机器质量大，在茶蓬间作业不便，行间和地块间转移不便，性能还不过关，产品不成熟，杂草容易缠绕刀具加大作业阻力，降低作业质量。目前国内采茶基本还是依赖人工操作，使用的采茶机多为单人手持式或背负式，劳动强度大，用工量多。目前国内已研制出名优茶采摘机器人、名优茶采摘机等机具，但产品技术尚不成熟，未能大面积推广应用。

## 2.5 桂西北地区机械化发展对策建议

### 2.5.1 提升重点领域技术装备水平

立足广西本地的地质地貌和土地状况，农机装备应该向多用途多功能方向发展。在标准化、通用化基础上，产品制造应适应市场需求小批量、多品种、多功能发展趋势，实现产品功能结构用户定制、生产过程柔性选装的目标。

重点支持龙头企业开发产品满足本地需求，支持其与科研单位及本地大户、农机合作社联合。积极支持主要作物生产机械化示范点建设，形成产学研推的良性模式。设备开发避免走向不断小型化的极端，道路通行条件建设势在必行。

水稻方面：重点研制水稻侧深变量施肥插秧机、轻简型水稻钵苗有序抛栽机、适应丘陵水田作业的拖拉机、旋耕埋茬起浆平地联合作业机、水稻大田育秧苗床整备机械、水稻工厂化育苗秧盘土配制成套设备等整机。重点研究水稻无人机精量直播技术、水稻大钵体毯状苗机械化育插秧技术、防泥水密封技术等关键核心技术。

甘蔗方面：重点研制自动喂种排种甘蔗种植机、适应丘陵山地的全地形甘蔗收割机、甘蔗行间剥叶机、高效整秆收割机、高效甘蔗叶打捆机等整机，加快提高甘蔗收割机液压元件、甘蔗砍蔗底刀和切段刀等关键零部件质量水平。

玉米方面：重点研制适宜丘陵山区的高性能气力式精量播种机、鲜食玉米收获机等。重点研究上土输送链板、精量播种所需取种器等重要零部件。

茶园方面：重点研制大宗茶小型自走式采茶机、山地茶园除草机、坡地茶园中耕机、机采鲜叶分级机等整机。重点研究基于无线多载波调制（WMCM）、虚拟现实技术（VR）体感遥控技术的丘陵山区茶园复杂地形区域自主作业技术等，推广丘陵山地履带旋耕机、山坡地开沟施肥回填一体机、丘陵山地杂草清理遥控割草机、多功能山地茶园田园管理微耕机、山地收获机械等。

果园方面：重点研制苹果（梨、柑橘）采摘机、水果分选机（带叶和形状不规则）、山地果园电动单轨道运输机、水果智能套袋机、龙眼剥肉机等整机，推广山地树林苗圃施肥挖沟除草开沟一体机。

蔬菜方面：重点研制丘陵山地履带旋耕机、山坡地开沟施肥回填一体机、丘陵山地杂草清理遥控割草机、多功能山地菜园田园管理微耕机、山地收获机械等，推广根茎类蔬菜自动包装机械、尾菜无害化处理设备。

共性通用设备方面：重点研制油动单旋翼植保无人机、残膜回收机、丘陵山区轻量化智能通用动力平台、小型动力装置等整机和重要零部件，加快突破适宜丘陵山区的谷物（水稻、油菜）智能清选技术、丘陵山区绿色耕整地技术、丘陵山区农机自主导航技术、节水灌溉技术、精准喷药技术等关键核心技术，探索全新的甲烷动力、氢燃料电池驱动系统、尾气排放技术（减少颗粒物）等绿色农机技术及装备。

## 2.5.2 提高农机装备研发应用能力

完善特色农作物创新体系，坚持引进、消化和自主创新相结合，构建以企业为主体、市场为导向的成本共担、利益共享的特色农业装备产业技术创新战略联盟，组织实施重大新型特色农机产品和配套机具的开发和生产，同时积极推进智慧农业示范点建设，在向智慧农业迈进的过程中，通过技术物化和外溢带来的机械化、自动化的效益实现对生产效率的大幅提升。智慧农业越来越表现出多学科协调、多专业协作的特点，单一制造主体或科研主体都难以完成全程作业。面向不同地形的特色农机装备短板，征集关键核心技术，每年更新和发布关键核心技术攻关清单，以科技重大专项、重点研发计划等为牵引，通过"揭榜挂帅""赛马"等制度，支持龙头企业、高校、科研院所或联合体揭榜，攻关突破制约整机综合性能提升的关键核心技术、关键材料和重要零部件，着力推动甘蔗、水稻、柑橘、茶叶、桑蚕、芒果等丘陵山地主要特色作物生产全程机械化。推动各地实施对事关丘陵山区产业发展大局的重大关键核心零部件、整机的项目攻关，按"一事一议"给予资金和政策支持。

推动特色农作物农机装备向智能化和机电一体化方向发展，应用电子显示和控制系统，提升经济性，改善驾驶操纵舒适性和监控性能。加速液压系统推广应用，推动转向、制动、行走和加压泵等采用液压驱动，简化整机结构，增加传动系统的可靠性。强化功能复合化，实施功能模块化发展，快捷调整工作参数，集约同一农时阶段的农机功能。深入推动信息技术与农机装备制造业的深度融合，积极发展"互联网 + 农机作业"，统筹使用国家民用空间基础设施中长期发展规划卫星及民商遥感卫星等资源，应用北斗终端等信息化技术，优先构建广西地区丘陵山区农业天基网络，开发适合丘陵山区需求的无人机导航飞控、作业监控、数据快速处理平台，强化丘陵山区农机装备的信息感知技术、传感网和智能控制技术应用，推动装备远程控制、半自动控制或自主控制。强化农机装备基础数据的采集，整合各类农业园区、基地的物联网数据采集设施，指导丘陵山区农机装备设计、研制环节可靠性等工作。

完善技术标准体系，加快制定、修订丘陵山区农机装备相关技术、管理标准和规范，鼓励制定优于国家标准、行业标准的山地农机团体标准、企业标准，建立健全统计、评价指标体系。切实提升产品质量，促进品质革命和精品制造，引导企业实施增品种、提品质、创品牌"三品"工程，每年发布中国名优丘陵山区特色农作物农机装备推荐目录，打造更多精品。加强质量管理，全面推广精益生产（GMS），持续改进质量管理、ISO 质量管理等先进质量管理方法，帮扶企业组织开展质量管理（QS）小组活动，支持企业申请质量管理体系、环境管理体系、职业健康安全管理体系等先进质量管理体系认证。

### 2.5.3　构建协调发展良好生态

发挥龙头企业引领作用和合作平台功能，支持企业集聚技术、品牌、渠道、人才等优质资源，开放产业链创新、资金、人才和要素等资源，为上下游中小企业提供共性技术和行业解决方案，实现核心技术自主可控，做大做强领域内丘陵山地装备。加大丘陵山地装备关键零部件企业培育力度，支持中小微企业实施精准"卡位"入链，围绕龙头企业组织技术攻关、产品开发和服务提升，推动企业发展成专精特新"小巨人"企业、单项冠军企业、"独角兽"企业等。推动制造业与现代服务业深度融合，发展以龙头企业为核心的供应链金融、供应链服务、生产性服务，支持龙头企业通过订单方式为小农户或经营主体提供全程服务。支持龙头企业紧密结合农业产业发展需求，带动区域产业集群建设，推动丘陵山地装备均衡协调发展。鼓励地方建立丘陵山地装备服务主体名录库，加强动态监测，对纳入名录管理、服务能力强、服务效果好的组织予以重点扶持。

创新机械化生产、社会化服务模式，积极发展"新型农业经营主体 + 全程机械化 + 综合农事服务中心""新型农业经营主体 + 规模化 + 特色优势产业 + 全程机械化""新型农业经营主体 + 适度规模 + 全程机械化"等模式。建立健全以公益性服务机构为主体、多种成分共同参与、相互补充的丘陵山地特色农作物装备服务体系。加大支持培育一批面向丘陵山地装备经营主体和小农户的信息综合服务企业，支持大中专毕业生、退伍军人、科技人员等创办领办丘陵山地装备服务组织，培育壮大农机专业户、农机合作社、农机合作社联合社、农机作业公司等新型服务主体，帮助丘陵山地特色农作物装备服务主体解决好融资难、维修难、请机手难等实际困难。引导鼓励丘陵山地装备服务主体与家庭农场、种植大户、普通农户及农业企业组建农业生产联合体，探索跨区实现农机互助、设备共享、互利共赢的有效方式，提高丘陵山地特色农作物装备使用效率。

### 2.5.4　持续完善农机作业基础配套

建立内部联席工作机制，结合乡村振兴中的产业振兴、生态宜居等工作，因地制宜开展丘陵山区"宜机化"改造，加快协调高标准农田建设和丘陵山区农田田间通行条件建设两项工作，新建高标准农田建设项目全程考虑田块平整和田间道路建设等，满足农机下田生产作业要求。开展高标准农田建设专项清查，要考虑宜机化建设的"难点"和"堵点"。引导社会资本加大对农用地"宜机化"改造投入力度，统筹中央和地方相关资金及社会资本，重点支持和引导丘陵山区开展田间通行条件建设以及丘陵山区优势特色农作物生产机械化技术集成与示范。

制定出台"宜机化"整治技术规范和技术标准，充分考虑丘陵山区的工作效率、地形坡度、排水便利性等方面，积极开展丘陵山区农田宜机化建设的政策研究、规划布局和机制探索，健全完善丘陵山区农田、果园、菜园、茶园和设施种养基地建设及改造的"宜机化"标准田间通行条件建设技术标准和规范。推进水稻、甘蔗、茶等作物农机农艺融合示范基地建设，改进特色农作物装备在丘陵山区的性能和适用范围，协调农机与水、肥、种、药等相互作用。改良耕作制度，系统性地调整土地资源利用布局，提高对农业机械的适应性。

建立健全特色农作物农机农艺融合发展机制，加快推动良种、良法、良治、良田、良机融合发展。强化特色农作物种植土地平整治理，因地制宜开展田间通行条件建设试点，围绕解决"有机难用"问题，扩大土地"宜机化"改造面积，重点支持整村、整乡镇（街道）集中连片开展农田田间通行条件建设，推动地块小并大、短并长、陡变平、弯变直、瘦变肥和互联互通，提高土地利用率和宜机化水平，提高高标准农田建设示范效应。推进特色农作物传统种植基础设施建设，完善农业产业重点区域和重点基地路网，实现机耕道与乡村公路衔接连通。加大农机生产道路、田间道路建设力度，解决耕地落差大、坡度高、泥路多等问题，方便机具下田作业。强化农田田间通行条件建设培训，通过培训班、现场会、经验交流等方式，总结推广耕地田间通行条件建设经验，提高对农田田间通行条件建设的认识和政策水平。

### 2.5.5　加大资金支持力度

探索开展特色农机购置综合补贴试点，创新补贴资金使用方式，设立专项基金，实施作业补贴、贷款贴息等方式，提升农民和农业生产经营组织的购机能力。加大财政补贴力度，加快推进优机优补试点，科学优化补贴分档、按质按量享受补贴额度和贷款利率。灵活开发各类信贷产品和提供个性化融资方案，支持金融机构面向丘陵山区农机经营主体开展融资租赁业务和信贷担保服务，对权属清晰者实施抵押贷款，对企业和服务组织进行信贷投放。支持开展当地特色农作物关键环节农机互助保险，争取农机政策性保险。推动各地区扩大地方政府债券，重点支持丘陵山区高标准农田建设、农机购置补贴、配套基础设施建设等。支持开展供应链金融，引导龙头企业为丘陵山区农机全产业链上的小农户和新型经营主体提供担保和增信服务。

扩大特色农作物急需农机购置补贴覆盖范围，建立更新特色装备清单，优先支持适合特色农作物耕种管收环节中技术成熟、安全可靠、节能环保、服务到位的农业机械进入国家农机购置补贴目录。支持地方出台专项补贴政策，实现"国家 + 地方"政策双重有效降低购机成本。提高特色农作物装备补贴标准，提高丘陵山区农机补贴额，测算比例从30% 提高到 35%。鼓励规模经营主体对坡度在 15° 以下的丘陵山区进行土地整理，按照自主申请、按标准验收、事后给予定额补贴的原则，对包括家庭农场、专业大户、农民专业合作社等在内的规模经营主体给予适当补贴。

## 2.5.6  保障措施

加强规划政策引导，用足用好中央政策，巩固争取省级政策，撬动各级地方政策。聚焦规划、土地、财税和金融政策，支持特色农作物农机装备产业发展和重点项目建设。深化"放管服"改革，构建科学、便捷、高效的审批和管理体系，切实调动各类市场主体的积极性、主动性和创造性，营造特色农作物农机装备产业良性发展的市场环境。充分发挥行业协会在行业自律、信息交流等方面的作用，服务和引导行业转型升级。

积极利用微信、抖音、电视等，加强舆论宣传，推介典型经验，宣传表彰先进，"做给农民看、带着农民干"，让社会了解丘陵山地特色农作物农机装备在保障产品质量安全、降低生产成本、提高生产效率等方面的作用，努力营造加快推进农业机械化和农机装备产业转型升级的良好氛围。引导社会资本投入丘陵山区农机装备产业，推动形成新的投资热点和重点。

# 丘陵山地模块化多用途拖拉机
# 及其高效机具研发

## 3.1 背景和意义

　　我国地形复杂多样，高原和丘陵地区面积 6.66 亿 hm²，占国土总面积的 69.4%，其中西南丘陵、西北黄土丘陵和南方低缓丘陵形成西高东低的三级阶梯状分布。全国有 11 个省份的丘陵和山地面积与耕地面积之比大于 60%，依次是贵州、云南、四川、重庆、福建、广西等，详见图 3-1。我国丘陵山区县级行政区总数占全国的 2/3，拥有全国 54.2% 的人口。丘陵山区地域广大、人口众多、自然资源丰富，但国内生产总值（GDP）却只占全国的 30%。原始而脆弱的生态环境、低值的开发利用、落后的经济状况，使丘陵山区成为急需大力发展的区域。主要原因为丘陵山区山高坡陡、道路曲窄、田块碎小、土壤黏性重，且 2/3 以上耕地为坡耕地，作物品种及制度多样，作业条件恶劣，农机化发展长期滞后，耕种收综合机械化率不到全国平均水平的一半。随着国家工业化与城镇化的进一步发展，农村劳动力大量转移到第二、三产业，农业劳动力的老龄化趋势已越来越严峻，严重威胁到这些地区的农业生产安全。近年来，针对丘陵山区地貌特征和农业劳动力的发展现状，我国开始实施土地宜机化改造，但宜机化改造的资金量大、周期长，必须同时大力发展适合丘陵山地作业的农机装备。改机适地和改地适机的协同推进是加快我国丘陵山区农业机械化发展进程的必然选择。

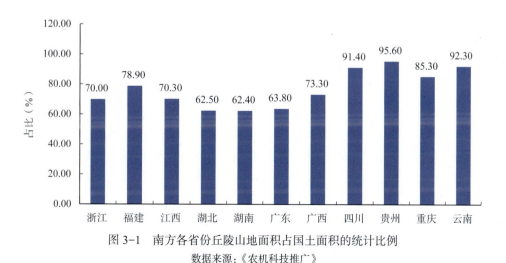

图 3-1　南方各省份丘陵山地面积占国土面积的统计比例

数据来源:《农机科技推广》

《农机工业"十四五"规划（2021—2025）》重点提到了丘陵山地模块化多用途拖拉机。拖拉机为各种农机具提供动力和搭载平台，是丘陵山地农业机械化的关键与核心所在。针对目前丘陵山地拖拉机"无机可用，无好机用"的现状，开发适应我国丘陵山区复杂条件的轻量化、模块化通用化动力底盘，是加快补齐丘陵山区农业装备短板、提升丘陵山区农业机械化水平的首要任务，对支撑丘陵山区农业生产和保障国家粮食安全均具有重要的现实意义。

平原使用的传统拖拉机由于其体积大、两轮驱动、转弯半径大、作业功能单一等原因不能适应山地果园园艺作业现场，因此国外在山地或园艺环境使用的机型与平原存在明显差异。

国外现有丘陵山区和园艺拖拉机可分为三类：中小功率山地拖拉机、山地专用拖拉机和小型半履带、履带型拖拉机。中小功率山地拖拉机采用降低重心、加宽轮距、铰接转向等措施对普通拖拉机进行改造，以提高其丘陵坡地作业稳定性与机动性，具有爬坡能力强、侧向稳定性好、轴距短、外形尺寸小、转向灵活等特点，主要分布于阿尔卑斯山及其入海地带上，以奥地利、意大利为主，主要制造商有意大利的 Goldoni 公司、Valpadana 公司、BCS 公司、Antonio carraro 等，代表性产品如图 3-2（a）所示。山地专用拖拉机通过专用底盘实现低重心，通过多种转向方式实现高稳定性和机动性，主要制造商有瑞士 Aebi 公司、澳大利亚 HTA 公司、德国 Sauerburge 公司、奥地利 Reform 公司、Lindner 公司和美国 Knudson 公司等，代表性产品如图 3-2（b）所示。小型半履带、履带型拖拉机的行走系统采用橡胶履带，动力传动系统采用静液压变速传动系统（HST）、液压机械无级变速（HMCVT），具有小型化、轻量化、低重心、通过性好、适应性强等特点，主要制造商有日本的洋马、久保田、井关等公司，代表性产品如图 3-2（c）所示。在坡度较陡时，一般采用更为小型的机器，很多都采用了遥控或者远程操控的形式，如图 3-2（d）所示。

我国丘陵山区和园艺拖拉机的研发与国外相比仍有较大差距，且现有产品多以单机制造为主，功能单一，使用成本较高。因此，南方丘陵地区拖拉机拥有量仅占全国的16%，主要为手扶拖拉机、微耕机和小型四轮拖拉机，普遍存在技术简单、作业中易倾翻、转向困难、作业速度慢、适应性及安全性差、不适宜湿烂田作业等问题，丘陵山区专用的多功能拖拉机成熟产品几近空白。中国一拖、湖南农夫、中联农机、重庆鑫源等企业围绕丘陵山区水田专用拖拉机需求，研发了 50～120hp 半履带、履带拖拉机，但目前仍处于技术优化和性能提升阶段。重庆宗申与意大利巴贝锐公司合作生产的帕维奇 ZS554 铰接式拖拉机因为市场成熟度和产品适应性的问题遇到了困难。四川川龙拖拉机有限公司、山东五征集团有限公司、西北农林科技大学等单位通过变形悬架或者变形履带，开展了具有适应复杂地面和姿态调整功能的山地拖拉机研发并形成了科研样机，但其成果尚未得到有效熟化和实际应用。部分国内研发或转化的山地拖拉机如图 3-3 所示。

在对上述状况进行系统调查和深入分析后，结合国内实际情况，本课题组从整套装备角度出发，开发了以山地铰接轮式拖拉机为主的模块化多用途农机装备。

（a）中小功率山地拖拉机

（b）山地专用拖拉机

（c）小型半履带、履带型拖拉机

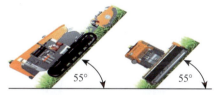

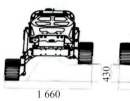
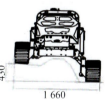

（d）较陡坡度遥控动力机械

图 3-2　国外的丘陵山区和园艺拖拉机

（a）川龙开发的山地拖拉机

（b）五征开发的山地拖拉机

（c）宗申巴贝瑞

（d）西北农林科技大学开发的履带变形拖拉机

图 3-3　国内研发或转化的山地拖拉机

## 3.2　模块化多用途农机装备

我国丘陵山区具有弯多坡急、土壤黏重、作物种植制度多样等特点，因此，为满足丘陵山地全程机械化需求，从成套装备角度出发，按照系统工程理念创制由动力主模块、功能模块和机具模块组成的模块化多用途山地铰接轮式拖拉机，可实现轴距可变、地隙可调、轮履快速切换和双向操作等功能，具有整机转弯半径小、通过性好、稳定性强、爬坡能力优越、丘陵山地作业适应性强等特点，各模块组合通过机电液标准接口可实现快速挂接，可搭载多种作业机具，适应小地块和适度规模环境作业。

### 3.2.1　铰接式山地拖拉机的新思路

我国丘陵山地作业条件复杂，作物特点多样，现有的农用拖拉机标准中对丘陵山地用拖拉机尚无规范。经过长期调研，我们认为铰接轮式拖拉机更加适合丘陵山地区域使用。山地铰接转向拖拉机应具备以下特点：

**（1）中小型化**

丘陵山地路况崎岖复杂，路窄弯多，对机型的通过性、机动性要求较高，所使用机型功率一般在 73.5kW 以下。

**（2）采用四轮等径驱动**

采用四轮驱动，拖拉机的速度只受到机子的行驶平顺性和可控制性的限制；在各种作业速度下，拖拉机的全部重量都可以用来增大附着力（没有被动轮）。四轮驱动拖拉机的牵引力、牵引效率比两轮驱动拖拉机要高。等径驱动在所有速度范围内消除了寄生功率的产生。

**（3）机动性强**

由前、后机体相对偏折实现转向和全轮着地。轴距适合、转向半径小、轮距较窄，有良好的牵引性能和转向机动性。与前轮转向方式对比，在深泥脚道路或者水田里，不容易造成轮子的泥浆包裹而失去转向性能。

**（4）可靠性强**

其前后桥采用了同样的结构，零部件通用性强，制造成本低，易于维修。铰接转向最重要的一个特点是传动系的穴位在腰部，离地较高，最大限度地减少了泥水渗入。

**（5）越野性强**

采用了差速器锁的结构，增加了拖拉机的脱困能力。

在广泛借鉴了国内外同类地区类似机型的基础上，结合我国丘陵山地作业条件和作物特点，在国外专业化机型的基础上，采用模块化设计的形式，改变了传统的单一产品设计的思路，直接按照系统工程的概念进行设计，化繁为简，系统＝模块＋接口。下面将对模块化多用途铰接轮式拖拉机进行介绍。

## 3.2.2 铰接拖拉机简介

铰接车辆起源于 20 世纪初，铰接机构最早被应用于有轨电车和公共汽车。早期的铰接车辆设计是为了解决车体较长车辆在狭窄道路和城市环境中转弯困难的问题。通过设计铰接结构连接前后车体，铰接车辆在转弯时前后车体相对转动，从而实现较小的转弯半径，提高车辆的机动性。随着技术的发展，铰接机构逐渐被应用于更多领域，如卡车、拖拉机、装载机等车辆。这些铰接式车辆在施工现场、矿山和农业领域等复杂环境中表现出优越的机动性、操作性和适应性。铰接车辆在各个领域都有广泛应用，为人们提供了高效、灵活的运输和作业解决方案。

在铰接拖拉机上，整机由两段或两段以上车体组成，各段车体之间通过铰接装置连接，每段车体之间可以通过铰接机构产生相对运动。一般前后车体沿铰接机构在水平面上的相对转动称为折腰转向功能，在垂直平面上的相对转动称为扭腰功能。前后车体的折腰转向实现拖拉机行驶过程中的转向运动，前后车体的扭腰功能保证车轮在崎岖道路上与地面的良好接触。

根据铰接机构结构样式不同，铰接机构可分为柱销式铰接机构和滚筒式铰接机构，两种铰接典型案例如图 3-4 所示。柱销式铰接机构是指与外滚筒相连接的内部零件采用柱销形状的构件，滚筒式铰接机构是指与外滚筒相连接的内部零件采用滚筒的形式。柱销式铰接机构主要应用在南方丘陵山区的一种手扶拖拉机变形产品上。

**（1）柱销式铰接机构**

传统的手扶拖拉机如图 3-5（a），图 3-5（b）所示的铰接拖拉机则是农民根据作业环境以及作业需求不同对传统手扶拖拉机的一个简易改进，通过柱销式的连接体将后车体与手扶拖拉机相连接，提高工作效率。图 3-5（b）手扶拖拉机带挂车，可以满足短途运输需要。

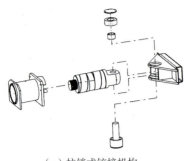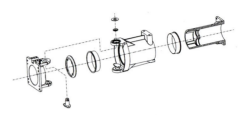

（a）柱销式铰接机构　　　　　　　　　（b）滚筒式铰接机构

图 3-4　两种铰接机构结构示意图

（a）传统手扶拖拉机　　　　　　　　　（b）手扶拖拉机改装型

图 3-5　手扶拖拉机

随着手扶拖拉机变形类产品的广泛应用，考虑到市场需求及安全问题，产品也逐渐规范化，如图 3-6 方向盘式手扶拖拉机。方向盘式手扶变形运输机采用方向盘式操纵系统，使驾驶员可以更轻松地操纵车辆。它们主要用于物资田间运输等作业。与传统手扶拖拉机运输机相比，方向盘式手扶变形运输机的操纵系统更加舒适和便捷，该铰接车辆在传统露天座椅基础上改进为驾驶室车体，前后车体之间的距离有所缩短，改善了驾驶人员工作环境和安全性。

图 3-6　方向盘式手扶拖拉机

### （2）滚筒式铰接机构

滚筒式铰接机构最早于 20 世纪 40 年代出现在美国，称为铰接式自卸卡车（Articulated Dump Truck，ADT），其铰接结构和整机样图如图 3-7（a）（b）所示。该铰接方式将前后车体通过铰接接头连接起来，铰接架和铰接销通常采用高强度钢材制成。假设传动轴方向为 x 轴方向，垂直于地面为 z 轴方向，ADT 的前车体可相对于后车体沿 x 轴方向旋转一定角度，同时沿 z 轴方向的铰接销可在 ±45° 范围内相对转动。这种铰接式的转向设计消除了作用在车架上的扭转载荷，可以提高整车的可靠性。该类型的车辆多用于矿山机械。图 3-7（c）（d）为广西合浦惠来宝机械制造有限公司新研发的一款滚筒式铰接拖拉机，与铰接式卡车不同的是，拖拉机的铰接机构中通过两根轴，而铰接式卡车中间通过一根轴，结构相对简单。

（a）ADT 铰接机构　　　　　　　　　　　（b）ADT 整机样图

（c）滚筒式铰接机构　　　　　　　　（d）滚筒式铰接拖拉机整机

图 3-7　铰接结构类型图

## 3.3　整机模块化设计技术

### 3.3.1　模块化理念

模块化设计（Modulardesign）是在对产品进行市场预测、功能分析的基础上，划分并设计出一系列通用的功能模块，根据用户的要求对这些模块进行选择和组合，就可以构成不同功能或功能相同但性能不同、规格不同的产品。模块化设计的目的是实现一机多用，使设计、调试和维护等简单化，降低用户使用成本，解决产品品种、规格与设计制造周期、成本之间的矛盾。自 20 世纪 50 年代欧美一些国家正式提出"模块化设计"概念以来，其思想已渗透到许多领域，例如机床、减速器、家电、计算机等。

模块化产品是实现以大批量的效益进行单件生产目标的一种有效方法。产品模块化也是支持用户自行设计产品的一种有效方法。产品模块是具有独立功能和输入、输出的标准部件。这里的部件，一般包括分部件、组合件和零件等。模块化产品设计方法的原理是，在对一定范围内的不同功能或相同功能、不同性能、不同规格的产品进行功能分析的基础上，划分并设计出一系列功能模块，通过模块的选择和组合构成不同的顾客定制产品，以满足市场的不同需求。这是相似性原理在产品功能和结构上的应用，是一种实现标准化与多样化的有机结合及多品种、小批量与效率的有效统一的标准化方法。

模块化设计与产品标准化设计、系列化设计密切相关，即所谓的"三化"（标准化、通用化、系列化）。"三化"互相影响、互相制约，通常合在一起作为评定产品质量优劣的重要指标。在每个应用领域，模块及模块化设计都有其特定的含义。系列化的目的在于用有限品种和规格的产品来最大限度且较经济合理地满足需求方对产品的定制要求。组合化是采用一些通用系列部件与较少数量的专用部件、零件组合而成的专用产品。通用化是借用原有产品的成熟零部件，不但能缩短设计周期，降低成本，而且还增加了产品的质量可靠性。标准化零部件实际上是跨品种、跨厂家甚至跨行业的更大范围零部件通用化。

现代农机装备的模块化设计对于用户和工厂的节本增效、快速适应市场变化、提高生产灵活性、促进供应链协同等方面都具有重要的意义。下面分别从用户端和工厂端进行介绍。

**（1）用户端方面**

产品的设计能够满足农作物生产的全程机械化，通过单一动力单元，标准化、通用化的动力模块复合不同功能的模块满足不同作物全生长周期的作业需求，能够提高农机的利用率。模块化设计通用性强，用户只需要购买一个或少数通用模块就能完成多种农事作业，从而减少农机的使用成本。

模块化设计使得农业机械维修更加简单快捷，用户只需要更换相应的模块，不需要对整机进行维修。并且长久使用可以通过更换模块或扩展模块对整机进行升级优化，延长整机设备使用寿命，增加整机使用功能。使得用户可以根据自己的使用需求组装不同的功能模块，提高农机设备使用的灵活性和易维护性，提高用户的满意度，开拓更宽广的市场。

**（2）工厂端方面**

农机装备的模块化设计可以简化产品设计，提高生产效率和产品研发周期，有利于降低研发成本，提高企业的创新能力。现在相同零部件重复设计、制造的现象较为严重，造成人力、物力的极大浪费，严重妨碍新产品的开发。工厂采用模块化设计，不仅缩短产品研发周期，而且避免重复制造和重复投入现象。设计人员可从重复劳动中摆脱出来，将精力投入到高产品质量的创新性劳动中，提高产品质量和生产效率。

由于模块化的设计和生产，提高了生产线的灵活性，减少了零部件种类和库存的备品备件数量，可有效减少库存成本，并降低维修成本和简化售后服务流程，有利于质量控制和提高客户满意度。另一方面，通过灵活组合不同模块，可以方便地满足客户的定制化需求，提高产品的市场竞争力。模块化设计还有助于与供应商建立长期合作关系，实现供应链协同。通过共享模块，工厂和供应商可以共同降低生产和库存成本。

## 3.3.2 农机装备模块化方案

如何通过以少量的模块组成尽可能多的产品，并在满足要求的基础上使产品精度高、性能稳定、结构简单、成本低廉，模块间的联系尽可能简单，以完成对不同用户需求的产品多用途多功能复合，实现产品功能结构用户定制、生产过程柔性选装。模块的系列化，其目的在于用有限的产品品种和规格来最大限度又经济合理地满足用户的要求。利用机-电-液一体化技术实现标准化匹配接口和相应的功能模块，通过在标准化、通用化底盘上复合模块化机具，完成丘陵山地农用动力、农田建设、犁耕、种植、施肥、植保、收获、运输、农产品加工等多用途、快速挂接换装作业，实现由传统单机（0→1）向成套装备（1→N）的集成转化。

　　课题组针对我国特别是广西丘陵山地适用的拖拉机品种少、功能少和通过性差的问题，按照系统工程理念，首次创新研制成功由动力主模块、功能模块和机具模块组成的模块化多用途铰接轮式拖拉机，前后机体既可以偏折转向，减小轮距和转弯半径，又可以扭转，实现在不平地面仿形，提高通过性，如图3-8所示。整机通过行走系统模块化、平台式机具模块化、功能模块化和属具模块化进行组合，具备轴距可变、边减重构、轮履快速切换、双向操作和驾驶装置自适应调控等功能，可搭载多种作业机具。各模块组合通过机电液标准接口可实现快速挂接，适应小地块和适度规模环境作业。

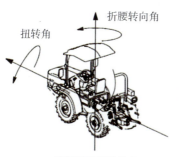
直线平路行驶状态

前机体扭转状态

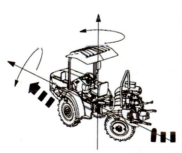
后机体扭转折腰状态

图3-8　铰接轮式拖拉机折腰转向角和扭转角示意

　　其中的边减重构通过轮边减速器模块不同组合实现不同离地间隙，满足不同的作业及稳定性需求。轮履切换是将拖拉机的轮胎与履带轮之间相互换装，在硬实地面上作业时使用轮胎使拖拉机行驶速度更快，更加节能，而在松软、复杂路况作业时换成履带轮获得接地比压更低、行驶阻力更少。

　　通过主动力模块与平台悬挂功能模块组合挂接平台悬挂式机具，能够避免传统农机三点悬挂机具携带农资（如肥料、农药、水等）量少的状况，也可以避免牵引式机具作业过程中牵引力不足、转弯半径大、倒车困难、动力消耗大的缺点，还可以通过切换机具拥有不同作业功能自走式机具的优点，避免了购买不同自走式机具的昂贵价格和使用率不高的缺点。平台悬挂式模块通过不同轴距调整模块在组合时整机实现不同的轴距，如图3-9所示。

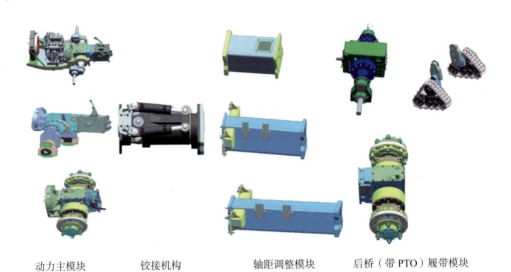

| 动力主模块 | 铰接机构 | 轴距调整模块 | 后桥（带 PTO）履带模块 |

图 3-9　模块化多用途拖拉机实现方式

　　创新了边减重构和轮履切换方式，其中边减重构通过行星边减和齿轮边减满足了不同作物的离地间隙要求，以及在不同坡度上对稳定性的要求，如图 3-10 所示。轮履切换提高了在非结构性土壤中的通过性，有效降低了压实阻力和推土阻力，如图 3-11 所示。

图 3-10　边减重构

图 3-11　轮履重构

　　模块化多用途农机装备，利用模块化机具复合标准化、通用化产品，实现"1 → N"的综合布局，整机转弯半径小、通过性好、稳定性强、爬坡能力优越，丘陵山地作业适应性更强。其中:"1"为适应丘陵山区的高机动性、高适应性、高稳定性的动力装备,"N"为通过平台悬挂式机具、边减重构、轮履复合、双向驾驶、功能模块切换、三点悬挂等模块化农机装备。

其农机装备整机模块化解决方案如图3-12所示。

图3-12 模块化整机解决方案

### 3.3.3 动力主模块

动力主模块主要由发动机、离合器单元、前桥单元、变速箱单元及操纵机构构成,各单元通过螺栓连接成一个完整的动力整体,可以实现对整机的控制、驱动牵引功能。因此,其最大特点是从铰接处断开后具备单独变向变速的功能,从而使整机可以从铰接处断开而不影响整机操控,动力主模块数模和传动原理如图3-13(a)所示。相比国外同类畅销的铰接拖拉机传动系中的铰接点前段包含变向机构,如图3-13(b)所示,后段包含变速机构并与后桥连接,同时再把动力传回前轴,直接从铰接处断开后,前驱动桥没有动力输入,无法实现模块化功能的现状,得到了极大改进。

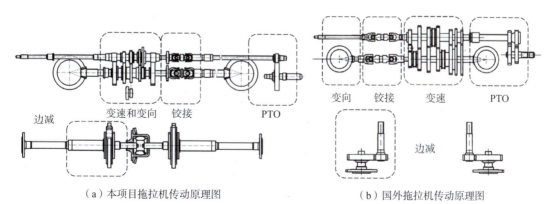

（a）本项目拖拉机传动原理图 　　（b）国外拖拉机传动原理图

图3-13 动力主模块与国外铰接机型传动原理对比

### 3.3.3.1 滚筒式铰接机构

创新研制的铰接机构为整机提供了两个自由度，转向自由度用于前后机体偏折转向，扭转自由度用于前后驱动桥仿形作业，如图3-14所示。滚筒式铰接机构由前后铰接体、转向油缸、滚筒式组合、转动轴组成，铰接体通过与前后机体连接，实现前、后机体的相对转动。

由于铰接式拖拉机采用铰接设计，其转向更为灵活，机动性更强，更适应在山区、沼泽地等复杂地形环境中作业。在园艺作业中，由于其轮距相对更窄，更适应在行间作业。

（a）直线平路状态　　　（b）折腰转向状态　　　（c）折腰转向扭转状态

图3-14　铰接机构工作原理示意图

### 3.3.3.2 双向操作功能

动力主模块还具有双向操作功能，通过专有技术实现座椅旋转，双向操作方便于驾驶员向后作业的操作，如图3-15所示：

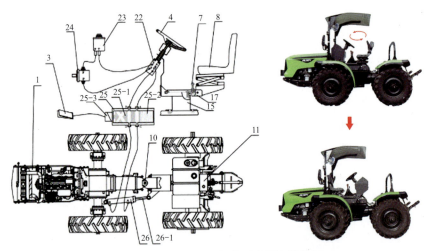

图3-15　驾驶员双向操作示意图和结构图

### 3.3.3.3 驾驶装置调平机构

随着科学技术的发展，我国许多地区农作物生产已经基本实现了机械化作业。农业机械的需求越来越高，驾驶员对农机的舒适性要求也越来越高。农机的作业环境相对恶劣，驾驶员因长时间扭腰斜坡作业和久坐身体压力在局部积累，当农机在斜坡作业过程中，驾驶平台倾斜导致驾驶员上躯干歪斜，若长期扭腰在斜坡作业，会对腰椎产生不可逆的伤害。

由于我国丘陵地区复杂地形和作业特点，一般认为可利用拖拉机调平系统使拖拉机在车身遇到颠簸或倾斜时调整至水平状态，以确保操作员的安全和舒适。目前主要的调平方式有轮式调平、变形悬架调平、履带调平。其中轮式车辆调平，利用变形轮调平，在悬架不变的情况下改变轮子的结构达到车辆调平的状态；履带式车辆利用履带变形调平。而利用变形悬架调平，主要有轮腿式、平行四边形悬架式、轮边伸缩式：轮腿式结构通过改变两侧车轮的相对距离抬升车身调平；平行四边形悬架通过变形实现调平；轮边伸缩式通过轮边结构的伸缩实现调平。

　　如果调平系统用于消除颠簸，例如 Bose 的电控悬架，特点就是需要响应快，带来的问题是成本高，同时，一旦误动作对驾驶员的安全也会产生极大的威胁。以上调平方式会造成轮胎或履带与地面不垂直，直接改变了车辆的动力学特性、操纵性和牵引性能，特别在斜坡上，车辆两侧的驱动性特性发生变化时，极易造成势能和动能的非线性叠加而产生危险。同时，这类调平还必须附带机具的方向调整功能，提升了仿形作业的难度。

　　为解决这一问题，本课题组对驾驶装置调平功能进行了深入研究。驾驶装置调平是一种能够根据丘陵作业地形的变化，采用比例积分微分（PID）控制算法和人机工程学自适应地将座椅调平的创新性技术，可以在兼顾牵引性能、仿形作业和低成本的前提下为拖拉机在丘陵地区作业时提供安全性和舒适性的保障。此机械装置采用了模块化的理念，方便安装在各种农机上，其水平和偏转状态如图 3-16 所示。本驾驶室局部调平方案具有牵引性能更加稳定、附着性更好、操稳性更好、成本更低、可靠性更高等优点，并且兼顾了仿形，减少了机具适应性调整，解决了因传统调平系统改变姿态而产生的机具仿形地面的问题，突破了基于变频域时域耦合的复杂环境下驾驶装置调平控制系统的技术问题。该套装置可依据农机可靠性设置相应的倾斜调整角度，在斜坡角度过大或达到预警值时，系统将发出报警信号，提醒驾驶员安全作业。

（a）水平状态　　　　　　　　　　　　（b）偏转状态

图 3-16　实验测试图

　　其原理为：当农机在丘陵山地斜坡作业时，通过安装在车身上方的角度传感器测量倾斜角，再通过微型控制单元（MCU）进行反应决策调节角度，液压系统开始工作；当驾驶装置水平时安装在座椅上的角度传感器反馈到 MCU，液压系统停止工作并将座椅始终保持水平状态。驾驶员始终处于坐直的状态。如图 3-17 所示。

图 3-17　实验测试和作业图

座椅与驾驶装置安装在上底板上，上底板通过转轴实现左右旋转，从而实现了驾驶装置随座椅同时转动，且为了不妨碍自适应调平对正常驾驶的影响，将离合踏板和刹车踏板安装在驾驶装置的两侧并参与转动，避免驾驶装置旋转一定角度后驾驶员习惯性按原位置踩空发生事故。与国内研究只能进行座椅调平而驾驶装置不能进行调节的结构不同，只进行座椅调平的装置仅考虑了乘坐的舒适性而忽略了驾驶的可操作性。座椅发生偏转时，看似座椅调到了水平位置，但驾驶员上身手臂还需要操作没有调平的方向盘，并且离合、刹车和油门踏板都不在驾驶员习惯的位置，易发生误操作而导致安全事故。

**（1）控制策略基本要求**

①与作业平台在农田道路上正常行驶不同，农机作业环境复杂，为避免车轮突然压上一块凸起地面，倾角传感器检测到后反馈到 MCU 而产生突然旋转，引起驾驶员的强烈不适甚至伤害，同时也避免液压杆频繁推拉影响使用寿命，需要设定 MCU 的控制逻辑和调平工作时的阈值。

②座椅调平速度可直接影响驾驶员的整体驾驶感受，因此需要确定液压杆的推进速度，以保证驾驶者处于舒适的状态。

**（2）自适应系统构成及工作原理**

针对丘陵地区大量的缓坡耕地，导致农机驾驶员长期扭腰作业，设计了一种基于多功能作业平台的地形自适应系统，提出了基于驾驶员乘坐舒适的座椅调平控制策略，开发了自适应控制系统，根据控制盒内角度传感器实时传输座椅倾斜状态，实现座椅的自适应调平，系统调平的平均误差为 0.36°，自适应调平效果较好。

系统采用 MCU 对电磁阀进行控制，自适应系统原理和流程如图 3-18 所示。对测量平台的调平与升降通过 A/D、D/A 转换实现系统的连续控制，使用高精度倾角传感器检测平台的水平状态及纵倾角度，并反馈给 MCU 形成闭环控制。由于液压传动存在非线性，传统 PID 的控制效果不太理想，经常出现超调量大、响应时间长等现象，而模糊 PID 控制能够较好地解决这个问题。因此在达到原有的控制精度上加入模糊 PID 控制。

驾驶装置调平没有改变操作员的驾驶习惯。在调整过程中，转向、油门踏板、制动踏板等与操作员的相对位置没有发生改变。驾驶装置能协同座椅同时进行角度的调节，改变了驾驶员在斜坡作业时扭腰作业的情况，从而缓解了驾驶员的疲劳，增加了舒适性，提高了工作效率。同时没有改变整机的末端行走机构，保证了整机的牵引性能和地面附着性。

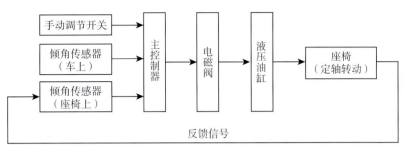

图 3-18　自适应系统构成框图

在实车试验中，在复杂的田间进行作业，驾驶员在自适应调平的座椅上作业一定时间后疲劳感较弱。相较于未调平状态，自适应调平系统对保持整机的牵引性能和地面附着性，以及提高驾驶舒适性有积极的作用。将此套系统安装于各种农机平台上作业效率将会大大提高。

## 3.3.4　拖拉机功能模块多样性

功能模块与动力主模块通过特定的接口进行连接，接口按照使用需求可以是螺接、锁紧、液压、电器、控制快速接头等，满足用户定制功能。功能模块具有多样性、专用性，结构简单、成本低、可靠性高，实现用户在购买单一动力单元情况下实现一机多用，提高使用率。

动力主模块与不同功能模块的组合定义为功能重组，根据不同的作业需求，动力主模块与不同的功能模块进行组合，以实现更高效、更灵活的作业，大大提高拖拉机的多功能性和适应性，以满足不断变化的市场需求和作业环境。功能模块涵盖收获模块、混凝土搅拌模块、挖掘功能模块、三点悬挂功能模块和平台悬挂功能模块等，如图 3-19 所示。

图 3-19　模块化多用途拖拉机实现方式

农业用功能模块主要包括三点悬挂和平台悬挂。

三点悬挂可满足传统拖拉机三点悬挂机具挂接的需要，对农用拖拉机的作用往往会被忽视，但其作用却至关重要，不同种类的农机具依靠三点悬挂装置可被快速运送至作业现场立即投入工作，大大节约了时间成本。

平台悬挂可以挂接多种作业平台，实现转运、灌排、植保、施肥、收获、集材、装载和挖掘等功能，其基本的形式是在普通拖拉机，主要在铰接拖拉机动力上连接平台式挂接平台，携带平台悬挂式机具，能够避免传统农机三点悬挂机具携带农资（如肥料、农药、水等）量少的状况，也可以避免牵引式机具作业过程中牵引力不足、转弯半径大、倒车困难、动力消耗大的缺点。

### 3.3.5 各模块的适配与快换接口

动力主模块、功能模块和机具模块之间具有液压、机械、传动、信号和电器等标准接口，可实现快速连接。可以通过三点悬挂功能模块实现与传统的农机机具模块进行切换。

滚筒式铰接机构将动力主模块与各功能模块进行连接，实现换尾不换头，一头多用，只需一个动力主模块就能发挥多样功能。

模块化多用途拖拉机的机–电–液一体化接口是指在机械系统、电气系统和液压系统之间的接口，用于各个模块之间的连接。机–电–液一体化接口可以实现不同系统之间的快速切换，从而提高拖拉机的性能和效率。

### 3.3.6 平台悬挂式机具接口

根据不同的作业可以灵活配置。该机具模块是在传统机具上的拓展，除涵盖一般三点悬挂农机具外，还在长轴距拖拉机上拓展了平台悬挂式机具接口。平台悬挂式机具所需液压动力可以通过动力输出装置（PTO）搭载液压泵进行驱动。通过搭载不同的机具模块实现全程机械化作业，减少购机成本，提高整机的使用效率。图3-20是平台式悬挂机具的实现示意图。

（a）模块化多用途山地铰接轮式拖拉机　　　　（b）升降支腿辅助安装平台悬挂机具

（c）挂接撒肥机　　　　（d）沼渣沼液抽排设备　　　　（e）风送喷雾机

图3-20　平台式挂接平台悬挂机具

## 3.4　整机性能及效益

铰接轮式拖拉机与携带平台悬挂式接口的拖拉机对比如表 3-1。

表 3-1　铰接轮式拖拉机与携带平台式动力平台的对比

| 机型 | | HL504 | HL504-1 |
|---|---|---|---|
| HUILI | | | |
| 发动机 | 型号 | YCD4N13T6-50 | JD4E6N8 |
| | 额定功率 | 36.8kW/50hp | |
| 传动 | 传动形式 | 机械传动 / 四轮驱动 | |
| | 变速箱 | 8 + 2 | |
| | 最高时速 | 39km | 34km |
| 转向 | 类型 | 液压折腰 | |
| | 角度 | 38° | |
| PTO | 转速 | 540/720/1 000（r/min）三选一 | |
| 整车参数 | 长 | 3 900mm | 5 200mm |
| | 宽 | 1 580mm | 1 580mm |
| | 高（遮阳棚顶） | 2 350mm | 2 350mm |
| | 轴距 | 1 500mm | 2 800mm |
| | 最小转弯半径 | 3 100mm | 4 800mm |
| | 质量 | 2 020kg | 2 285kg |

在与国外同类产品的对比中，通过查新结果表明，在国内外还没有发现同等功能的模块化拖拉机。与国外类似丘陵山地农机对比如表 3-2 所示。

针对我国特别是广西丘陵山地适用的拖拉机品种少、功能少和通过性差的问题，按照系统工程理念创新研制成功由动力主模块、功能模块和机具模块组成的模块化多用途铰接轮式拖拉机，实现了轴距可变、地隙可调、轮履快速切换和双向操作等功能，可搭载多种作业机具。整机转弯半径小、通过性好、稳定性强、爬坡能力优越，丘陵山地作业适应性更强。各模块组合通过机－电－液标准接口可实现快速挂接，适应小地块和适度规模环境作业。丘陵山地模块化拖拉机的经济性体现在两个方面：农民能从拖拉机的使用中得到收益，企业可以从拖拉机的研制、生产和销售中获得利润。模块化多用途拖拉机通过与平台悬挂式机具和其他相关机具的组合，可以实现丘陵山地主要作物生产全程机械化的需求，通过与同型单机进行成本比较，降本在 26% 以上，如表 3-3 所示。

表 3-2　与国外类似丘陵山地农机对比

| 机型 | GoldoniMAXT ER60SN | GoldoniTRANS CAR60SN | LindnerUNITR AC82ep | HL504 |
|---|---|---|---|---|
| 产品图片 | | | | |
| 成本 / 万元 | 24 | 28 | 110 | 10 |
| 模块化设计 | 无 | 无 | 部分实现 | 有实现 |
| 悬挂方式 | 三点悬挂 | 整体式 | 平台悬挂 | 三点悬挂和平台悬挂 |
| 双向操作 | 无 | 无 | 无 | 实现 |
| 作业适应性 | 园艺作业 | 运输作业 | 运输作业 | 田间和运输 |

表 3-3　HL504 功能效益一览表（补贴前价格）

单位：万元

| 序号 | 农业机械 | 价格 | 功能 | 同型单机价格 |
|---|---|---|---|---|
| 1 | HL504 | 10.0 | 动力机械 | 5.8 |
| 2 | 悬挂平台模块 | 3.0 | | |
| 3 | 撒肥机（3m³） | 2.8 | 撒肥 | 5.1 |
| 4 | 抽排机（3.5m³） | 2.5 | 抽排、保墒 | 6.8 |
| 5 | 车厢（3.5m³） | 1.5 | 转运 | 4.9 |
| 6 | 植保（3m³） | 2.2 | 植保、保墒 | 7.2 |
| 7 | 总计 | 22.0 | | 29.8 |

该机整机零部件少，其前后桥采用了同样的结构，零部件通用性强，制造成本低，易于维修，对于后续经济性有很好的保障。

### 3.4.1　铰接式拖拉机稳定性

铰接式拖拉机相较传统方向盘拖拉机在转向时存在的变结构、变质心的情况下，通过研究方向盘拖拉机与铰接式拖拉机在不同状态下的失稳情况，两者受到的作用力主要来自地面反力、车辆自身的重力以及在作业时产生的悬挂机具重力。因此，造成整机失稳的主要影响来自车辆自身重力、车辆所受的地面反力突变、悬挂机具的位置及重力。

在丘陵山地作业，农机的行驶环境和作业环境相对常规车辆较为复杂，且更易发生失稳现象。结合农机在丘陵山地行驶作业情况下，对拖拉机的失稳状态作如下分类：纵向陡坡上倾覆、横向陡坡侧倾、横向坡面转向侧倾、坡面凸台（土坑）越障侧倾、坡边行驶侧倾、行驶转向失稳，如图 3-21 所示。

（a）纵向陡坡状态　　　　　　　（b）横向陡坡状态　　　　　　　（c）横向坡面转向

（d）坡面凸台（土坑）越障　　　　（e）坡边行驶　　　　　　　（f）行驶转向失稳

图 3-21　失稳状态分类

拖拉机在纵向陡坡上出现失稳如图 3-21（a）所示，整车由于自身重力作用以及作业时悬挂的作业机具使其在上坡时出现后重前轻，会造成整机沿着后轮的某点向后倾覆。如图 3-21（b）所示，在某些坡度较大的横坡上车辆一侧车轮受力变大，导致整车会沿着一侧车轮的某点发生侧倾。如图 3-21（c）所示，车辆的转向方式与普通方向盘拖拉机转向不同，采用的是折腰铰接转向，整车质心在转向后发生了偏移，会使车辆向内侧侧倾。如图 3-21（d）所示，在横向坡面上行驶时，车辆已经有一定的初始倾角，当后机体绕着滚筒式铰接的扭转轴转到极限位置时，此时处于高位的车轮需要越过障碍物，使得车辆侧倾角急剧增大，造成侧倾。如图 3-21（e）所示，该失稳状态与坡面越障失稳类似，由于该车用于丘陵山地作业，两者皆比较常见。该失稳状态一般是出现在地面边缘沉陷、驾驶员误操作使驾驶车辆行至路边，所以容易造成车辆翻下斜坡。如图 3-21（f）所示，车辆在行驶于机耕道以及田间转场过程中，由于某些原因使驾驶员进行车辆的急转弯操作，导致前机体迅速急转，而由于铰接转向机构的结构特性，后机体仍具有向前运动的力，使得车辆向前的推力突变为侧向力，导致车辆侧倾失稳。传统方向盘拖拉机因存在前后轮距不同的现象，在前轮轮距较小的情况下，也易在转向时失稳而发生侧倾。通过对不同情况下铰接式拖拉机与方向盘拖拉机稳定性进行分析，可判断两者的优缺点。

铰接式拖拉机静态稳定性都是在静态试验台上进行的。参照国家标准《农业拖拉机　试验规程　第 21 部分：稳定性》（GB/T 3871.21—2015）在机械系统动力学自动分析（ADAMS）中搭建拖拉机稳定性试验台模型，将铰接式拖拉机放置在试验台中央，纵轴线与试验台中央对称线重合。给试验台一侧的旋转幅添加旋转驱动；增大轮胎与试验台台面之间的摩擦系数取代防侧滑挡块，防止拖拉机在侧翻过程中出现侧滑。添加车轮与侧倾平台之间的接触力连接，对铰接式拖拉机车轮轮胎与试验台台面之间的接触力添加力测量，对试验台台面与水平面之间添加角度测量，以便在仿真过程实时查看轮胎与试验台的接触力变化情况，以及试验台的试验角度。在 ADAMS 软件中进行侧倾稳定性试验仿真时，认为拖拉机一侧车轮轮胎完全脱离试验台时的瞬间为拖拉机侧翻临界状态，此时试验台与水平面的夹角即为该铰接式拖拉机的最大侧翻稳定角。ADAMS 通过测量轮胎受到的试验台给的支撑反力是否为零来判断车轮是否离开试验台，对此需要在轮胎和试验台之间添加力传感器判断这一临界时刻。力传感器将拖拉机一侧车轮轮胎与侧倾平台台面的接触力之和作为判断值，拖拉机一侧的车轮将完全离开试验台面时其值变为零，触发力传感器终止仿真过程，此时角度测量传感器输出的角度即为拖拉机的最大侧翻稳定角。

**（1）整机纵向稳定性试验**

根据国家标准《农业拖拉机 试验规程 第21部分：稳定性》（GB/T 3871.21—2015），将铰接式拖拉机置于试验台架上，使车辆处于制动状态，设置车辆前后机体为刚性连接，启动试验台架，使拖拉机两前轮支承平面法向反力为零，此时试验台架的转动角度为铰接式拖拉机的纵向侧翻角。

因为铰接式拖拉机结构特殊，前后机体存在相对运动，且在滚筒式铰接机构的作用下，整机会产生变结构、变质心的情况，所以在设计铰接式拖拉机的纵向稳定性仿真试验时，不能完全将整机视为一个刚性体，需要在铰接机构处添加相应约束，以便实现铰接式拖拉机运动的真实状况。通过与刚性连接的前后机体纵向稳定性对比发现，铰接式拖拉机在纵向稳定性仿真试验中，随着试验台架的转动，车体由于重力作用，会存在车头摆动的情况，导致车辆稳定性下降。仿真台架以 10°/s 的转动速度进行运动，由整车质心运动图 3-22 可知，铰接式拖拉机在 4s 后质心位置开始下降，车辆发生侧倾失稳。

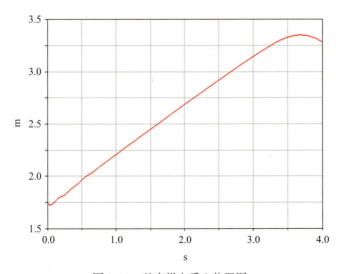

图 3-22 整车纵向质心位置图

**（2）整机横向稳定性试验**

仿真试验发现，刚性连接的拖拉机同侧轮胎几乎同时离地，后轮离地时刻稍晚于前轮离地时刻。分析拖拉机轮胎的受力图，发现拖拉机同侧轮胎的受力变化一致性好。随着试验台的侧倾角度的逐渐增大，受力随之增大的同侧轮胎受力越来越大，在另一侧轮胎几乎不受力的时刻表现尤为明显。

前桥与车架铰接的结果与刚性连接存在较大差异。仿真结果显示，左后轮、左前轮离地瞬间的角度值分别是38°、43°，右后轮、右前轮离地瞬间的角度值分别是36°、41°，满足最大稳定倾角＞35°的要求。并且在侧倾过程中，拖拉机后轮受力减小速度较快，经过一段时间后会小于前轮轮胎受力。这是由于前机体与后机体铰接，后机体相对于前机体可以在一定范围内自由转动，随着整机重心偏移，使得拖拉机外侧前后轮的承重发生变化。整机后轮离地后继续上升试验台，车架继续翻转直到超出前机体自由转动的角度，在车架作用下造成整车侧翻，如图3-23所示。

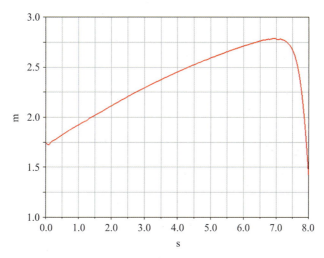

图3-23　整车横向质心位置图

**（3）整机通过性分析**

通过设置铰接机构为刚性连接，整机的前后机体将不再发生相对转动，那么4个轮胎的受力情况将发生变化，由于前后机体无法发生相对转动，整机在行驶过程中当1个轮胎通过障碍时，其余轮胎总会存在离地的情况，轮胎不受力致使拖拉机抓地力不足，行驶作业不稳定，可能引起拖拉机倾翻，存在安全隐患。铰接机构刚性轮胎受力情况如图3-24所示。

当整车车架设计为刚性时，在水平越障路面上，车辆的四轮总会出现有车轮悬空不受力的情况，使整车车轮与地面的接触变弱，当出现这种情况时车辆极易发生侧倾，导致车辆的不稳定性。

将拖拉机的铰接装置设置为旋转副连接和扭力连接，拖拉机的前后机体将变为柔性连接，前后机体可以发生相对转动，滚筒式铰接机构在越障路面上的转动角仿真结果如图3-25所示。

丘陵山地模块化农机装备应用

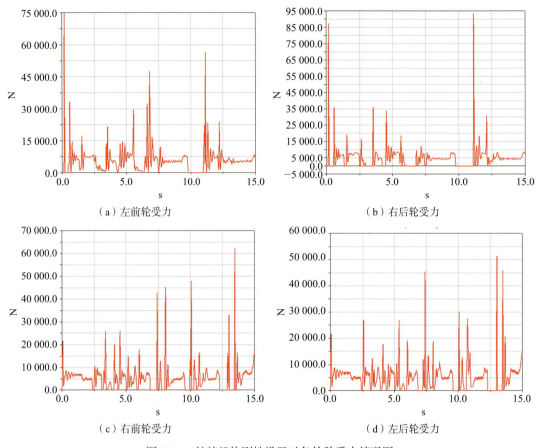

（a）左前轮受力

（b）右后轮受力

（c）右前轮受力

（d）左后轮受力

图 3-24　铰接机构刚性设置时各轮胎受力情况图

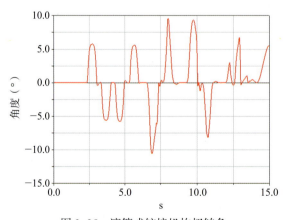

图 3-25　滚筒式铰接机构扭转角

　　从整机前进方向看，当铰接式拖拉机在越障路面行驶时，车轮经过不同的障碍，滚筒式铰接机构就会转动不同角度来适应路面的起伏变化，始终保持车轮与地面接触，实现整机的四轮仿形行驶，避免出现轮胎悬空的情况，保证了拖拉机作业时的稳定性。铰接机构设置为柔性时各轮胎受力情况如图 3-26 所示。

98

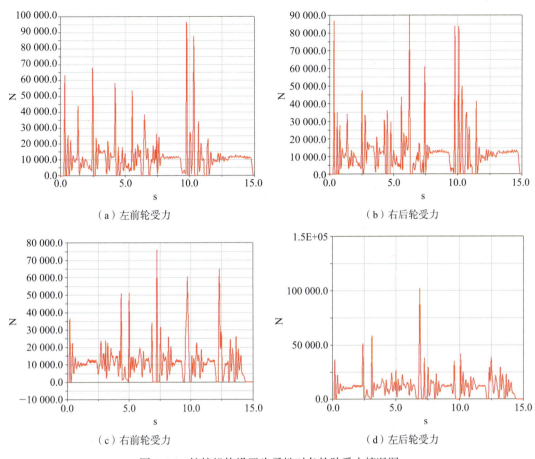

（a）左前轮受力　　　　　　　　　　　　（b）右后轮受力

（c）右前轮受力　　　　　　　　　　　　（d）左后轮受力

图 3-26　铰接机构设置为柔性时各轮胎受力情况图

　　从车辆在水平越障路面上行驶发现，当设置滚筒式铰接机构为柔性时，车辆的四个轮子受力并无长时间受力为 0 的情况发生，因此在采用滚筒式铰接机构的设计中，整车的水平越障仿形能力得到了很大提升。

## 3.4.2　铰接式拖拉机操纵性

　　车辆操纵性是指行驶过程中，因车辆自身问题或外界因素出现时，通过对于方向、刹车、油门以及车辆各种技术和条件配置等的操作所达到的结果与驾驶者所设想预判的目的要求程度的差异，这就是操控性能。而操纵灵敏则是对更好更快达到上述目的的评价。

　　在丘陵山地模块化拖拉机中，操纵灵敏主要由三个因素决定：动力、悬挂和转向系统。动力是操控灵敏的根本，为拖拉机提供流畅的动力输出；悬挂则是操控性的关键，操控的稳定性取决于悬挂；转向系统是操控性的保障，为驾驶员在操控拖拉机进行作业的时候提供安全保障。

　　丘陵山地模块化拖拉机具有中小型化、四轮驱动、机动性强的特点，丘陵山地路况崎岖复杂，路窄弯多，对机型的通过性、机动性要求较高。两轮驱动拖拉机，具有较小的牵引力和较高的速度。在相似的牵引条件下，它的牵引力要较四轮驱动拖拉机小。四轮驱动拖拉机的全部重量都可以用来增大附着力（没有被动轮），其牵引力、牵引效率比两轮驱动拖拉机要高；由前后机体相对偏折实现转向和全轮着地；轴距适合、转向半径小、轮距较窄，有良好的牵引性能和转向机动性。与前轮转向相对比，在深泥脚道路或者水田里，更加不容易造成轮子的泥浆包裹而失去转向性能。

表3-4和表3-5分别是丘陵山地模块化拖拉机和普通轮式拖拉机参数与功能对比结果。

**表3-4　与普通轮式拖拉机参数对比**

| 指标 | 铰接式拖拉机 | 普通拖拉机 | 备注 |
|---|---|---|---|
| 转向方式 | 铰接转向 | 前轮转向居多 | |
| 最大爬坡度 | ≥22° | ≥11.3° | |
| 极限倾翻角 | ≥35° | 没有要求 | |
| 最小转向半径 | ≤3.2m | 没有要求 | |
| 制动减速度 | ≥3m/s² | ≥2m/s² | |
| 最高牵引效率 | ≥0.75 | 没有要求 | |
| 独立驻车制动 | 有 | 没有 | |
| 扭转角 | ≥15° | 没有要求 | 四轮着地 |

**表3-5　与普通轮式拖拉机功能对比**

| 指标 | 铰接式拖拉机 | 普通拖拉机 | 备注 |
|---|---|---|---|
| 接口 | 三点悬挂、平台悬挂 | 三点悬挂 | |
| 轮履切换 | 有 | 不具备 | 满足松软路面行驶 |
| 双向驾驶 | 有 | 没有 | 可以实现反向驾驶、拓展PTO作用 |
| 平台悬挂 | 有 | 没有 | 可以在不影响机动性前提下携带满足小地块作业的农资，且单人可以快速更换机具，满足不同的作业需求 |
| 边减重构 | 有 | 没有 | 满足不同离地间隙要求 |
| 功能模块切换 | 有 | 没有 | 通过更换不同的功能模块，实现不同的作业需求，减少设备闲置 |

下面将从模块化多用途拖拉机的操纵灵敏评价指标进行阐述。

模块化多用途拖拉机的操纵灵敏评价指标主要有：转向机动性、行驶直线性、行车制动性以及停车制动性能。

**（1）转向机动性**

转向机动性是指通过模块化多用途拖拉机的最小转弯半径和最小转向圆半径来评价。它决定了转向所需的最小地块面积，这对于在丘陵地区小地块作业环境下的模块化多用途拖拉机尤为重要。

①最小转向半径是拖拉机转弯时，回转中心到拖拉机纵向中心面的距离。模块化多用途拖拉机采用的是折腰转向，最小理论转向半径用以下公式计算：

$$R_{\min} = \frac{L}{2} \cot \frac{\theta_{\max}}{2} \quad （铰接点位于轴距中点）$$

式中，$L$——轴距（mm）；$\theta_{\max}$——机架最大偏转角（°）。

经过测试，模块化多用途拖拉机 $L$ 为 1 500mm，$\theta_{\max}$ 可以达到 38°，最小转弯半径为 2.8m，具有良好的转向机动性。

②最小转向圆半径 $R_{\min}$ 是指拖拉机转向时，转向操纵机构在极限位置，回转中心到拖拉机最外轮辙（履辙）中心的距离。当模块化多用途拖拉机轴距 $L$ 和轮距 $B$ 增大时，$R_{\min}$ 增大。

### （2）行驶直线性

行驶直线性是指不操纵转向机构时模块化多用途拖拉机保持直线行驶的性能，用模块化多用途拖拉机行驶一定距离后对原定方向的偏离量来评价。

模块化多用途拖拉机在作业中，由于内外侧车轮动力半径不同、地面不平和附着性能差异、横坡侧向力作用及牵引阻力偏离模块化多用途拖拉机纵向对称平面等原因，使模块化多用途拖拉机偏离直线行驶，驾驶员需频繁纠正拖拉机行驶方向。行驶直线性不好，会增加驾驶员的疲劳程度，使转向机构磨损增加，作业质量降低（如漏耕或重耕、播种不直、中耕伤苗等）。在铰接转向车辆设计中，一般需要在其高速行驶时通过电子系统进行蛇形矫正。

### （3）行车制动性

行车制动应能使在任何速度、负载或坡度条件下行驶的拖拉机安全、迅速、有效地停住；驾驶员应能在驾驶座上自如操纵制动装置，同时至少可用一只手操纵转向。

模块化多用途拖拉机的行车制动性能通常用在水泥跑道上（$\phi > 0.8$）的制动减速度来评价。踏板制动力不大于 600N，其制动减速器可以达到下列要求：

①在最高行驶速度不大于 30km/h 时，冷态平均制动减速度 $a_1 \geq 2.5 \text{m/s}^2$；

②热态平均制动减速度 $a_2 \geq 0.8 a_1$；

③冷态制动时，内外侧轮胎印痕长度之差小于 0.4m。

其平均制动减速度计算公式如下：

$$a = \frac{v_0^2}{2s}$$

式中，$v_0$——拖拉机制动前的行驶速度（m/s）；$s$——制动距离（m）。

丘陵山地模块化拖拉机的最高时速接近 40km，采用了前后轮制动，并且保证在制动装置失效时，紧急制动装置能够为行车制动产生 60% 左右的制动力。在运输作业环境中，配备了与拖拉机行车制动联动的气压挂车制动系统，使其道路行驶安全性得到保障。

### （4）停车制动性能

停车制动性能是指驾驶员在驾驶座上，通过操纵机械装置将拖拉机稳定地停在斜坡上，并且进行制动锁住后，驾驶员可以离开。丘陵山地模块化拖拉机可以驻停在 20° 左右的斜坡上，满足了其停车制动性能的要求。

## 3.5 多种高效作业机具

针对广西丘陵山地地形和农田等约束条件，进行耕、种、管、收各环节农机模块创制，创制了高效耕整地机、水稻直播机、精准施肥/施药机、收获机、运粮车等高效作业模块化农机装备。

### 3.5.1 开沟施肥

广西合浦县惠来宝农业机械制造有限公司结合地方实际情况，首先从低缓坡度着手，利用原有模块化农机装备，从单机制造向成套装备集成过渡，按照模块化系统集成理念开发出跨行作业的多用途茶园管理动力平台。该设备可通过更换轮边减速机构实现不同的离地间隙，可通过双向驾驶装置实现前后向驾驶，通过平台悬挂式机具接口和三点悬挂接口搭载不同的农机具，可以完成耕作、开沟施肥、修剪、植保、采摘等机械化工序。该机型轮距为1.5m，轮宽0.28m，离地间隙为1m，动力为70hp，通过平台悬挂式机具接口装卸保墒、植保机具，可实现≤1t的液体搭载，同时实现>12m幅宽的喷洒作业，一次装载可完成大于30亩茶园植保或封园作业，通过三点悬挂机具搭载开沟施肥覆土机具，一次性实现250～300mm宽度和深度的开沟，并通过破土犁在开沟底部入土施肥，同时通过后部的覆土机构进行回土，如图3-27所示。

图 3-27 开沟施肥作业

### 3.5.2 平台悬挂式撒肥机

广西甘蔗种植区域大部分分布在丘陵山地，种植区域较为分散、地块小、路窄弯多。基于上述情况，为解决甘蔗生产全程机械化过程中有机肥抛撒费时费力、有机肥利用率低等问题，利用前述山地铰接轮式可变轴距拖拉机作为平台悬挂机具的搭载平台，研制平台悬挂式撒肥机，并利用EDEM离散元仿真软件对有机肥颗粒进行运动学仿真分析，了解肥料受力以及速度变化规律，满足了丘陵山地宽幅高效、均匀稳定的撒肥作业要求，解决了甘蔗有机肥施肥的难题。

设计的平台悬挂式撒肥机如图3-28所示，主要由牵引架、肥料箱、排料口处手柄调节机构、车架焊合、撒肥盘总成、送肥装置等部件组成；整机主要的技术指标参数如

表 3-6 所示。平台悬挂式撒肥机通过拖拉机液压系统驱动液压马达工作，通过驱动输肥装置链板将肥料向后输出，同时 PTO 传动轴驱动齿轮箱带动离心式撒肥盘高速转动，排料口处设置手柄调节机构，用户可根据所需施肥量自行调节控制下落的肥料量，并使肥料在重力作用下落到撒肥圆盘上，通过撒肥盘总成上的圆盘离心作用和推肥叶片的导向作用，实现肥料在空中做斜抛运动，满足肥料宽幅、均匀稳定的抛撒作业要求。平台悬挂式撒肥机切换示意图和作业图见图 3-29。

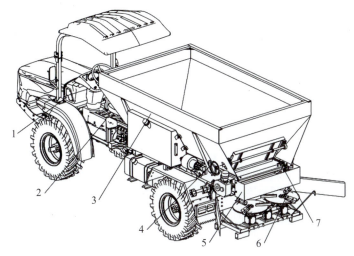

1.拖拉机  2.牵引架  3.肥料箱  4.排料口处手柄调节机构  5.车架焊合  6.撒肥盘总成  7.送肥装置

图 3-28  平台悬挂式撒肥机整机结构

表 3-6  主要设计参数

| 参数 | 数值 / 形式 |
| --- | --- |
| 撒肥形式 | 双圆盘 |
| 挂接形式 | 牵引式 |
| 车厢尺寸 / mm | 2 706 × 1 694 × 1 080 |
| 肥料箱容积 / m³ | 3 |
| PTO 转速 /（r/min） | 540 |
| 减速机输出扭矩 /（N·m） | 1 000 |
| 链轮分度圆直径 / mm | 130 |
| 额定功率 / kW | 36.8 |
| 牵引力 / kN | 15.38 |
| 链条线速度 /（m/s） | 0.4 |
| 表面肥料运完时间 / s | 5.8 |
| 最高车速 /（km/h） | 40 |
| 满载最大爬坡度 /（°） | 15 |

（续）

| 参数 | 数值 / 形式 |
|---|---|
| 最小转向圆直径 / mm | 9 811 |
| 最小离地间隙 / mm | 280 |
| 后桥承载能力 / t | 2.5 |
| 前桥承载能力 / t | 2.5 |
| 最大扭矩 /（N·m） | 165 |
| 前轴轮距 / mm | 1 410 |
| 后轴轮距 / mm | 1 410 |

（a）撒肥机快速切换示意　　　　　　　　（b）撒肥机作业

图 3-29　平台悬挂式撒肥机田间作业

### 3.5.3　挖树机

挖树机是一种相对成熟的机械设备，已经广泛应用于世界各地的林业、建筑、农业等领域。目前，国内外对于挖树机的研究主要集中在以下几个方面：

①结构设计与性能优化：研究如何通过改进挖树机的结构设计和性能优化来提高挖掘效率和操作性能，减少能耗和成本。

②自动化控制技术：研究如何通过传感器、控制器和计算机等技术，实现挖树机的自动化控制和智能化管理，提高工作效率和安全性。

③新型材料与制造技术：研究如何采用新型材料和制造技术，提高挖树机的耐用性和稳定性，降低成本和能耗。

④环境适应性研究：研究如何针对不同的环境条件，例如高海拔、恶劣天气、坡地等，设计适应性更强的挖树机。

在国内，挖树机的研究和生产也已经有了长足的进展。一些知名的机械制造企业，如山东井神、杭州三丰等，已经研制出了一系列高效、低能耗、多功能的挖树机产品，广泛应用于林业、城市园林、建筑等领域。同时，近年来，我国政府也高度重视林业生态建设和森林资源保护，大力推进森林工程机械的研发和生产，为挖树机等机械设备的发展提供了有力的政策支持和市场需求。在国外，发达国家如美国、加拿大、日本、欧洲等地也在挖树机研究方面取得了很多进展。例如，美国的 CAT、日本的小松、欧洲的 Volvo 等著名机械制造企业，均已经推出了一系列技术先进、性能优越的挖树机产品。总之，挖树机已经成为现代林业、城市园林、建筑等领域中不可或缺的重要机械设备。随着科技和市场的不断发展，挖树机的研究和应用前景将会越来越广阔。

为顺应国内政策与市场需求，课题组设计了一款经济实用小型模块化挖树机，主要通过液压系统和机械传动系统来完成作业。

其基本工作流程如下：

调整挖树机的姿态：操作员首先需要将挖树机调整到合适的位置和姿态，以便开始挖掘工作。操作员通常使用挖树机的操纵杆和脚踏板来控制挖掘机的姿态。

开始铲树：操作员通过操纵杆控制液压缸的运动，将铲斗伸出，然后将其挖入地面，铲住要挖掘的树木或土壤。操作员可以通过液压系统来控制铲斗的角度和深度，以便有效地挖掘树木或土壤。

卸载铲出物：当铲斗中的物体被挖出来后，操作员可以将其抬升起来，并将其转移到需要卸载的位置，卸载铲出物。

完成铲树作业：当挖掘作业完成后，操作员可以将铲斗重新收回，并将挖树机的姿态调整到安全状态，做好下一次作业的准备。

针对丘陵山地地势较陡、倾角较大的特点，挖树机通过三点悬挂的方式可挂载在多种农用机具上，能较好地处理这一问题。

挖树机对挖掘的土壤有一定的要求，主要包括以下几点：

土壤应该比较湿润：过干的土壤会挖起后容易从树根脱落，降低树木成活率。

土壤应该不含过多的石块和树根：过多的石块和树根会增加挖树机的挖掘难度，影响作业效率。因此，在进行挖掘作业前，应尽可能清除土壤表面的石块和树根，以便提高挖掘效率。

需要注意的是，挖树机的具体工作流程可能因不同的作业对象、作业场地等因素而有所差异，因此操作员需要熟练掌握挖树机的使用方法和技巧，以保证作业的顺利进行。同时，操作员还应该定期对挖树机进行维护和保养，以确保其工作效率和作业安全性。

### 3.5.4　修剪机

茶园茶叶修剪是茶树生产管理的重要环节，对于保持茶树健康生长、提高产量和茶叶品质具有重要意义。不同类型的茶叶和茶树可能需要采取不同的修剪方法和时机，因此茶农需要根据实际情况制定合适的修剪计划。根据茶树的不同修剪计划，针对其相关的农艺要求课题组设计了不同的模块化小型轻便修剪机具。对于茶园茶树的修剪来说，通常采用单人便携式、斜挎式、手持式机具来进行。

我国从 1955 年开始研究修剪机，距今已有将近 70 年的历史。随着茶叶生产机械化的覆盖范围越来越广，茶树修剪机械化技术日渐成熟。目前市场上的茶树修剪机种类及规格繁多，在修剪宽度、净重、价格等方面都有一定的差异。茶树修剪机主要有单人式茶树修剪机、双人式茶树修剪机、燃油型茶树修剪机、电动型茶树修剪机、手提背负式茶树修剪机、车轮式茶树修剪机等。单人式茶树修剪机分为单面刃型和双面刃型。由于机具净重较轻，单人即可操作，使用较为方便灵活，还能进行茶树的造型，应用较广。双人式修剪机分为平形修剪机和弧形修剪机。平形修剪机可修剪的造型选择较为单一，而弧形修剪机可以进行与角度有关的造型。茶树修剪机在使用过程中需要进行定期保养，修剪机每工作20～30h需要加注一次黄油，每工作50h需要更换空气滤芯。当机器准备长时间放置停用时，需要将油箱中的燃油导出（或将电量耗尽），清洗干净后将修剪机置于干燥阴凉处存放。同时，茶树修剪机操作者也需要学习一些相关故障的处理方法。在汽油机中速运转时，修剪机的刀片不运动是修剪机使用过程中的常见故障之一，主要原因是润滑脂漏进摩擦片之间导致摩擦片打滑，处理该故障需将摩擦片卸下进行清洗。

目前市场上大多数茶树修剪机为往复切割型，其主要由汽油机、往复切割刀、传动机构、机架等组成。根据作业功能可将其分为单人手提式、双人手提式、重型、双面修剪机等。农业农村部南京农业机械化研究所设计了KM3CX-700型背负式茶树修剪机，由小功率汽油机提供动力，具有操作方便、适用性强的优点，可适用于茶园修剪及公园、庭园、路旁树篱等园林绿化的专业修剪。随着我国农村劳动力不断向其他产业转移，人工越来越贵，为进一步降低茶树修剪的劳动强度，解放劳动力，自走式茶树修剪机应运而生，成为研究的重点。四川省农业机械设计院发明了履带自走式茶蓬修剪机，该机配有履带式行走底盘，可实现复杂地况自行行走。江苏大学设计了一种圆盘式茶树修剪机，该机采用轮式底盘实现自主行走，同时可精确调整切割高度，适合茶树的深修剪、重修剪及台刈作业。恩家智能科技有限公司设计了一种单刃茶树修剪机，该机采用自主研发的电机配合松下进口锂电池，可持续作业8～10h，同时具有无级调速、定速巡航等功能，可应用于园林和茶园修剪等。南京农业机械化研究所设计了KM3CJ-35型自走式茶树双面修剪机、自走式茶树台刈机等，其中KM3CJ-35型自走式茶树双面修剪机是针对茶园行内侧修剪而设计开发的，其采用单轮实现自走，有效降低了劳动强度，具有操作便捷、作业效率高等优点。自走式茶树台刈机通过履带式底盘实现自主行走，位于两侧的旋切刀组可将茶树切成多段，理论上可贴地作业，最大限度避免了树枝堆积阻塞。针对我国茶园修剪机专机专用的现象，通过设计模块化修剪机具，可实现茶园修剪的单个作业平台搭载不同的修剪机具。

**（1）往复式修剪机具**

国内外机型，根据不同茶树的修剪要求，对于轻修剪的茶树应选择使用往复式修剪机具，对其顶面树冠进行修剪，保证树面平整，树冠整齐，形成理想的采摘面。

**（2）旋转式修剪机具**

利用三点悬挂装置可以挂接到多种农业机械上，使得其应用范围广泛，适应复杂多样的工作环境。液压马达带动带轮使三块刀片同步运转，加大切割效率和强度，包围式挡板密封，让修剪更加安全，高强度刀片高速切割，修剪茶树直径可高达20mm。本产品结构简单，功能强大，重量轻，安装便捷，使用方便。茶树修剪机在结构设计时，就考虑到了多种使用场景，设计了可以快换的修剪机具，在不同的茶园修剪种类不同的茶树时，可以根据茶树的粗细以及修剪难易程度更换合适的刀具。如图3-30所示。

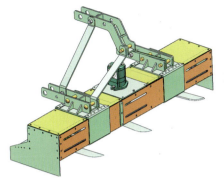

图 3-30　旋转式修剪机具

## 3.5.5　植保施肥

　　针对我国大部分果园中在植保环节普遍存在的各种问题，尤其是施药机械因设计缺陷、性能欠佳导致的药液浪费、漏喷多喷，无法调节喷洒量、喷洒范围以及受风力严重干扰等情况，课题组设计开发了一款风力大小等工况自适应调控的风送式植保机，如图 3-31 所示。通过传感器全自动感应技术实现对目标果树的果树株间距、果树高度、树冠大小、喷洒范围的有效识别，完成全自动精准风送喷雾，避免连续喷雾带来的农药浪费问题。整机设计解决了传统喷雾植保机药物喷洒量固定且连续、喷射范围小、固定范围喷射、喷射穿透力差等问题。解放了劳动力，单人即可操作。此大型风送式植保机一次可携带 2 100L 药液，满足了大型农场的需求。

图 3-31　风送式植保机整机模型

　　我国果园中的农药使用量随着果园种植面积的持续扩大而急速增长。1991—2019年，我国农药使用量增长了 135.5%。其中，果园农药喷施量占了很大一部分（吕小兰等，2020）。据统计，我国果园单位面积农药使用量约为世界平均水平的 3.1 倍（陈晓明等，2018）。当前，我国的果园喷雾技术还比较落后，多数地区果园的农药喷雾设备仍然以手动喷雾器、背负式喷雾机和高压喷枪等较为落后的施药设备为主（张玲等，2018），如图 3-32 所示，即使是采用了喷雾机的部分果园，喷雾作业也大多不能实现自动控制和变量喷雾，首要作业方式仍是连续喷雾，如图 3-33 所示，其药液浪费现象十分严重（邓巍等，2009）。

图 3-32　手持式高压喷枪作业　　　　　图 3-33　果园连续喷雾作业

　　我国果园喷雾机械使用虽已取得不小进步，但传统果园对于喷雾机械的使用仍然存在一些问题。大多数地区果园依然采用人工喷药为主，效率低下且危害操作人员的健康。对于大面积农庄来说，不仅喷药时间长且药液利用率极低，还需要付出昂贵的人工费用。局部果园使用了风送式喷雾机械，这些机械都是连续式喷雾，药液浪费严重，且都是手动控制，这种无差别的喷施可对生态环境造成严重破坏。

　　风送式植保机依靠风机产生的强大气流，可将雾滴输送至果树冠层的各个部位，具有喷雾质量好、劳动强度低等优点，但仍存在对靶效率低且雾滴漂移污染土壤的问题（丁天航等，2016）。从客观上说，为了保证农产品能够稳产、增产，农药的使用必不可少。运用多传感器信息融合技术优化控制系统不仅可以减轻过量农药造成的环境污染问题，还节省了喷药成本，对农民增产、节约不必要的开支具有重要意义。

　　针对这些情况，研究设计了一种基于传感器融合的风送式喷雾机控制系统，能基于现有风送式植保机融合超声波传感器通过 MCU 控制算法的优化定位模型，精准地将雾滴喷向目标树，并实现自适应调节。

**（1）喷药自适应功能**

　　果园植保机利用超声波传感器进行左、右、高、低四个方向的信号检测，信号反馈至控制器后按设定的算法程序进行运算，若检测到返回信号，则通过算法得出此方向上的喷头和果树树冠的水平距离，进而获得此阶段内喷雾作业的起始时间和终止时间。再次检测到某一方向上的信号反馈则重复上述流程。机具行走时将药液均匀地喷洒至树冠上，遇到果树行间则不喷洒，从而实现风送植保机在果树行间作业工况自适应调控。

**（2）风力大小自适应功能**

　　果园植保机在果树行间作业过程中，利用安装在车身两侧不同位置的 4 个可调高度的超声波传感器模块，分别检测左、右、高、低四个方向是否有果树，将信号反馈至控制器，按设定的算法程序进行运算。在工作时，若检测到任一方向有果树，则控制液压马达保持高速状态以达到更好的雾化效果，否则保持低速状态可以节能，实现风送植保机在果树行间作业时对风机输出风力大小进行自适应调控。在果园喷药时，风力辅助能增强雾滴的穿透性，利用气流的动能将药液雾滴吹送到果树冠层中，大大改善了药液雾化效果、增强了雾滴穿透性并强化了雾滴在果树冠层中的沉积，成为改善果树冠层中药液分布的主要措施。

通过超声波传感器可感知树冠轮廓的真实高度，当喷雾机开始作业时，针对树冠大小不一的果树作出相应的判断，实现精准喷雾，从而实现果园风送式植保机喷雾作业自适应调控的自动化。

在实车实验中，在复杂的田间进行作业，驾驶员只需关注前方的路况，无须过多关注后方的自动喷雾系统，大大降低了驾驶员的劳动强度。

## 3.5.6　小型高集成甘蔗收获机

我国甘蔗机械收获按照收获模式不同分为切段式联合收获、整秆式联合收获、割铺式收获。我国国情为大国小农，并且将长久存在，目前甘蔗主产区为丘陵山地，甘蔗种植分散，地形地貌复杂，土壤黏附严重，甘蔗生产宜机化程度低。国外大中型甘蔗收获机通常机型大、重心高，只能在平缓（10°以下）的地形作业。在坡度变化大、碎片化种植的广西蔗区，机动性较差、体积庞大的甘蔗收获机存在转头时间长、安全性差、土壤碾压严重、效率低等问题，很难开展机械化作业。针对广西丘陵山区地形地貌、土壤条件和采收作业条件的特点，综合应用北斗导航技术、协同控制理论和机-电-液一体化设计，以感知、决策（控制）和执行三大功能为核心，开发具有"智能化、轻简化、低损化"的高集成小型甘蔗收获机，可望突破广西丘陵山地甘蔗收获智能化机械化瓶颈，大幅提升广西甘蔗生产数字化水平以及应对复杂环境的自动化收割能力，促进广西蔗糖产业的可持续发展，为智慧型农业提供理论与技术支持。

针对丘陵山区地形地貌复杂、土壤条件多样、采收作业条件复杂等特点，基于小型甘蔗收获机轮履行走系统、液压驱动系统、甘蔗采收系统，开展小型甘蔗收获机设计、集成与作业性能智能化机械化研究。

第一，基于麦弗逊悬架创建一种新型的甘蔗割铺机转向机构，并进行整机集成创制，使其具有较好的机动性、稳定性和安全性。转向系统创新性地引入麦弗逊悬架和前置液压助力转向，通过液压系统的自适应调整以实现轮胎的四轮着地，以及机身的姿态调整和灵活转向。

第二，采集甘蔗采收作业环境的非结构道路谱，结合虚拟样机技术进行底盘结构的设计和优化，提高机械的稳定性和安全性。首先，在车轮上安装六分力传感器，在车轮转向节轮心处安装加速度传感器，并利用北斗导航和陀螺仪分别记录车辆行驶轨迹、车速和车身姿态。在各种工况下采集各类信号，进行数据分割、滤波、去漂移和数据压缩以及信号转换等处理，并通过通道间的相位和幅值关系验证、静载荷数据验证、轴头加速度与位移验证等方法验证数据的准确性。然后，利用 ADAMS 建立刚柔耦合的整车多体动力学模型，并将所采集的道路谱和作业谱作为载荷条件进行数值分析。

第三，采用实验和仿真结合的方法建立甘蔗数值模型并分析其损伤机理，利用液压机构压力恒定理论、机器视觉和 AI 技术设计自适应采收机构。通过大量的田间数据采集进行统计分析，得到丘陵地带不同品种甘蔗在收获时的直径、长度、质量和密度值，并通过力学试验获取其不同部位的弹性模量、抗压强度以及摩擦系数值，从而运用多段柔性化法建立一种符合实际的甘蔗数值模型。结合 Adams 和 Ansys/workbench 有限元仿真软件对甘蔗不同位置点切割过程进行仿真模拟，以揭示其损伤机理，从而为切割机构和切梢机构割刀位置的设定提供理论依据。

由于切割位置需要入土，无法切割前采用红外或机器视觉技术进行测量，目前多依靠操作人员的感觉进行调控。因此，在割台系统设计一个压力传感器，结合液压机构压力恒定理论对割台高度进行浮动设计，以保证切割高度相对恒定。同时，在收获机后设置一个摄像头观察切割后蔗根的形状，结合其损伤机理自动调节切割的参数。

结合甘蔗形态的大数据，利用 AI 技术建立工艺成熟甘蔗生长点的模型。在切割作业时，切梢机构的摄像头及时获取采收区域的甘蔗图像，判断割梢高度，完成收割。

第四，基于北斗导航和多机协同控制技术，设计智能控制模块，实现小型甘蔗收获机的机－电－液一体化控制，提高甘蔗收获机智能化水平。首先，在现有底盘的基础上进行结构改造。拟在行走机构的后轮设置轮履互换装置，在需要较大驱动力时可将车轮换为三角履带，以增加机械的驱动力。在此基础上，根据控制策略和液压控制原理设计相应的电液控制系统，确定不同工况下的工作参数，并进行合理的动力分配。结合利用北斗导航和无人机所形成的作业区域数字地图，利用多源信息融合分析技术快速判断该区域最佳的切梢高度，并结合 MATLAB 软件对切梢机构进行控制器设计，进而实现小型甘蔗收获机的机－电－液一体化控制。

## 3.6　农业运输的问题

丘陵山地作物种类多，例如广西丘陵山地就有桉树、桐油、茶叶、玉桂、八角、木耳、香菇、桂圆、荔枝、沙田柚、香蕉、菠萝、田七、罗汉果、金橘、紫胶等种植产业。在这些农作物的生产过程中，60% 以上的工作量与运输有关，例如农药、化肥、种子和苗木、农膜、农用器械等农资的运输，可见运输环节对农业生产的重要性。然而丘陵山地农用物资和农产品运输，又因自然环境的影响而不同于平原地区，因此本节试从汽车无法满足农业运输的角度进行对比分析。

### 3.6.1　农业运输车辆面临的问题

农业运输机械多行驶在非结构性道路上，其工作中多要求低速、坚固、动力输出点多、功能多，而且，农业运输机械运送的物料种类繁多，性状各异，如作物秸秆、草捆、青贮饲料等，具有重量轻、体积大的特点，每吨载重量占用的装载容积达 $4 \sim 5m^3$。汽车主要在结构性道路上行驶，要求高速、经济、舒适，且其工况与农业运输机械完全不同，因此，不能通过汽车来解决丘陵地带的农业运输问题。

目前我国用于山区作业的农业机械主要是手扶拖拉机、微耕机和小型四轮低地隙拖拉机，专业型山地拖拉机占有量少。普通平原拖拉机由于其外廓尺寸较大、整机质心位置高，在纵向坡面和横向坡面上行驶时车身容易失稳，这种拖拉机在山地使用时经常出现操纵困难、动力消耗多、作业效率低及车身容易发生翻倾等问题。

在东南亚市场的考察中发现，在以丘陵山地为主的棕榈园中，道路多为自行铺设的砂石路，路况恶劣，雨季普通车辆无法通行，国内某车企专门为棕榈园运输设计的四驱车辆在作业 1 万 km 后出现了排气管断裂、转向支架断裂、钢板弹簧压平折断的问题，产生这些问题的原因主要是由于现有的农业运输汽车采用前轮转向，雨季陷入泥泞路段转向的，导致转向结构损坏，如图 3-34 所示。

（a）气管断裂　　　　　　（b）转向支架断裂　　　　　（c）钢板弹簧压平断裂

图 3-34　农业运输车辆在东南亚丘陵山地工作时出现的问题

另一方面，现有的农业运输机械分为全挂车和半挂车。全挂车有两个转动副，一个是牵引杆与拖拉机的挂接点，第二个是第一轴的转向盘，在转弯时轨迹不唯一确定，在倒车时为获得唯一轨迹，需要采用锁销对第一轴转向盘进行锁定。半挂车只有一个转动副，转弯时轨迹能够保障唯一，但在湿烂地面上阻力过大。目前，村道的设计时速和转弯最小半径分别为 20km 和 15m，由图 3-35 可知长度为 13.7m 的汽车挂车转弯半径达到 24 ～ 27m，远远不能适应村道的运输要求。为了满足农业运输的道路特点，半挂车的长度一般不能超过 7.6m，为非经济车型，需要专门定制，极大地限制了农业运输车辆的装载量和运输效率。

由此可见，普通运输车辆既不能满足农业运输的需求，也无法适应丘陵山地弯多坡急的道路环境，因此，需要针对丘陵山地农业运输的特点设计专用的运输机械。

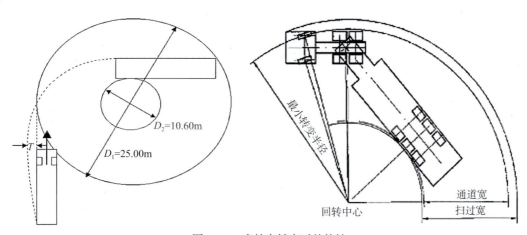

图 3-35　半挂车转弯时的特性

### 3.6.2 解决方案

针对以上问题，国外也开展了相关运输机械的研究，主要采用铰接式车辆来满足农业运输的要求。手扶变形运输机属于一种早期铰接式车辆，其中应用较为广泛的是铰接式卡车。

铰接式卡车发源于北欧，最初只是为了应付斯堪的纳维亚半岛崎岖的地形和泥泞的路况，随后其显示出的强大的通过能力，逐渐用于采矿业等行业的土石方运输。铰接式卡车的起源可以追溯至 20 世纪 50 年代，沃尔沃旗下的拖拉机生产商 Bolinder-Munktell（以下简称 BM）以农用轮式拖拉机为基础，发展了早期的轮式装载机。随后，BM 公司的合作伙伴林内尔开始尝试用拖拉机＋挂车的运输方式开发出一种更加灵活、高效且通过性更好的自卸车辆，如图 3-36（a）所示。为了提高通过性，他们采用多轴驱动的方式，在农用拖拉机的后同步动力输出轴的基础上增加一根传动轴穿过铰接点，用两个万向节将动力传输到后传动轴上，使得拖拉机在与挂车有一定夹角时仍可传输动力。同时，由于拖拉机和挂车间自由铰接的方式并不能提高通过能力和灵活性，他们去掉了拖拉机的两个前轮，通过液压油缸强制偏转拖拉机和挂车实现转向。1966 年，经过反复多次试验和改进，世界上首台铰接式卡车 DR631 诞生，如图 3-36（b）所示。

（a）早期使用拖拉机底盘的　　　　　（b）最早批量生产的铰接式卡车
　　　BM DD152　　　　　　　　　　　　BM-VolvoDR631

图 3-36　早期铰接式卡车

国家标准《农林拖拉机和机械　基本类型　词汇》（GB/T 41679—2022/ISO 12934：2013）对山地拖拉机（mountain tractor）进行了如下定性介绍：其互换性设备用于农林作业，有一个支撑架，一个或多个动力输出装置，总质量不超过 10t，与整备质量之比小于 2.5，质心高度小于 850mm 的全轮驱动拖拉机。从这个概念中可以看出，如果拖拉机整备质量为 4t，乘以 2.5 刚好等于总质量 10t，也就意味着这一标准中的拖拉机是可以承载的，用于农业物资的运输。意大利地形也以山地居多，根据其地形开发的许多拖拉机适应山地作业或运输，主要有 Antonio Carraro、BCS、Valpadana、Goldoni 等公司，其中 Goldoni 公司成立于 1926 年，主要生产中小型山地拖拉机产品，如图 3-37 所示。

我国的丘陵山区拖拉机特点是型式单一，保有量小，发展处于起步阶段，专门进行山地拖拉机研究的部门不多，科研经费也不足。早期的解决方案主要采用手扶式拖拉机改装进行运输，手扶拖拉机来自 20 世纪 50 年代从井关和久保田引进的机型，其本身可以通过铰接挂车形成手扶变形运输机。在广西山区的方向盘拖拉机和湖南山区使用的盘拖都是早期折腰转向拖拉机的一种形式。

（a）铰接拖拉机

（b）铰接货箱的拖拉机

（c）工作状态

（d）参加展会

图 3-37　Goldoni 轮式拖拉机

## 3.6.3　拖拉机铰接式结构对比

### 3.6.3.1　与手扶拖拉机产品的对比

**（1）铰接机构的安全性优势**

国内手扶拖拉机来自 20 世纪 50 年代从井关和久保田引进的机型，其本身可以通过铰接挂车形成手扶变形运输机。由于其在设计之初与挂车配合时速度较低，载重量较小，后期虽经过改进，但是其安全性仍饱受质疑。

铰接轮式拖拉机挂接搭载平台脱胎于铰接轮式拖拉机，广西惠来宝铰接拖拉机的传动系变速箱与前驱动桥设计为通过螺栓连接成一个整体，其最大特点是从铰接处断开后具备单独变向变速的功能，从而使整机可以从铰接处断开而不影响整机操控。而国外同类畅销的铰接拖拉机传动系中的铰接点前后段均包含变速或变向机构，直接从铰接处断开后，前驱动桥是没有动力输入的，无法实现模块化的功能。其设计时充分考虑了前后轴荷分布，使安全性得到保障。

**（2）铰接机构的结构优势**

手扶变形运输机在形式上，其驾驶室及相应的操作机构位于铰接点后部；铰接轮式拖拉机挂接搭载平台直接从铰接点前断开，后部铰接搭载模块，驾驶室及相应的操作机构位于铰接点前部。

手扶变形运输机的铰接机构为实心轴，其中部无法穿过传动轴，因此无法布置 PTO。广西惠来宝生产机型的铰接机构为滚筒式结构，相对于实心轴结构受力更加合理，中间通过动力轴和 PTO 轴，同时动力从发动机出来后一直处于相对密封的状态，属于中梁式车架结构，可靠性高。

**（3）铰接机构的功能模块优势**

手扶变形运输机和铰接轮式拖拉机挂接搭载模块的用途不同。手扶变形运输机只能实现运输功能，铰接轮式拖拉机挂接搭载模块则用途广泛，避免了传统轮式拖拉机运输机组转弯半径大和倒车困难等缺点，能够携带适合中小地块作业的农资，进行植保、保墒、肥料撒施等作业。

### 3.6.3.2　与方向盘手扶变形拖拉机产品的对比

**（1）整机结构改进方面的优势**

四轮驱动的方向盘手扶变形拖拉机（以下简称方拖）是在手扶拖拉机的基础上设计改装的，改装的部位、部件主要有：将手把式改为方向盘式，前轮驱动改为前后四轮驱动，增加了后桥变速箱动力输出装置，将机械刹车改为油压刹车，配备脚踏油门、液压自卸、辅助转向等装置，具有操作简单、省力、安全、爬坡力强等优点。其采用了折腰式转向，前后轮轮胎相同，由前后机体相对偏转实现转向。轴距较长，轮距可较窄，有良好的牵引性能的转向机动性，但转向时侧向稳定性稍差。特别适合丘陵地带、山区泥泞路况运输作业。

由于方拖是农民机手自发改装的特殊机型，解决了部分作业问题，但是还没有通过合法鉴定，改装不规范，无统一技术标准，因此，存在着许多令人担忧的问题。本课题组研发的丘陵山地模块化多用途拖拉机，通过了国家技术鉴定，采用了滚筒式铰接转向，与方拖结构的差异如表 3-7 所示。

表 3-7　滚筒式铰接转向和方拖对比

| 序号 | 山地拖拉机 | 方拖类产品 |
| --- | --- | --- |
| 1 | 四轮等径 | 四轮不等径 |
| 2 | 两轴轮距相同 | 轮距不同 |
| 3 | 滚筒式铰接机构 | 柱销式铰接机构 |
| 4 | 传动机构密封在中梁式车架及铰接机构内 | 传动机构外露 |
| 5 | 扭转角限位不同 | |
| 6 | 折腰角限位不同 | |
| 7 | 符合国Ⅳ标准的发动机 | 功率不大于 14.7kW 的发动机 |

**（2）有限元仿真分析结果**

铰接机构主要作用是连接前后车体、辅助拖拉机转向，利用 ANSYS 仿真软件对滚筒式铰接机构和柱销式铰接机构进行最大转弯角度的仿真分析，两种铰接机构的仿真分析结果如图 3-38 所示。

（a）滚筒式铰接机构应力云图

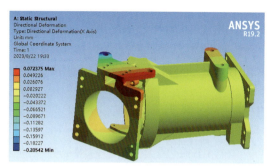
（b）滚筒式铰接机构位移云图

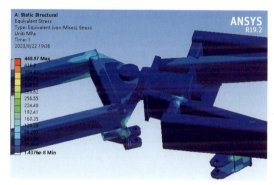
（c）柱销式铰接机构应力云图

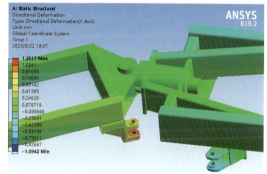
（d）柱销式铰接机构位移云图

图 3-38　铰接机构仿真分析结果

由图 3-38（a）（b）滚筒式铰接机构应力和位移云图可知，当滚筒式铰接机构转动至 38° 时，前铰接座上部应力变化较为明显。最大位移变形主要集中在转向液压缸与前铰接座的连接处，由转向液压缸的推力产生。由图 3-38（c）（d）柱销式铰接机构应力和位移云图可知，当柱销式铰接机构转动至 30° 时，应力主要集中在柱销式铰接机构与前后车体的焊接处，即焊接处易产生应力集中现象。最大位移主要发生在转向液压缸与车体的连接处，由转向液压缸的推力产生。对仿真数据结果进行整理，得到如表 3-8 所示两种铰接机构仿真结果数据对比。

表 3-8　两种铰接机构仿真结果数据对比

|  | 滚筒式铰接机构 | 柱销式铰接机构 |
| --- | --- | --- |
| 应力 | 304.77MPa | 448.97 MPa |
| 位移 | 0.072mm | 1.25mm |

上述数据结果显示，柱销式铰接机构局部应力较大，为 448.97 MPa，超过 45# 钢的屈服极限值 355MPa，该现象由仿真前对模型结构进行简化以及车架连接焊接处较多所造成。滚筒式铰接机构应力集中在液压缸的前铰接座的连接处，由转向时两侧液压缸的推力所造成，应力较小，为 304.77MPa，低于 45# 钢的屈服极限。柱销式铰接机构采用单缸转向，转向液压缸的推力较为集中，位移变化量为 1.25mm。滚筒式铰接机构采用双缸转向，两侧液压缸起到支撑作用，因此位移变化量较小，为 0.072mm。

以上有限元分析数据结果表明，滚筒式铰接机构整体所受应力及位移变形量较小，说明相比柱销式铰接机构，滚筒式铰接机构结构设计更为合理。

# 3.7　未来发展

丘陵山地地区大约占我国国土面积的 2/3，其地形大部分坡度大、地块小、宜机化程度低，且农作物品种多，很多品种为我国特有，导致经营规模小，种植制度各异，难以照搬国外的种植模式。因此，我国大国小农国情会长期存在，应通过建设示范点探索农机农艺融合的可能。在项目的研发制造和推广应用过程中，需要在农业机械研发、产品创新能力方面实现突破。

结合丘陵山地地块小、作物种类多、路陡坡急的地域特点，重点研制适应丘陵山地作业的机动性强、稳定性好的智能化、轻简型、复合型丘陵山地农机装备。中国农业机械工业协会指出："农机装备向多用途多功能发展，产品多用途多功能复合成为在标准化、通用化基础上产品制造应对市场需求小批量、多品种、多功能趋势，实现产品功能结构用户定制、生产过程柔性选装的必然选择。"通过模块化技术满足丘陵山地农户的需求多样化是一条可行之路。

## 3.7.1　提高农机装备研发应用能力

### （1）打好核心技术攻关战

完善丘陵山地农机装备创新体系，坚持引进、消化和自主创新相结合，构建以企业为主体、市场为导向的成本共担、利益共享丘陵山地农业装备产业技术创新战略联盟，组织实施重大新型丘陵山区农机产品和配套机具的开发和生产。面向丘陵山区农机装备短板征集关键核心技术，每年更新和发布关键核心技术攻关清单，以科技重大专项、重点研发计划等为牵引，通过"揭榜挂帅""赛马"等制度，支持龙头企业、高校、科研院所或联合体揭榜，攻关突破制约整机综合性能提升的关键核心技术、关键材料和重要零部件，着力推动甘蔗、水稻、柑橘、茶叶等丘陵山地主要农作物生产全程机械化。推动各地对事关丘陵山区产业发展大局的重大关键核心零部件、整机攻关项目按"一事一议"给予资金和政策支持。

### （2）推动农机智能改造升级

推动丘陵山区农机装备向智能化和机电一体化方向发展，应用电子显示和控制系统，提升经济性，改善驾驶操纵舒适性和监控性能。加大液压系统应用，推动转向、制动、行走和加压泵等由液压驱动，简化整机结构，增加传动系统的可靠性。强化功能复合化，实施功能模块化发展，快捷调整工作参数，集约同一农时阶段的农机功能。推动信息技术与农机装备制造业深度融合，积极发展"互联网＋农机作业"，统筹使用国家民用空间基础设施中长期发展规划卫星及民商遥感卫星等资源，应用北斗终端等信息化技术，优先构建丘陵山区农业天基网络，开发适合丘陵山区需求的无人机导航飞控、作业监控、数据快速处理平台，强化丘陵山区农机装备的信息感知技术、传感网和智能控制技术应用，推动装备远程控制、半自动控制或自主控制。强化农机装备基础数据的采集，整合各类农业园区、基地的物联网数据采集设施，指导丘陵山区农机装备设计、研制环节可靠性等工作。

**（3）建立共享农机制度**

开发拥有自主知识产权的基于物联网＋区块链＋互联网的共享平台软件"惠来云"及在其上运行的农业装备和监测系统。该共享平台利用物联网、区块链、5G、北斗技术，实现农机共享化、大数据和人工智能、智能服务等功能。通过共享模式，实现农业装备利用率的最大化。同时，结合目前乡村空心化和劳动力老龄化等因素，平台可以为各个乡村合作社提供培训、服务、机具等，实现传统农业向现代化农业的转变。平台具有的找农活、租农机、致富、找机手等功能，将丘陵山地农户、田地、机手、农机、合作社等"孤岛"通过物联网技术有机联系起来，有效盘活闲置资源，提供丰富的创收环境，在有效防止农民返贫的同时，也为企业销售提供了新的模式。

**（4）打造村合作社，建立示范点，协调发展第一、二、三产业**

我国农民现阶段拥有土地使用权，中小规模的兼业农户仍然占大多数，但缺少资本、技术、装备和先进经营管理经验。通过培育、扶持一批农机专业合作社联合社，大力推行农机社会化服务，促进土地有序流转和适度规模经营，建设现代化农业体系，助力乡村振兴。

首先，我国合作社系统一直存在，但是各地经营模式和情况不太相同，有些地方采取的是销售网点布局模式，有些则是侧重于供应端模式，也有一些则是采取服务管理模式，联动线上线下合作。

打造村合作社，更好地发挥合作经济的功能。现在的合作社更多是类似于日本的农业协会，相当于村民的自助组织，为农民科学种植提供产销服务。通过打造村级合作社提供农机化服务，服务当地农民，采用"党支部＋合作社＋企业＋农户"的形式，吸收农户加入，促进机具共享、互利共赢，更大限度地提高机具的利用效率，降低生产成本。把农业生产资料、技术培训、市场信息通过合作组织进行聚集，打造共同平台，提供"一站式"服务，创新农民利益联结共享机制。鼓励农民就地就近创业创新，完善产业发展与农民利益联结机制，调动农民特别是广大小农户参与发展乡土经济、乡村产业的积极性，构建联结紧密、利益共享的命运共同体。

加强示范点的建设，建立管理规范、运营良好、联农带农能力强的农民合作社示范社、示范家庭农场，发展一批专业水平高、服务能力强、服务行为规范、覆盖农业产业链条的生产性服务组织，打造一批以龙头企业为引领、以合作社为纽带、以家庭农场为基础的农业产业化联合体。

培育乡土经济、乡村产业。立足乡镇优势特色产业（产品），做大做强1～2个特色主导产业，全面建设规模化、标准化、专业化、优质化的绿色高效生产基地，大力推动农产品产后加工增值，因地制宜推进农业与文化、信息、教育、旅游、康养等产业深度融合，挖掘农业生态价值、休闲价值、文化价值。

### 3.7.2 持续完善农机作业基础配套

**（1）协同合作形成系统合力**

建立内部联席工作机制，结合乡村产业振兴、生态宜居等工作，因地制宜开展丘陵山区"宜机化"改造，加快协调高标准农田建设和丘陵山区农田宜机化改造两项工作，新建高标准农田建设项目全程考虑田块平整和田间道路建设等，满足农机下田生产作业要求。开展高标准农田建设专项清查，考虑宜机化建设的"难点"和"堵点"。引导社会资本加大对农用地"宜机化"改造投入力度，统筹中央和地方相关资金及社会资本，重点支持和引导丘陵山区开展宜机化改造以及丘陵山区优势特色农作物生产机械化技术集成与示范。

**（2）建立健全技术标准体系**

制定出台"宜机化"整治技术规范和技术标准，充分考虑丘陵山区装备的工作效率、地形坡度、排水便利性等方面，积极开展丘陵山区农田宜机化建设的政策研究、规划布局和机制探索，健全完善丘陵山区农田、果园、菜园、茶园和设施种养基地建设及改造的"宜机化"标准、"宜机化"改造技术标准和规范。推进水稻、甘蔗、茶等作物农机农艺融合示范基地建设，改进丘陵山区农机性能和适用范围，协调农机与水、肥、种、药等相互作用。改良耕作制度，系统性地调整土地资源利用布局，提高对农业机械的适应性。制订完善丘陵山区农机鉴定标准，简化农机鉴定认定程序。

**（3）推进农机农艺深度融合**

建立健全丘陵山区农机农艺融合发展机制，加快推动良种、良法、良治、良田、良机融合发展。强化丘陵山区土地平整治理，因地制宜开展宜机化改造试点，围绕解决"有机难用"问题，扩大土地"宜机化"改造面积，重点支持整村、整乡镇（街道）集中连片开展农田宜机化改造，推动地块小并大、短并长、陡变平、弯变直、瘦变肥和互联互通，提高丘陵地区土地利用率和"宜机化"水平，加大高标准农田建设示范效应。推进丘陵山区传统基础设施建设，完善农业产业重点区域和重点基地路网，实现机耕道与乡村公路衔接连通。加大农机生产道路、田间道路建设力度，解决丘陵山区耕地落差大、坡度高、泥路多等问题，方便机具下田作业。强化农田"宜机化"改造培训，通过培训班、现场会、经验交流等方式，总结推广耕地"宜机化"改造经验，提高对农田"宜机化"改造的认识和政策水平。

# 第四章
# 丘陵山地农机农艺融合示范点建设探索

## 4.1 丘陵山地主要农作物机械化生产现状

### 4.1.1 甘蔗机械化生产现状

#### 4.1.1.1 甘蔗全程机械化生产背景

我国甘蔗种植主要集中在广西、云南、广东和海南等省份，形成了桂中南、滇西南和粤西琼北3个国家糖料蔗优势产业带。"十三五"期间广西甘蔗种植面积和产量分别占全国的64%和66%，是全国最大的产糖中心和原料蔗生产基地。"十三五"期间全国主产区甘蔗糖产量见图4-1。粮棉油糖都是国家确定的重要战略物资，因此国家一贯高度重视甘蔗收获机械化的发展进程，近年来，随着国家推进建设现代农业的脚步加快，我国农业机械化事业呈现出持续快速发展的态势。中央一号文件连续强调提升甘蔗生产农机化率；国务院发布的《中国制造2025》指出要重点发展甘蔗收获机械；2016年工业和信息化部发布《农机装备发展行动方案（2016—2025年）》，将甘蔗收获机列为实施重点；2019年农业农村部要求加快甘蔗收获技术与装备研发；2021年广西发布2020年第二批广西创新驱动发展专项（科技重大专项）项目，把整秆式智能甘蔗联合收获机列为科技重大专项。可见，从国家战略、广西经济发展和技术发展需要、满足现实市场需要等多方面因素看来，开发整秆式智能甘蔗联合收获机对广西意义重大，也是非常紧迫的需要，而高效低损智能整秆式中型甘蔗收获机又是最适合广西需要的机型。

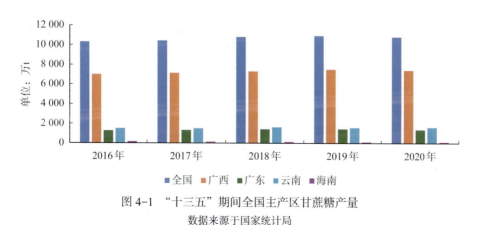

图4-1 "十三五"期间全国主产区甘蔗糖产量
数据来源于国家统计局

甘蔗作为重要的制糖原料，是我国南方的一种重要经济作物。2019/2020 年榨季，我国糖料总产量 12 169 万 t，食糖产量 1 041.5 万 t，其中甘蔗总产量 10 812.10 万 t，蔗糖产量 902.0 万 t，占国产食糖总产量的 86.6%。从甘蔗收获机械化水平看，世界各产糖大国普遍高于我国，澳大利亚 1979 年就已实现机械化，2005 年巴西也有 80% 的甘蔗实现机械化收获，而古巴则达到了 73%，许多发达国家的甘蔗收获更是已经实现全程机械化。

广西作为我国甘蔗生产第一大省份，在过去几十年里甘蔗机械收获率基本处于停滞状态，至 2002 年仅有 0.05%，直到 2013 年底才达到 4.32%。到 2021 年 3 月，广西甘蔗联合收割机数量达到 2 315 台（其中已完成购机补贴手续的为 1 605 台）。2015—2021 年，虽然广西的甘蔗收获机械化率增加了 4.6 倍，但是甘蔗联合机收率仍未突破 5%。2015—2021 年甘蔗主产区甘蔗收割机拥有量见图 4-2。

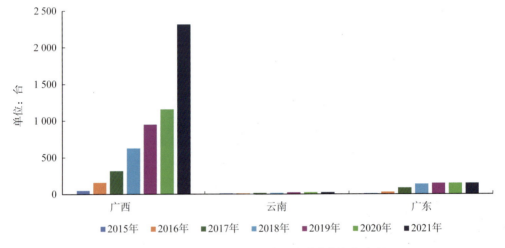

图 4-2　2015—2021 年甘蔗主产区甘蔗收割机拥有量

数据来源于农业农村部主要农作物全程机械化推进专家指导组甘蔗组

广西每年的甘蔗收获期通常在 11 月底到次年 4 月初之间，收割期约 130d。现在甘蔗种植量萎缩，12 月中旬开工，3 月中上旬就结束，收割季只有 90d 左右。种植面积的萎缩，一方面导致糖厂开工不足，糖厂效益差，对甘蔗的价格形成压制；另一方面，收获机的使用天数进一步减少，购机的经济效益也相应下降，进一步影响了机械化的推进。因此，若不及时找出一条适合我国国情的甘蔗收获机械化的道路，甘蔗种植面积将越来越萎缩，进而严重危及糖业的发展。

### 4.1.1.2　国外甘蔗机械化生产现状

国外针对甘蔗收获机械的研发起步较早，在 20 世纪 50 年代美国就开始应用简易式甘蔗收获机辅助人工进行甘蔗收获，到了 90 年代，美国佛罗里达州与路易斯安那州已经基本实现了甘蔗收获机械化。目前美国已经实现甘蔗生产全程机械化，收割甘蔗大部分使用大型联合收割机，美国凯斯旗下的 Austoft® 的甘蔗收获机被称为甘蔗收获机的"开山鼻祖"，从发明到后来的一步一步技术改进的进化史，几乎就代表了世界甘蔗收获机械化的发展历程。21 世纪初，伴随着世界甘蔗机械化发展如火如荼，Austoft® 甘蔗收获机进入智能化和系列化发展新时期。2006 年，在 Austoft7000 型甘蔗收获机上，装配了底刀跟踪系统用于自动控制切割蔗根的高度，进一步提高了机收速度和收获质量。2009 年，相继出品的 Austoft8000 型甘蔗收获机，具有完全集成的数据记录系统，同时提供一流的收割机吞吐量和卓越的甘蔗清洗能力。该 8000 系列机型可以通过自动生成包含所有相关收割和机器操作数据的 Excel 电子表格，减轻种植者手动管理大型设备车队的负担，性能得到进一步优化和提升。凯斯生产的 A8000 型甘蔗联合收获机已经配备了先进耕作系统（AFS™），该系统配备了车辆导航系统、农场管理软件、远程信息处理系统以及进行操作的交互式可定制的触摸屏，可以进行自动导航，实时监测产量、工作速度与燃油使用情况等信息，绘制生产区域的地图并进行测量、管理与分析，能够远程发送作业机械的监测信息并实现管理者与作业机械双向通信。2016 年，凯斯再次推出升级版 Austoft4000［图 4-3（a）］，增加了 40 个新功能，包括喂料辊高压轴密封装置、地头自动转弯系统和智能除杂风扇等核心技术应用，信息化、自动化、智能化水平进一步完善，显著提高了生产效率。2018 年，凯斯推出 Austoft 8810、Austoft 8010 甘蔗收获机，两款机型基于超过 18 000h 的现场测试，产品性能、生产效率和智能化水平得到全面提升。A8010 机型［图 4-3（b）］，可以轻松加装自动导航系统，具备发动机智能巡航（Smart Cruise）功能，底刀自动高度控制，标配 3 个监控摄像头，可以通过驾驶室内显示器观察收割情况，以便及时调整。2020 年，J.A. Celades-Martínez 等学者研究提出了一种使用 GNSS-RTK 信号验证 CTF 性能的方法论建议，验证了利用 Controlled Traffic Farming（CTF）技术通过控制车轮的转向来实现对甘蔗收获机的自动控制的可行性，由 GNSS-RTK 信号控制的农业交通系统可减小自动驾驶甘蔗收割机路径与地块中犁沟线之间的行程间隙，确定在农业机械中使用 GNSS-RTK 信号可以减少位移误差，降低运营成本。Lima 等学者利用传感器融合与 NARX 神经网络技术实时测量甘蔗的质量流量，传感器信号的融合提高了质量流量预测的准确性，NARX 神经网络可立即生成准确的质量流量数据，用以支持发动机旋转控制、收割机速度、清洁系统旋转、切碎刀片旋转和进料辊速度，以便实现甘蔗收获机自动化和作物监测。除上述切断式联合收割机外，20 世纪 90 年代在美国路易斯安那州还出现过高效率的甘蔗割铺机，其功率单行的为 165hp 左右，双行的在 225hp 左右。如图 4-3（c）（d）（e）（f）所示。

日本的甘蔗主要种植在冲绳、鹿儿岛等地的丘陵山地蔗田。种植环境与我国类似，并对我国甘蔗生产机械发展具有一定的参考价值。日本从 1945 年开始研发小型甘蔗收获机械，1956—1975 年通过对进口大型甘蔗收获机械的逆向开发，针对本国甘蔗种植模式和地块特点，将甘蔗收获的全过程进行分解，针对各工序研发分段式甘蔗收获机械，比如甘蔗割铺机、甘蔗剥叶机等，其代表机型有久保田的 NB-11K 型甘蔗割铺机与在日本冲绳地区使用的 MCH-30 型甘蔗收获机。

印度也有在丘陵山地大面积种植甘蔗，因此使用甘蔗割铺机较多，其中 Hanje Hydrotech 的 Sugarcane Harvester 甘蔗割铺机，如图 4-4（a）所示，采用 45hp 的动力，带有一个侧置的甘蔗抓手，能够抓取割铺后的甘蔗，并且使用鼓风机，将割铺过程的杂质去除。图 4-4（b）所示为 Krushi Chang 公司生产的 F16-M 甘蔗割铺机，整机的重量为 965kg，由于采用喂入口偏置设计，只能单方向进行收获，但是能够将切割后的甘蔗集堆在整机的后侧，便于后续的收获工序。

（a）凯斯4000型　　　　　　　　　　（b）凯斯A8010型

（c）CAMECO S-32　　　　　　　　　　（d）CAMECO S-30

（e）BROUSSARD 223　　　　　　　　　（f）CAMECO S-30

图4-3　美国甘蔗收获机

（a）Sugarcane Harvester 甘蔗割铺机　　　　　　（b）甘蔗割铺机F16-M

图4-4　印度甘蔗割铺机

国外还有诸多学者，通过研究收割机调节算法或收获模型来提升收获机效率。例如，伊朗学者 Bahadori，T 和澳大利亚学者 Norris，S 研究出的 SCHLOT 软件模型，通过收集收割机的相关参数，例如线性地面速度、风扇旋转速度、田间收获品种、甘蔗倒伏情况等数据，通过 SCHLOT 软件模型，调整 Austoft7000 甘蔗收割机的使用效果。

澳大利亚南昆士兰大学的斯图尔特麦卡锡等人为解决甘蔗割茬损失率高的问题，研究了一种基于遮光仪、摄像头的割茬高度调节算法，通过遮光仪、摄像头所获取的信息，通过算法运算后，自动调节收割机切梢机构，能降低甘蔗割茬损失。

美国华盛顿州立大学的 Scharf，P.A 等人通过建立数学模型，分析偏轨误差对甘蔗割茬损失的影响，得到结论为降低偏轨误差与减少甘蔗割茬损失呈正相关。

### 4.1.1.3 国内甘蔗机械化生产现状

我国甘蔗机械化收获起步较晚，已研制出的甘蔗收割机大多是仿照国外大型的收获机械，但国外适宜平原作业的甘蔗收获机械并不适应我国丘陵地区的甘蔗收获作业，且智能化程度低下。

20 世纪 60 年代末期，广西农机院率先开始研究甘蔗收获机械，随之诸多国内企业与学者也相继参与到甘蔗收获机研究中来。经过多年的发展，我国甘蔗收获机从最初只能实现单一功能的机型，发展到能完成收获多个工序的联合收割机。然而，由于主要采用传统设计方法和逆向开发的设计方法，导致目前国内的甘蔗收获机械依旧存在诸多问题。

20 世纪 70 年代初，广西农机院研制出了庆丰 4CZ-1 腹挂式甘蔗收获机。如图 4-5（a）所示，该机采用 35hp 的丰收 -37 拖拉机作为配套动力，其切梢器和扶蔗器采用液压马达驱动。这项技术当时处于国内领先水平，因此获得了 1978 年全国机械工业科学大会奖。这个机型的研制成功标志着国内甘蔗收割机研究迈出了重要一步，为后来的研究和发展奠定了坚实的基础。

1982 年，广西农机院研制成功了 4Z-90 型甘蔗收获机，该机搭载 90hp 柴油发动机，并采用液压马达驱动切梢器、扶蔗器和升运器。该机型的行走、切割、输送、切段、杂物分离风机等部分采用机械传动方式。此外，该机还配置有大胶片喂入滚筒、齿板式输送滚筒、滚筒刀砍式切段辊、轴流式分离风机、刮板式升运器等，这些技术配置当时处于国内领先水平。

（a）庆丰 4CZ-1 甘蔗收获机　　　　　　　　（b）4GZ-9 型甘蔗割铺机

图 4-5　广西农机院早期研制机型

2003 年，广西农机院与南宁手扶拖拉机厂联合开发了一款名为 4GZ-9 型的甘蔗割铺机，如图 4-5（b）所示。该机适配功率为 9kW 的手扶拖拉机，利用手扶拖拉机的动力，实现了切蔗、扶蔗、输送等功能，与甘蔗剥叶机搭配使用，成为国内最早的甘蔗分段式收获模式。

21 世纪以来，国内对甘蔗收获机研究投入大量精力、物力、人力，发展十分迅速，产品性能有了显著提高。广西大学等对小型丘陵地带甘蔗收获机的剥叶装置进行了研究，采用正交试验数值模拟的方法，结合剥叶装置的材料特性和工作特性进行数值模拟仿真试验研究。通过方差分析和回归分析对有限元计算结果进行分析，从而快速找到剥叶系统的最佳参数并用于改进剥叶装置关键部件的设计，有效减少了剥叶部件的应力，剥叶装置的可靠性也得到极大提升。广西大学邱敏敏、蒙艳玫等采用数值有限元模拟和实验设计方法，研究了内、外因素对切割质量的影响，在实验切割试验和理论分析的基础上，对数值模型进行了验证，采用正交试验方法研究切削系统参数的最佳组合，优化后的参数组合在切割试验中提高了切割质量。燕山大学的郭伟针对甘蔗收割机作业环境恶劣、路况复杂和驾驶员劳动强度大等问题，设计了一种甘蔗收割机自动导航控制系统，提出了一种控制转向的模糊 PID 控制算法和控制路径跟踪的模糊神经网络控制算法，利用 GPS 设备和甘蔗收割机搭建的试验平台进行了自动导航试验，试验结果满足设计要求，实现了甘蔗收割机的自动驾驶，为甘蔗机械化、自动化收割的研究奠定了基础。广西大学的陈远玲等针对甘蔗收获机在收获过程中智能化水平较低，依靠人工操作很容易对甘蔗收获机的运行状态产生误判，从而造成物流通道堵塞、能源浪费、收割效率低的问题，提出一种基于主成分分析（PCA）、遗传算法（GA）和支持向量机（SVM）状态识别模型。通过实地采集甘蔗收获机刀盘轴、行走轴、切段轴和风机轴扭矩和行驶速度特征信息，然后采用 PCA 进行数据降维，最后利用 GA 优化参数，使用每个特性信息来训练 SVM，对甘蔗收获机运行状态进行分类，PCA-GA-SVM 状态识别模型对甘蔗收获机运行状态的识别准确率为 93.75%。西南大学的黄敏等学者设计了一个基于线性调频连续波雷达（LFMCW）的甘蔗垄高实时检测图形用户界面（GUI），实现甘蔗垄高实时检测的仿真，不同于基于压力传感器、超声波测距雷达和图像识别的甘蔗 – 土壤分界面等甘蔗地垄高自动检测技术，微波频段的 LFMCW 雷达不仅具有较强的穿透能力，且传播速度快、测距时间短、响应时间间隔小，能实现实时检测，并且还可以穿透植被等覆盖物的遮挡到达土壤表面。该仿真算法能够处理杂波等造成的干扰，经过信号处理后的检测误差能够满足甘蔗垄高检测的要求。目前国内切断式甘蔗收获机生产厂家的主要代表有洛阳辰汉农业装备科技股份有限公司、中联重科股份有限公司、柳工农机有限公司和雷沃重工股份有限公司等。中联 AS60 切断式甘蔗收获机，如图 4-6（a），对发动机、扶蔗滚筒、根刀、喂入通道及电液控制系统进行优化，实现无级变速，较好地控制含杂率，实现宿根保护。柳工农机的主推产品包括 4GQ-180 型、S935 型、S918 型切断式甘蔗收获机。S918 型甘蔗收获机，如图 4-6（b），集成柳工物联网管家系统，随车配置有高举升甘蔗收集自卸斗，无须跟车作业，整车运用电控液压技术实现功率匹配。

整秆式甘蔗联合收获机的产品相对较少，主要有广西国拓重机科技有限公司、山西平阳重工有限公司等的产品。广西国拓重机对甘蔗收获机已经开展了长达 9 年的专项研究，成功研发了 4GL-1-Z92A 型及 4GL-1-Z199A 型等整秆式甘蔗收割机（图 4-7），产品系列能够适应 0.85 ~ 1.6m 甘蔗行距范围，生产率可达到每小时 10 ~ 18t 甘蔗。产品以电 - 液控制技术为核心，能很好适应田间作业环境，以及完成极其复杂的作业动作。中型机 4GL-1-Z92A 型整秆式甘蔗联合收获机于 2015 年通过了广西农机鉴定站的推广鉴定，并已进入当年的补贴目录。

（a）中联 AS60　　　　　　　　　（b）柳工 S918 型

图 4-6　两款甘蔗收获机

图 4-7　广西国拓重机产品

## 4.1.2　茶园机械化生产现状

### 4.1.2.1　茶园全程机械化生产背景

　　茶叶是我国丘陵山地主要经济作物，近年来我国茶叶产量及种植面积持续增长，截至 2021 年，我国茶叶总产量达 316 万 t，种植面积达到 4 896 万亩，如图 4-8 所示，产量和种植面积均占世界总量的一半左右。我国茶叶种植区域主要集中在江南、华南、西南及西北地区，另外在台湾省、甘肃省、西藏自治区等多个分散区域也有少量种植。在茶叶加工连续化的产业背景和提质增效的产业需求下，茶叶机械化生产成为我国茶产业发展的必经之路。茶产业是天然的一二三产融合产业，也是许多地区助力乡村振兴的支柱产业。发展茶叶机械化对助力茶产业提质增效、促进高质量发展、助推乡村振兴战略实施等，具有重要的意义。广西计划到 2025 年茶园面积发展到 320 万亩，其中六堡茶 140 万亩。广西 2021 年茶叶种植面积约 150 万亩，其中约 60% 在大于 25°的丘陵山地上，20% 处于 15°以下的缓坡地形，适用于中小型机械作业。

按照生产环节，可将茶叶机械分为茶园作业机械和茶叶加工机械两类。目前，我国茶叶加工机械企业有 400 多家，主要集中在浙江、安徽、四川和福建等省份。茶园专用机械缺乏。现阶段我国几乎没有专门用于茶园耕作的机械，主要还是借用其他行业已有的耕作设备，而传统的农业耕作机械往往又无法适用于茶园，导致各类茶园机械产品与农艺融合出现障碍，形成了产品市场乱而杂的局面。

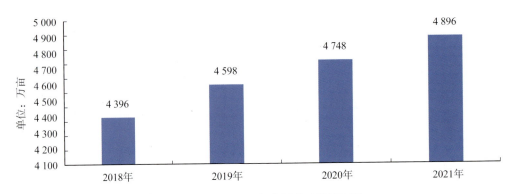

图 4-8　2018—2021 年我国茶叶种植面积

### 4.1.2.2　国外茶园机械化生产现状

茶园作业机械分为垦植机械、耕作机械、植保机械、修剪和采茶机械等类型。在研发方面，茶园作业机械的机型质量和性能方面尚需进一步改进，总体水平与日本相比存在较大差距；日本川崎、落合刃、川崎机工、松元机工都有生产乘坐式修剪机，日本三菱等都有生产手持式设备，如图 4-9 所示。在推广使用方面，使用率及普及度都不高，90% 以上的采茶机和修剪机仍为日本机型，一些山区的茶园管理依旧以人力为主。

### 4.1.2.3　国内茶园机械化生产现状

从 20 世纪 50 年代至今，茶园作业机械经历了萌芽阶段、探索阶段和现今的初步发展阶段。其间，茶机研发人员逐步研制了符合实际需求的茶园耕作机、茶树修剪机等作业机械，尤其以南京农业机械化研究所为代表开发了"一机多用"的多功能茶园管理装备，使茶园作业机械有了新的发展。目前，已有部分地区达到了茶园作业机械化生产水平，如山东日照市、浙江武义县等。

对于平坦茶园机械，南京农业机械化研究所肖宏儒研究员等研发了茶叶机械化采摘技术装备，大多数产品都是在引进国外产品的基础上，通过消化吸收再创新实现的。与国外进口产品相比，国内开发的类似机型存在结构复杂、成本较高的问题，如图 4-10 所示。

对于茶叶 60% 以上种植在海拔相对较高的山区，种植地坡度较大，采用随坡而种或梯田种植，作业面较小或不平整，普通茶园机械无法进入作业。其次，茶叶种植以家庭为单位的小农户经营，集约化、规模化经营占比小，茶园布局不规范，大多没有机械作业通道，不便于机械化管理，这对茶叶采收机械提出了更高的要求，多是一些通用的机械。如图 4-11 所示。

日本川崎产品

日本三菱生产的手持式设备

松元机工产品

落合刃产品

图 4-9 日本的茶叶机械化设备

研发的茶叶机械化采摘技术装备

山地履带式多功能茶园管理机

果茶园开沟机

图 4-10 南京农业机械化研究所研发的系列机械

茶园深耕机

背负式单人采茶机

电动式单人修剪机

小型背负式吸虫机

图 4-11　国内其他类型的小型茶叶机械

## 4.1.3　油茶机械化生产现状

### 4.1.3.1　油茶果园全程机械化生产背景

我国是油脂油料极度缺乏的国家，对外依存度高达 69% 以上，油料作物的种植意义重大。我国特有的木本食用油料树种——油茶树，已有 2 000 多年的栽培和食用历史，与油橄榄、油棕、椰子并称为世界四大木本油料植物。截至 2020 年底，全国油茶种植面积达到 6 795 万亩，主要分布在广西、云南、湖南、江西等省份，全国各地油茶面积如图 4-12 所示，并且每年还在以 200 万亩的速度增加。茶油产量 62.7 万 t，平均亩产茶油仅约为 10kg。传统油茶进入盛果期慢、丰产不稳产、大小年差异大等问题长期困扰着产业的发展。2023 年 1 月，国家林业和草原局、国家发展和改革委员会、财政部联合印发《加快油茶产业发展三年行动方案（2023—2025 年）》（以下简称《三年行动方案》），明确目标为：3 年新增油茶种植面积 1 917 万亩、改造低产林面积 1 275.9 万亩，确保到 2025 年，全国油茶种植面积达到 9 000 万亩以上、茶油产能达到 200 万 t。截至 2021 年底，广西油茶种植面积 860 万亩，产茶籽 45 万 t，总产值 400 亿元。

借鉴宋彩平、孔浩、杜燕妮、陈向华等人的分类方式将全国油茶种植区域划分为东部（江苏、浙江、福建、广东、广西、海南）、中部（河南、湖北、江西、安徽、湖南）和西部（陕西、四川、重庆、云南、贵州）三大地带。

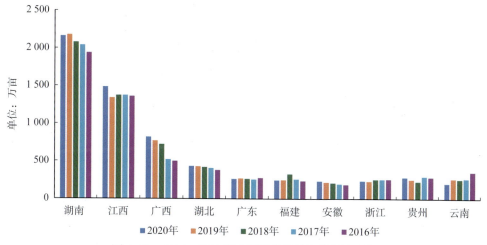

图 4-12　2016—2020 年全国部分省份油茶种植面积

油茶四季常绿、根系发达、耐干旱，可不占用耕地与较好林地，种植在瘠薄平地、荒地与荒山林地，有极强的适应能力。其耐低温抗霜冻，有较好的防火效果与抵御病虫害性能。因此种植油茶既可以充分利用边际土地，绿化荒山、保持水土，又可以促进生态脆弱区的植被恢复，改善生态环境。油茶树寿命长，适应性强，丘陵、山地、沟边、路旁均能生长。近年来，作为高档食用油的茶油，其市场前景看好，综合加工利用前景广阔。

目前，油茶果的采摘还是采用手工采摘，安全性不高，随着劳动力成本的增加，油茶采摘成本大幅增加，而且广西油茶采摘期恰逢甘蔗收获期，常面临无劳动力的局面，这些情况直接导致了大面积种植的油茶园无法收获、茶果落地损失，采摘人力成本飙升、终端产品市场竞争力不强，整体表现为收获环节的不稳定为后续的产品质量、产量及市场认可度等都带来了不稳定的因素，最终体现为无法形成稳定的客户需求和饮食习惯，无法形成稳定的衍生产品市场。

如图 4-13 所示，广西油茶种植基本处于丘陵山地，培育和收获需要大量人工。

首先，广西油茶林地多位于丘陵山区，受机械研发和应用的限制，油茶机械化应用水平较低，目前油茶采收还是以人工采摘为主。广西油茶果成熟多在立冬前后，适宜采收期仅 10d 左右，如不及时采收，就会有大量落果造成减产，而过早采收则油脂未完成充分转化，也会导致减产，油茶采用工紧张是油茶产业发展长期存在的问题。其次，多数地区油茶采收时间和甘蔗采收时间重叠，常面临无劳动力的局面，这些情况直接导致了采摘人力成本飙升（如 2022 年广西来宾市油茶采摘费用为 0.9 元 /kg，油茶果收购价为 2.2 元 /kg，采摘费用占比超过四成），大面积种植的油茶林无法及时收获，茶果落地损失大。最后，农村中青年劳动力从事野外繁重体力劳动意愿不强，传统林业经营劳动用工供求日益紧张，普遍存在"用工难"问题。随着油茶林面积扩大，用工矛盾愈加突出。

但目前市场无成熟的油茶果机械化、自动化采摘收集装备，特别是兼顾丘陵山地的行走机构和便携式收获机械，因此，研制油茶采摘设备对于促进油茶产业的发展和升级，对乡村振兴和油料安全具有重要意义。

图 4-13 传统油茶生产场景

传统油茶品种具有"花果同期"特点，直接套用国外成熟的油橄榄收获方式容易对花造成损伤而影响第二年的结果，经过改良和品种选育工作，新的油茶品种开花时间有所推迟，进而为机械化创造了条件。

《中共中央 国务院关于做好 2023 年全面推进乡村振兴重点工作的意见》指出，支持木本油料发展，实施加快油茶产业发展三年行动，落实油茶扩种和低产低效林改造任务。同时提出加快先进农机研发推广，加紧研发大型智能农机装备、丘陵山区适用小型机械和园艺机械。

国家林业和草原局、国家发展和改革委员会、财政部印发的《三年行动方案》提出，开展油茶高产稳产新品种选育和机械装备研发等技术攻关与示范。开展"以地适机"试点，推进除草施肥、茶果采运等现代机械装备应用。推广轻简宜机的宽窄行种植模式。

广西壮族自治区人民政府《关于印发广西科技创新"十四五"规划的通知》（桂政发〔2021〕39 号）在"第七章强化乡村振兴科技供给，夯实农业科技创新基础""现代种业"部分提出"运用现代生物育种技术，加快培育高产、优质、高效、高抗、广适、适合机械化等目标性状突出的农业新品种。"在"现代林业"部分提出"开发山地丘陵智能化、轻量化、多功能化的林木种植和采收机械装备。"

### 4.1.3.2　国外油茶果园机械化生产现状

国外机械式采摘方法主要有齿梳式、振动式、气动式、剪切式等方法。振动式又分为振摇式和推摇式采摘方法，适用于果树韧性较好、果实成熟时间相差少的林果采摘；而齿梳式采摘适用于果实分布在果树表层，果实颗粒不是太小的干果采摘。国外林果生产全程机械化已发展近百年，农机农艺融合均较为成熟，BLanco 等采用振动机械对油橄榄进行采收研究，发现采用不同振动频率进行分批采收可以明显提高采收率；Refik Polat 等研究了开心果最大果去除率的最佳频率和振幅、振动筛的收获率以及与其他收获方法的比较；Zhou 等用高速相机拍摄了樱桃脱落过程的位移轨迹，分析了振动频率对果实脱落速度和损伤的影响。国外油茶生产机械主要产品有：西班牙厂家 agromelca SL 生产的 VT00-XT10 CLASSIC 系列，意大利厂家 BOSCO 生产的 olivspeed 系列，意大利厂家 SPEDO 生产的 Fruipick 系列，便携式厂家意大利 ACTIVE 生产的 OLIVATOR 系列，意大利 Brumi 生产的 Brumirak 和 ELECTRONIC SHAKERS 系列。如图 4-14 所示。

西班牙 VT00-XT10 CLASSIC

意大利 olivspeed

意大利 Fruipick 系列

意大利 OLIVATOR 系列

意大利 Brumirak

图 4-14　国外油茶收获机械产品

### 4.1.3.3 国内油茶果园机械化生产现状

油茶果机械化采摘装置方面，李赞松设计了一种振动式油茶果采摘试验台；罗时挺等设计了一种齿梳拨刀式油茶果采摘装置；饶洪辉设计了一种电动胶辊旋转式油茶果采摘执行器；安徽农业大学设计了振动式油茶果采摘试验台；江西农业大学设计了齿梳拨刀式油茶果采摘装置；江西农业大学设计了电动胶辊旋转式油茶果采摘执行器；中南林业大学设计了履带式一体振动采摘机；广西科技大学开发了便携式振动采摘机，并研究利用已开发的模块化多用途农机装备升级振动收集装置。

## 4.1.4 桑园机械化生产现状

### 4.1.4.1 桑园机械化生产背景

桑园机械化生产是指利用农业机械和设备，对桑园生产过程中的不同环节进行机械化处理，以提高桑园的生产效率和产品质量。桑业作为一种重要的农业产业，具有悠久历史、丰富的文化内涵和经济价值。我国是世界上最早种植桑树和利用桑叶、桑果等资源的国家之一，桑园机械化生产具有广泛的应用前景。

随着我国东部地区经济的飞速发展，土地资源日益减少，劳动力成本不断提高，种桑养蚕在东部地区已逐步失去优势，出现明显的滑坡趋势。我国中西部地域辽阔，人力资源丰富，且桑树具有顽强的生命力和适应性，生长周期短，容易成林，不仅可绿化环境，固沙防风，涵养水源，净化空气，还可以取得较高的经济效益。目前，桑产品可分为蚕桑、果桑、饲料桑、食用桑等，以摘取桑叶养蚕而栽培的桑树称为蚕桑；以产桑葚为主、果叶兼用而栽培的桑树称为果桑；以收获桑叶和嫩枝作为动物饲料添加剂而栽培的桑树称为饲料桑；以收获桑叶作为食用或制作茶叶而栽培的桑树称为食用桑。目前各类桑园主要采用人工作业模式，由于人工成本的不断上升，西部的桑园基地同样面临着成本上升、劳动力短缺的困境。如果无法有效解决上述问题，将使作为丝绸重要原料的桑蚕丝生产逐步向成本更低的国家转移，进而使代表我国文化的传统丝绸技艺的传承发生重大风险。

党的二十大报告号召加快建设农业强国，蚕桑产业作为我国传统优势特色产业，也将迎来新一轮产业结构优化和转型升级的发展契机。广西壮族自治区是我国蚕桑产业的重点省份，目前已具备蚕桑新品种选育和种养技术成熟、生产经营主体成熟、产品市场成熟、科技服务成熟等产业发展优势。广西河池市宜州区位于亚热带季风气候区，自然条件优越，在国家"东桑西移"战略的影响下，蚕桑产业成为广西"10 + 3"现代特色农业产业中的10大种养产业之一。

蚕桑具有生长期长、耐剪伐、种植密度大、蛋白质含量高等特点。但目前，蚕桑生产大都通过人工进行，劳动强度大、成本高、效率低，严重影响蚕桑产业的进一步发展，与水果、蔬菜、茶叶等的生产机械化水平相比，蚕桑生产机械化程度还有较大差距。由于人工成本的不断上涨，蚕桑生产基地面临着成本上升、劳动力短缺的问题，桑园机械的研发滞后于蚕桑产业的发展，严重阻碍了蚕桑产业的可持续健康发展。近年来国家高度重视，先后发布的文件如表4-1所示。

表 4-1 国家颁布的蚕桑产业相关文件

| 年份 | 颁布部门 | 政策法规 |
|---|---|---|
| 2016 | 商务部办公厅、农业部办公厅 | 《关于加强 2016 年度全国桑蚕种、茧、丝生产引导工作的通知》 |
| 2016 | 商务部 | 《茧丝绸行业"十三五"发展纲要》 |
| 2017 | 商务部 | 《关于开展规模化集约化蚕桑示范基地建设，推进茧丝绸产业提质增效的通知》 |
| 2020 | 农业农村部 | 《2020 年种植业工作要点》 |
| 2020 | 工业和信息化部、农业农村部、商务部、文化和旅游部、国家市场监督管理总局、国家知识产权局 | 《蚕桑丝绸产业高质量发展行动计划（2021—2025 年）》 |
| 2021 | 商务部 | 《商务部关于茧丝绸行业"十四五"发展的指导意见》 |

智研咨询发布的《2022—2028 年中国桑园种植行业市场全景评估及发展趋势预测研究报告》显示：2013—2018 年，我国桑园面积呈下降趋势，但最近两年桑园面积缓慢增长，截至 2020 年全国桑园面积 1 146.45 万亩，同比增长 1.2%，见图 4-15。

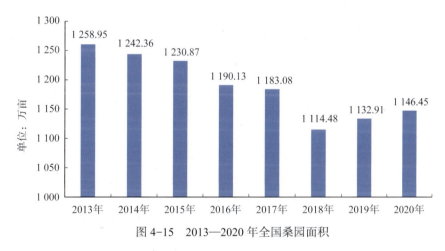

图 4-15 2013—2020 年全国桑园面积

从全国桑园种植面积区域分布来看，2020 年，西部地区桑园种植面积 821.4 万亩，占全国的 71.6%；中部地区桑园种植面积 156.3 万亩，占全国的 13.6%；东部地区桑园种植面积 168.7 万亩，占全国的 14.7%。不同省份茶园分布不一。经过调研，2020 年，广西桑园种植面积 298.2 万亩，占全国的 26%，位居全国第一；第二位是四川，桑园种植面积 230.9 万亩，占全国的 20.1%；第三位是云南，桑园种植面积 100 万亩，占全国的 8.7%；陕西、重庆、浙江、安徽、江苏、山东、广东桑园种植面积挤进全国前十位，桑园面积分别为 82.7 万亩、74.7 万亩、44.5 万亩、43.7 万亩、43.6 万亩、39.5 万亩、34.8 万亩，占比分别为 7.2%、6.5%、3.9%、3.8%、3.8%、3.4%、3%。如图 4-16 所示。

通过前期的工作，初步形成了一种模式，即以家庭为单位，以 10 亩桑园种植饲料桑并养蚕，从育苗机构领取四龄蚕进行养殖，一个月收茧两次。一亩盛投产期的桑园，春季一次可采叶 800kg 左右，正秋（8—9 月）可采叶 600 ～ 800kg，晚秋（9—10 月）可采 300kg 左右，一次能养约 0.5 张蚕，考虑到规模养殖以及管理水平，按照平均产叶 500kg 计算，养蚕 1 张。1 张蚕种有 25 000 头蚕左右，可以产蚕茧 40 ~ 50kg，如果按照 1 个月收蚕茧两次计算，1 亩桑园产出的桑叶供应 1 张蚕种，1 个月将收获蚕茧 80kg，按照 60 元 /kg 价格计算可得 4 800 元。通过机械化生产预计可提升桑园效率 10 倍，若按照 8 倍计算，意味着一个家庭通过承包 10 亩桑园可以获得月收入 38 400 元。

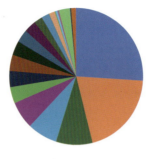

■ 广西　■ 四川　■ 云南　■ 陕西　■ 重庆　■ 浙江　■ 安徽
■ 江苏　■ 山东　■ 广东　■ 湖北　■ 河南　■ 江西　■ 湖南
■ 河北　■ 山西　■ 甘肃　■ 贵州　■ 海南　■ 黑龙江

图 4-16　2020 年各地桑园面积分布

目前，广西蚕桑生产机械化存在的问题主要体现在以下三个方面。

一是基础设施限制了农机的使用。由于广西大部分桑园在规划初期并未考虑机械化作业，园区基本上未经过土地平整，桑园大多分布在丘陵山区，零星分散，园内坡度大，行间间距小，土壤条件差，缺乏水源，农机化生产道路、提灌排灌等基础设施落后，导致农机难以进入桑园作业，机械很难发挥作用。

二是农机与农艺不融合。广西主要采用"6215"桑园栽植模式，是指在相对集中、水肥条件较好的田地里按照宽行 6 尺*，窄行 2 尺，株距 1.5 尺的三角形错位栽植，宽行套种粮经作物，窄行栽桑，亩栽桑 1 000 株左右，并可采取机械化耕作的栽培模式。

三是机械适应性差。目前，桑园生产机械主要是在果园管理机械的结构基础上加以改进，大多以手扶拖拉机或小功率多用底盘为动力，以犁和旋耕机为配套机具，除草机采用其他作物定型的机具，目前还没有专门针对桑园的机型。

针对以上问题，通过科研项目实施全面提升蚕桑园的机械化生产水平，对桑蚕产业的桑园标准化建设、专业合作社发展及产业模式升级等方面进行探索，具体如下：

**（1）推进桑园标准化建设**

广西蚕桑园机械化水平低，主要原因为桑园规模小且桑树种植标准不同，建设标准化和规模化桑园势在必行。同时，探索和完善桑园机械化作业体系，总结出一套适合广西的桑园机械化配套技术，规范机械作业规程，提高机械化应用水平。

**（2）促进专业合作社发展**

通过建立桑园机械化示范基地，完善桑园基础设施建设，在示范基地开展桑园耕地、

---

　　* 尺为非法定计量单位，1 尺等于 1/3m。

施肥、收割等环节机械化作业，以点带面，走集约化、省力化、标准化发展之路，并以基地为中心，辐射和带动周边桑农使用桑园管理机械。同时，可通过大力发展专业合作社，利用专业合作社的组织服务功能，建立信息平台，实现跨区作业和服务，促进机具的高效利用，提高机具的使用率，促进蚕桑产业节本增效。

**（3）加速产业模式升级**

研发先进适用的机具，并对创制的机具进行试验、示范、推广和应用，解决关键环节的技术瓶颈。通过科研人员不断更新自己的专业知识，坚持科技创新，走小型化、智能化、多功能化、系列化道路。按照现代化蚕桑树合理密植的科学要求，通过机械化作业实现规模化蚕桑树种植，提高蚕桑园的生产效益和可持续发展水平。针对蚕桑生产环节的机械化作业需求，研发适用于广西蚕桑生产园区典型丘陵山地的多功能铰接模块化动力底盘，开展面向蚕桑生产耕种管收作业环节的旋耕、移栽、开沟施肥、修剪打捆农机装备关键技术攻关及样机开发，建立农机农艺相融合的桑园机械化生产模式及示范基地，开展推广应用示范。

综上所述，桑园机械化生产的前景非常广阔，机械化生产也势在必行。

#### 4.1.4.2　国内外桑园机械化生产现状

**（1）国内产品和技术研究应用**

①目前国内桑园生产机械化面临的问题主要有三点：基础设施与栽植农艺较差，宜机条件缺乏；蚕农对蚕桑机械化认知度和参与度不足，现有蚕桑机械多以林业部门扶持为主导；科研基础薄弱，适宜装备缺乏。

②桑园的主要工作：桑园生产管理主要包括种植、施肥、除草、防治病害、采叶、剪枝等。

栽桑树：几乎全部人工用锄头打窝栽植。当前，重庆某企业研制了栽桑树的打孔机，但由于资源有限，推广应用不乐观。调研中，桑户反映，现有桑园的桑树品种，以服务养蚕为主，饲料桑、果桑等几乎没有。

施肥：多数采用人工雨前直接撒施尿素。调研中，桑户对长期使用化肥可能造成土壤板结等问题无清醒认识，对土壤灌施有机肥了解甚少。

除草：多数采用人工直接喷施除草剂，少量采用人工割草。调研中，桑户认为使用除草剂可收到方便、快捷、节本的功效，但对长期过度使用除草剂可能造成的危害无清醒认识，对机械化除草（如除草机）了解甚少。

防治病害：多数采用背负式喷雾器喷施，少量大户采用推车式机动喷雾机施药。个别大户尝试过无人机施药，但多数桑户对施药效果表示怀疑，暂不接受。桑户反映，背负式喷雾器对近距离喷施高约1.8m的桑树桑叶，很担心有药物中毒危险。因此，一般尽量避开晴天、闷热、多风时施药。

采叶：目前采叶的主要方式有草桑的枝伐和木桑的采叶，广东采用草桑的枝伐方式，而广西等地区采用的为采叶。主要原因：一是桑枝伐后不能及时长出，叶片大小、厚薄等均受影响，导致桑叶质量和产量大幅下降；二是桑枝伐后，要尽快催生长枝长叶，必将大量增加化肥施用量，导致化肥成本急剧增加。

重庆某企业研制了简易式采桑器，推广应用不乐观，引进矮化树种也在考虑中，桑叶采摘仍是一大技术难点。广东桑枝伐设备如图4-17所示。

图 4-17　国内改造的桑枝伐收获机

但上述草桑机械在广西使用时，明显出现不适应，木桑在切割后输送和打捆过程中卡滞在机构中，同时由于木桑切割时需要更大的动力而草桑机械无法满足，还存在离地间隙过低推倒桑树等问题，如图 4-18 所示。

木质桑条卡在输送机构中

修剪机构力度不够　　　　　　　　离地间隙不足

图 4-18　桑枝伐机在广西农艺农机融合差

剪枝及枝条处理：多数采用传统剪刀人工剪枝，少量采用电动枝剪。枝条处理的方式有回收提取生物制品、直接堆弃、作为燃料、饲料、粉碎还田等。

**（2）国外产品和技术研究应用**

目前开展桑蚕生产的国家除中国外，还有日本和韩国。日本和韩国的桑园机械化生产主要通过手持式、斜挎式或小型机械完成。印度等国借鉴芦苇牧草等打捆机械也进行了一些探索。如图 4-19 所示。

图 4-19　国外一些桑园作业装备

## 4.1.5　水稻机械化生产现状

### 4.1.5.1　水稻全程机械化生产背景

我国是世界上最大的水稻生产和消费国之一，水稻年产量一直保持稳定增长态势。我国水稻常年种植面积 3 000 万 $hm^2$，近几年由于稻谷价格持续走低，种植成本提高，农民种植积极性有所减弱，2016—2021 年全国水稻播种面积见图 4-20。

图 4-20　2016—2021 年全国水稻播种面积

数据来源：国家统计局

近年来，虽然水稻种植面积下降，但总产量保持稳定增长。2020 年，我国稻谷产量 21 186.0 万 t，同比增长 1.1%；2021 年全国稻谷产量 21 284.3 万 t，比上年增长 0.46%。随着未来我国农业供给侧结构性改革的深入，大米消费量将持续提高，稻谷产量将波动变化，向供求平衡的方向发展。2016—2021 年全国稻谷产量见图 4-21。

图 4-21　2016—2021 年全国稻谷产量

数据来源：国家统计局

我国水稻种植区域以南方为主，并越来越向优势区域集中，其中尤其向长江中下游和黑龙江水稻产区集中更为明显。目前南方稻区约占我国水稻播种面积的 94%，其中长江流域水稻面积已占全国的 65.7%，北方稻作面积约占全国的 6%。由于我国水稻种植区域广、气候差异大、土地集中程度不等，形成了水稻种植品种多样、种植制度和种植方式复杂多样。经多年的努力，已形成了以机插秧为主的多种机械化种植并存的发展格局，但各地机械化水平差距较大。

水稻生产全程机械化主要包括耕整地、种植、田间收获和谷物干烘等环节。截至 2021 年底，我国水稻生产综合机械化水平为 85.59%，其中，耕、种、收水平分别为 98.82%、59.11% 和 94.43%，种植机械化水平相对较低，仍是全程机械化的短板。中央一号文件多次强调要加快补齐水稻机械化种植短板，进一步提升水稻全程机械化水平。因此，大力发展水稻生产全程机械化，尤其种植机械化是发展重点，对加快推进水稻生产全程机械化，促进农业节本增效具有重要意义。

### 4.1.5.2　国外水稻机械化生产现状

#### （1）国外水稻直播机械研究状况

欧美国家水稻生产全程机械化水平较高，以机械化直播方式为主。水稻直播机一般都与小麦条播机通用，主要有机械式和气吹式，如德国的 Amasone、意大利的 MaterMacc 和 Maschio Gaspardo 以及美国的 John Deere 等，均研发了机械式和气吹式直播机系列机型。机械式直播机通过地轮驱动槽轮式排种器和施肥器，种子和肥料分别经排种管和施肥管落入种沟和施肥沟中，最后覆土镇压。气吹式直播机先通过机械式排种器（大槽轮）将种子连续地排入导种管，风机产生的气流，使种子和气流混合进入分种器中，分种器分种后通过排种管落入种沟中，由覆土镇压装置对种子覆土和镇压。图 4-22（a）为德国 Amasone 公司生产的 AD-P 系列集排式播种机，图 4-22（b）为美国 John Deere 公司生产的 BD11 系列机械式谷物直播机，播种量为 150kg/hm² 以上，两者作业速度均达到 10km/h。

日本的水稻种植基本实现了机械化，主要有插秧、水直播和旱直播等方式，插秧机普及率达 99.8%。20 世纪 60 年代，日本水稻直播技术研究曾迎来高峰，以机械化条播为主，久保田、井关、三菱和洋马等公司研发了与乘坐式插秧机底盘配套的水直播机，该机可仿形作业，同时开出播种沟，槽轮排种器将包衣种子以条播的方式播于泥面后由覆土器覆土。20 世纪 70 年代，韩国从日本引进水稻机械插秧技术，根据水田和旱地直播的需要，韩国研发了一种新型水稻多功能覆土直播机。该机以轮式拖拉机底盘为配套动力，采用搅龙平整土地和消除轮辙，稻种和肥料分别排入种沟和施肥沟中并覆土，可以水旱两用。日本和韩国的插秧机企业利用插秧机动力底盘的优势，先后开发出多种水稻直播机机型，如图 4-23 所示。

（a）德国 AD-P 系列集排式播种机

（b）美国 BD11 系列机械式谷物直播机

图 4-22　欧美国家的水稻直播机

（a）日本气力辅助式水稻条播机

（b）韩国新型水稻覆土直播机

（c）日本久保田水稻穴直播机

（d）日本矢崎水稻穴直播机

（e）韩国东洋水稻穴直播机

（f）韩国大同水稻穴直播机

图 4-23　日本和韩国的水稻种植机械

**（2）国外水稻收获机械研究状况**

欧美各国大型谷物联合收获机使用已非常广泛。以大型谷物联合收获机为主，有 John Deere、CNH、AGCO 和 CLAAS 等品牌，这些机械设备的突出表现为产品大型化、系列化、功能模块化、智能化和动力环保化，如 2017 年 AGCO 以 Massey Ferguson、Challergerhe 和

Fendt 品牌，推出了功率 475 ~ 60ps 的理想（IDEAL）双纵轴流谷物联合收获机；2019 年 John Deere 推出了 10 级、11 级 X9 双纵轴流谷物联合收获机，最大功率高达 690ps；CNH 以 CASE 的单纵轴流技术路线 Axial-Flow 和 New Holland 的双纵轴流技术路线 Twin Rotary 规划了 10 级与 11 级产品 5M、6M 系列，并进入开发阶段，如图 4-24 所示。

（a）约翰迪尔 X9 联合收获机

（b）凯斯 6088 轴流滚筒联合收获机

（c）纽荷兰 CR9090 联合收获机

（d）克拉斯 LEXION 系列联合收获机

图 4-24　欧美品牌联合收获机

日本和韩国等则以小型谷物联合收获机为主，品牌主要有洋马和久保田，日本的水田作业环境与我国较为接近，洋马和久保田公司为适应这种作业环境研制开发的小型谷物联合收获机性能好，代表机型主要有久保田 4LZ-4（PRO988Q）全喂入履带式收获机、洋马 AW85G 全喂入收获机、大同 DXM858G 半喂入联合收获机等，如图 4-25 所示。

### 4.1.5.3　国内水稻机械化生产现状

#### （1）国内水稻直播机械研究状况

我国水稻直播历史悠久，但由于配套的农艺技术问题没有得到很好的解决，汉朝以后逐渐发展为以移栽为主。20 世纪 50 年代开始，我国逐步开展对水稻直播机械的研究。早期的水稻直播机主要是以上海沪嘉 2BD 系列水稻直播机为代表的独轮简易式水稻条播机，通过外槽轮排种器直接将种子播于泥面。

随着我国土地流转的加速推进，一些大型农场需要作业效率更高的水稻精量穴直播机。南京农业机械化研究所研究成功一种 33 行气力集排式水稻直播机，该机采用折叠式机架，作业幅宽 8m，作业速度 10km/h，作业效率 5 ~ 7hm²/h，可满足大型农场及其他规模化种植主体的作业要求［图 4-26（a）］。

华南农业大学杨文武等研究成功了与轮式拖拉机配套的 21 行水稻直播机，采用液压折叠方式，方便转移，可自动消除轮辙，自动仿形和同步开沟起垄作业，作业效率高、作业效果好［图 4-26（b）］。

（a）久保田 PRO988Q 全喂入式联合收获机

（b）洋马 AW85G 水稻收获机

（c）大同 DXM858G 半喂入联合收获机

图 4-25　日本和韩国品牌水稻联合收获机

　　国内一些农机企业也先后开展了水稻精量穴直播机的研发。南通富来威农业装备有限公司研发的与乘坐式插秧动力底盘配套的 2BDX-10 型水稻穴播机［图 4-26（c）］，采用旋转勺进行排种，实现了有序播种。上海向明农机有限公司制造的 2BD-12 型水稻直播机［图 4-26（d）］采用带式排种器，使整机质心前移，但由于输种管太长，成穴性较差。上海青育农机服务有限公司生产的 2BDX-8A 型点穴式水稻直播机［图 4-26（e）］，上部采用槽轮连续供种，下部采用鸭嘴式排种管间歇开合的方式实现穴播，成穴效果较好，但是播量调节较为困难，种子破损率较大。南通丰盈机械有限公司生产的 2BDX-10 型水稻穴直播机［图 4-26（f）］采用勺轮式排种器实现穴播，通过更换取种勺可改变播种量。

（a）33 行水稻直播机

（b）21 行水稻精量穴直播机

（c）2BDX-10 型水稻穴播机

（d）2BD-12 型水稻直播机

（e）2BDX-8A 型点穴式水稻播种机

（f）2BDX-10 型水稻穴直播机

图 4-26　国内的水稻直播机

华南农业大学罗锡文院士团队基于农机农艺融合，以机械精量穴直播为核心，以高产高效为目标，首创"三同步"精量穴直播技术，发明了水稻精量穴直播机系列机具15种，部分机型如图4-27所示，揭示了机械化精量穴直播水稻的生长发育规律、需水需肥特性和杂草发生特点，创建了"精播全苗""基蘖肥一次深施"和"播喷同步杂草防除"的水稻精量穴直播配套农艺技术，实现了水稻机械化、轻简化高效种植。

（a）普通型水穴直播机

（b）杂交水稻制种同步插秧直播机

（c）气吹集排型旱直播机

（d）单体仿形旱穴直播机

图4-27　水稻精量直播机部分机型

### （2）国内水稻收获机械研究状况

目前，我国水稻种植多为农户自主经营，水稻种植地块较小，因此，欧美等国大中型水稻收获机不适宜在我国推广应用。日本水稻种植形式与我国较为相似，以农户经营的小地块为主，收获时土壤较为湿软，容易下陷，所以，我国最初以引进日本生产的半喂入式水稻收获机为主，同时还根据我国水稻生产的实际情况生产部分自走式水稻全喂入联合收获机。

半喂入式水稻联合收割机主要由立式割台、夹持链输送装置、脱粒分离装置、履带行走底盘装置、液压电器系统、操纵系统等组成。主要机型有东风井关农业机械有限公司生产的4LBZ-1450型、江苏东洋有限公司生产的HL6062系列等，如图4-28所示。

自走履带式全喂入联合收割机主要由履带行走装置、操纵系统、割台装置、输送装置、脱粒分离装置、清选装置和集谷装置等组成。这类机械按照脱粒分离机构布置方式的不同分为横置轴流和纵置轴流两种类型收割机。

横置轴流收割机的脱粒滚筒与割台平行，是南方目前普遍使用的水稻联合收割机。这类机型技术比较成熟，性能基本稳定，应用较广，主要应用于湖南、广东、广西、江西等双季稻产区，代表机型有柳林4LZ-2.0、沃得4LZ-2.0、福田4LZ-1.8、广联4LZ-2.0等，如图4-29所示。

（a）4LBZ-1450 型半喂入式水稻收获机

（b）HL6062 型半喂入式水稻收获机

（c）4LBZ-148 型半喂入式水稻收获机

（d）SL500 型半喂入式水稻收获机

图 4-28　国产半喂入式水稻联合收获机

（a）柳林 4LZ-2.0 型全喂入式水稻收获机

（b）沃得 4LZ-2.0 型全喂入式水稻收获机

图 4-29　国产全喂入式横置轴流水稻联合收获机

　　纵置轴流全喂入水稻联合收割机脱粒分离装置采用纵向布置方式，通过喂入口的螺旋喂入叶轮把作物导入脱粒装置，增大了脱粒长度和分离面积，能够在不增大机体体积的情况下提高生产率、脱净率和减少破碎率，较好地解决难脱品种的脱净率和破碎率矛盾的问题及跑粮现象。目前在国内使用的纵置轴流全喂入联合收割机主要有：雷沃 4LZ-3.5G、沃得 4LZ-2.5B 等，如图 4-30 所示。

（a）雷沃 4LZ-3.5G 型全喂入式水稻收获机

（b）沃得 4LZ-2.5B 型全喂入式水稻收获机

图 4-30　国产全喂入式纵置轴流水稻联合收获机

## 4.2 丘陵山地主要作物生产农机农艺融合发展

### 4.2.1 标准化甘蔗生产农机农艺融合

#### 4.2.1.1 建设标准

广西甘蔗种植区地形地貌复杂、土壤黏重、种植制度各异，在耕种管收各项作业中，除了收获机械化率相对较低以外，其他环节机械化率相对较高。《甘蔗全程机械化生产技术规范》（NY/T 3889—2021）对甘蔗生产农艺农机融合进行了详细规范，如图4-31所示。在种植环节，要求"6.3 种植规格以轮不压蔗垄为原则，采用宽行距、宽播幅种植，蔗垄中心行距≥1.2m。采用等行种植方式的，播种幅宽宜为25～40cm；采用宽窄行种植方式的，窄行间距宜为40～50cm"。联合收获模式已形成若干示范点，由于切断式甘蔗造成的甘蔗损失相对较大，以及设备利用率较低等问题，目前广西出现另一种分步式收获模式，有效地提高了设备利用率。

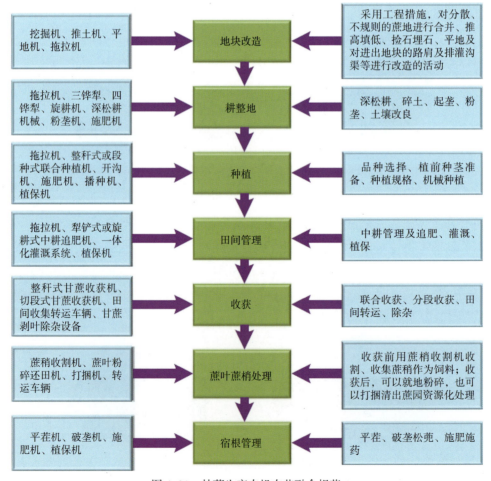

图 4-31　甘蔗生产农机农艺融合规范

#### 4.2.1.2　丘陵山地甘蔗机械化生产

对于甘蔗全程机械化生产，目前有采用联合收获的，也有采用甘蔗分布式收获的，针对甘蔗收获多个步骤需要多款机型分段作业的特点，结合模块化设计理念，改变甘蔗专机专用的设计方式，采用模块的形式，将甘蔗收获工序分离出来的收割、剥叶、收集、运输等工序，分别划分为不同的功能模块，再通过动力主模块提供动力，使用单一动力，减少了设备闲置，通过多功能的模块复合在标准化通用化底盘上，满足用户的个性化、柔性化需求，实现一机多用，大大提高了机器的利用率。针对现有甘蔗收获机械化率较低的实际情况，通过启发式模块划分方法，运用启发式遗传算法，基于零部件相关性矩阵，以最大化零部件之间的功能和结构相关度为目标进行求解，划分得到甘蔗收获机械模块，划分后模块如图 4-32 所示。

图 4-32　模块化甘蔗收获机械示意图

模块之间通过快换接口装置进行连接。快换接口装置由机械快换接口、电气快换接口、液压快换接口组成。机械快换接口采用楔形自动对位设计，在割铺机维修或更换属具时，可实现即到即装、即插即用，减少农机整备时间，降低劳动强度。

甘蔗割铺机主要由动力主模块、割梢机构、组合式扶蔗机构、转向行走机构、砍蔗机构、输送铺放机构、液压系统等组成，整机采用侧挂式输送形式进行甘蔗输送。模块化割铺机整机方案设计如图 4-33 所示。动力主模块用于安装发动机、变速箱、驾驶舱、龙门式后桥总成、轴向柱塞液压泵等，其中转向行走机构由无前桥驱动轮、行走液压马达、全液压转向装置组成。甘蔗割铺机底盘总成由动力主模块的龙门式后桥总成和转向行走机构的无前桥总成驱动轮构成，出于底盘的通过性考虑，甘蔗割铺机具有轮履切换功能，综合分析轮式和履带式的优缺点，为提高底盘对于丘陵山地非结构性路面的适应性，龙门式后桥总成可以更换农用车轮胎和履带式轮胎，以提高其通过性。同时通过其输送铺放装置可以选择性地实现甘蔗向左向右摆放从而实现双向收获。

甘蔗分布式收获成套装备，通过多个步骤完成切割、集条、蔗叶分离、甘蔗收集搬运等作业工序。对应研发了整秆式甘蔗割铺机、甘蔗集堆机、甘蔗剥叶机、甘蔗转运机、甘蔗除杂机。如图 4-34 所示。甘蔗除杂机设备总功率 60kW，作业生产率可达 30t/h。

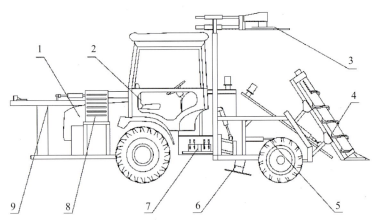

图 4-33　模块化割铺机整机方案

1.动力主模块　2.驾驶舱　3.割梢机构　4.组合式扶蔗机构　5.转向行走机构
6.砍蔗机构　7.液压系统　8.液压散热系统　9.输送铺放机构

| 甘蔗割铺 | → | 田间集堆 | → | 田间搬运 | → | 甘蔗集堆 | → | 甘蔗除杂 | → | 装车运输 |

图 4-34　山地甘蔗分步式收获成套设备

其产品作业场景如图 4-35 所示。

## 4.2.2　标准化茶园建设

### 4.2.2.1　建设标准

我国茶园种植面积广阔，而且主要分布于丘陵及山地，该地形较为崎岖不平，致使茶园管理机械发展远远落后于其他种植茶叶发达国家。我国茶园标准化建设的主要问题有：茶园大多为密植茶园，种植行距较窄，大型机械无法正常通过，很容易损伤茶树；茶园分布较为疏散，无法形成大面积茶园，不利于机械集中作业。要想实现茶园完全机械化目标，首要任务是建设规模合理、园地优良和具备全面管理体系的标准化茶园。2010 年农业部发布了《茶叶标准园创建规范（试行）》，对标准茶园建设提出了具体要求，并相继出台了标准茶园创建活动工作方案、建设规范、技术规程等 10 多个文本。《茶叶生产技术规程》（NY/T 5018—2015）中规定，"4.2.1　平地茶园直线种植，坡地茶

甘蔗转运机田间作业

甘蔗割铺机

甘蔗除杂机

图4-35　甘蔗现场作业场景

园横坡等高种植；采用单行条植或双行条植方式种植，满足田间机械作业要求；单行条植行距1.5～18m、丛距0.33m，双行条植行距1.5～1.8m、列距0.3m、丛距0.33m，每丛1～2株。"图4-36展示了标准化茶园农机农艺融合规范。

#### 4.2.2.2　茶园机械化生产

针对15°以下缓坡地茶园，创制带平台悬挂式等多机具快速挂接接口的高地隙乘坐式茶叶智能化多用途动力平台，配套系列机具，完成茶园从耕作、施肥、修剪、采摘、植保等环节机械化一体化作业。与传统手工生产比较可提高劳动力生产效率10倍以上，节约生产成本30%以上，该类型茶园占广西总面积20%以内，易于管理，可采摘幅面相对山区较高。

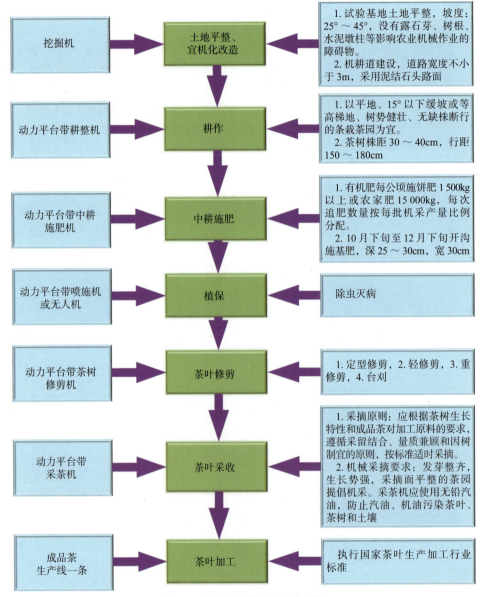

图 4-36　茶园农机农艺融合规范

　　结合地方实际情况，首先从低缓坡度着手，利用原有的模块化农机装备，从单机制造向成套装备集成出发，按照模块化系统集成理念开发出跨行作业的多用途茶园管理动力平台，该设备可通过更换轮边减速机构实现不同的离地间隙，可通过双向驾驶装置实现前后向的驾驶，通过平台悬挂式机具接口和三点悬挂接口搭载不同的农机具，可以完成耕作、开沟施肥、修剪、喷施、采摘等机械化作业，如图 4-37 所示。该机型轮距为 1.6m，轮宽 0.28m，离地间隙为 1m，动力为 70hp，通过平台悬挂式机具接口装卸保墒、植保机具，可实现 1 ~ 2t 的液体搭载，同时实现大于 18m 幅宽的喷洒作业，一次装载可完成大于 30 亩茶园植保或封园作业，通过三点悬挂机具搭载开沟施肥覆土机具，一次性实现

250～300mm 宽度和深度的开沟，并通过破土犁在开沟底部入土施肥，同时通过后部的覆土机构进行回土；同时可以通过三点悬挂携带修剪装置，一次性完成茶树顶面和侧面的修剪，同时设立通道，利用修剪机构工作时的振动使修剪下来的茶叶枝条落到行间；收获机具通过三点悬挂挂接修剪机构、风送机构和装袋机构实现收获作业。如图 4-38 所示。

图 4-37　边减重构实现高离地间隙动力平台

通过该多用途茶园管理动力平台，可以利用单一动力实现茶园作业的全程机械化，降低劳动强度，提高作业效率，为茶叶的量产和扩产打下坚实的基础。图 4-39 是拖拉机带机具进行开沟施肥以及普通旋耕机及人工撒肥的效果。

## 4.2.3　标准化油茶园农机农艺融合

### 4.2.3.1　建设标准

广西油茶栽培区地形地貌复杂、土壤黏重、种植制度各异，在耕种管收各项作业中，同样也存在收获机械化率相对较低的问题。《油茶栽培技术规程》（LY/ T 1328—2015）对油茶栽培区的农艺农机融合进行了详细的规范。在种植环节，要求"6.6　栽植密度　纯林栽植密度宜采用 2.5m×2.5m、2.5m×3.0m、3.0m×3.0m 株行距。实行间种或者为便于机械作业，栽植密度株行距以 2m×4m、2.5m×5m 和 3m×5m 为宜"。目前广西开发的香花油茶产量较高，树冠较窄，前期进行的农机农艺融合已有 2 年时间，在 3 年苗按照 2.0m×3.0m 株行距，然后为了满足机械化种植的需要，对树苗进行移栽，形成 4.0m×3.0m 株行距，并形成如下农机农艺融合规范，如图 4-40 所示。香花油茶生长见图 4-41 所示。

### 4.2.3.2　油茶栽培区的农机研发

#### （1）便携式振动收获机

香花油茶属于小果油茶，在实验过程中，单棵树结果数量最多达 900 颗，如果人工采摘，时间要超过 1h。为保证油茶采摘效率，解放劳动力，实现油茶全程机械化生产，本课题组研发一款便携式振动收获机，质量在 20kg 以内，2～5m 收获高度，考虑到目前易于携带的高能量储能物资仍然是汽油，因此采用汽油机带动，在汽油机额定转速下，按照前期验证的振动模型通过往复运动实现指定的频率和振幅。其关键技术主要有：

动力平台开沟施肥作业

乘坐式移栽作业　　　　　　　　　人工移栽作业

乘坐式动力平台带修剪机具　　　手持电动机器修剪

图 4-38　模块化动力平台外形及作业场景

拖拉机作业　　　　　　　　　　　微耕机加手工施肥

图 4-39　作业效果对比图

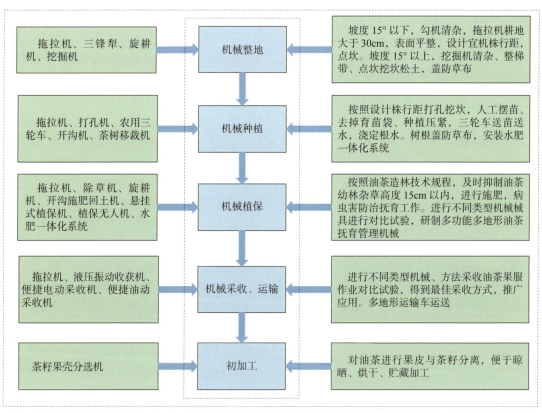

| 拖拉机、三锋犁、旋耕机、挖掘机 | → | 机械整地 | ← | 坡度15°以下，勾机清杂，拖拉机耕地大于30cm，表面平整，设计宜机株行距，点坎。坡度15°以上，挖掘机清杂、整梯带、点坎挖坎松土，盖防草布 |
| 拖拉机、打孔机、农用三轮车、开沟机、茶树移栽机 | → | 机械种植 | ← | 按照设计株行距打孔挖坎，人工摆苗、去掉育苗袋、种植压紧，三轮车送苗送水，浇定根水。树根盖防草布，安装水肥一体化系统 |
| 拖拉机、除草机、旋耕机、开沟施肥回土机、悬挂式植保机、植保无人机、水肥一体化系统 | → | 机械植保 | ← | 按照油茶造林技术规程，及时抑制油茶幼林杂草高度15cm以内，进行施肥，病虫害防治抚育工作。进行不同类型机械械具进行对比试验，研制多功能多地形油茶抚育管理机械 |
| 拖拉机、液压振动收获机、便捷电动采收机、便捷油动采收机 | → | 机械采收、运输 | ← | 进行不同类型机械、方法采收油茶果服作业对比试验，得到最佳采收方式，推广应用。多地形运输车运送 |
| 茶籽果壳分选机 | → | 初加工 | ← | 对油茶进行果皮与茶籽分离，便于晾晒、烘干、贮藏加工 |

图 4-40 油茶园农机农艺融合规范

图 4-41 8 月底的香花油茶

151

①偏心振动模型。基于欧拉-伯努利梁理论，考虑果柄和花柄与树干之间的连接参数特性，建立相应的有限元动力学仿真模型，设计出一种能输出不同频率和振幅的驱动机构和夹具，制订香花油茶果振荡掉落试验的标准化对象、实验流程和实验方案，并开展大量的相关实验研究，研究不同的油茶果果实在各生长阶段的特性，建立不同成熟度油茶果树在不同外激励下果实掉落机理分析的力学模型，针对油茶果树花果同期的特点，以成熟果的最大化采收、花蕾的最少化掉落和树干树根的最小化损伤为多目标，确定激励的最优振荡方式，确保在收获果实时达到指定的采净率，对花的损害在指标要求范围内，研究在不同频率、振幅的振荡源对香花油茶果实的损伤率和香花油茶果花苞、花芽的留树率等技术指标要求的影响，给出最优振荡源的技术指导意见。

②超结构材料。负泊松比力学超材料结构是偏心振荡系统减振的一种理想结构。偏心振荡运动中冲击负泊松比减振结构的过程，转子和材料之间的接触产生局部冲击接触。因此在研究中，以圆盘代替平板作为冲击面进行研究；同时，圆盘并非如同压溃实验中冲击平面那样以固定的速度压缩材料，而是以一定的初动能冲击超材料，然后产生回弹，负泊松比超材料在面内冲击下的能量吸收会受到多个因素的影响。首先，由于加速度以及外界激励等参数的不同，偏心振荡在运动过程中会以不同的角度冲击超材料结构，这会导致材料对于偏心振荡动能吸收效率的变化。其次，不同的面内冲击速度会导致不同的微观结构变形模式，从而导致能量吸收效果的变化。以通过冲击过程的始末动能之差来确定材料的动能吸收量，确定减振材料的最佳泊松比值，并采用基于逆均匀化拓扑优化方法设计具有特定负泊松比的力学超材料，在转子系统振动过大时实现高效吸能减振。基于逆均匀化拓扑优化方法，以力学超材料微结构单胞作为设计域，考虑基体材料体积比约束，建立以特定负泊松比值为设计目标的微结构拓扑优化模型，优化列式如下：

$$\min J = v^H - v^H_{obj}$$
$$\text{s.t.} \quad a(u, v) = l(v) \quad \forall v \in U_{ad}$$

式中，目标函数为所设计微结构的等效泊松比系数 $v^H$ 和目标泊松比 $v^H_{obj}$ 的差值，对微结构构型求解平衡方程 $a(u, v) = l(v)$，当目标函数最小化时，所设计微结构通过周期排列构筑的力学超材料满足减振结构的泊松比值要求。

**（2）自走式轮式油茶果振荡机**

在满足机械化农艺制度下，如何保证园艺果园环境是当前面临的难题之一。项目前期专门针对丘陵山地开发的模块化多用途农机装备，其中的高稳定性铰接轮式底盘具有良好的适应性和机动性，铰接机构保证了小转弯半径且仿形作业，全轮驱动保证了动力性，通过带双向驾驶的动力主模块与带液压机械臂的功能模块组合，可以解决缓坡地油茶园果树采摘的需求。其组合如图 4-42 所示。

**（3）移栽机**

传统的树木移栽在人工挖掘及运输过程中，因为受限于挖掘运输工具的影响，不可避免地会造成伤及树根、效率低下、成活率较低、工人劳动强度大等问题，如何利用山地拖拉机的后向驾驶功能，结合树木移栽机设计出一款能够在缓坡果园长时间高效运作的组合提上了日程。该装备可以广泛应用于城市园林绿化、果园、苗圃、公园和建筑工程中，方便树木的移植，避免砍伐，保护生态环境。移栽机具有挖掘速度快、操作简单、移栽成活率高等特点，可以满足用户的需求。

移栽机属具包括铲片、机架、液压系统三部分，移栽机属具数模如图 4-43 所示。将移栽机属具通过三点悬挂结构与拖拉机相结合，由液压系统作为移栽机铲片的动力源。模块化的设计理念让移栽机属具模块与山地拖拉机可以通过三点悬挂快速更换，在提高拖拉机利用率的同时又方便移栽机属具及液压系统的维护。

图 4-42　油茶采摘机械组合

图 4-43　移栽机属具

移栽机框架提升、框架开合、铲刀切削均采用液压动力系统，采用以液压为动力具有成本低、效果好、能量大等优点。通过手动阀进行控制，能在现场操作，时刻关注移栽机的工作状况、挖掘的速度、土壤的状况以及树种的类型，随时可以根据移栽机的工作状态调整工作速度和工作顺序。避免挖掘时切削到石块、坚硬物体而造成压力过载、压力波动、震动等对设备不稳定的因素。

由于框架提升的需要，在三点悬挂的上拉杆需要采用液压缸的形式，增加提升高度，便于在栽培区提起树木以及土块和框架。对铲刀切削液压系统，由于切削的泥土具有不确定性，所以采用负载敏感阀，可以在液压缸的下切过程负载发生变化时，使液压缸的压力也随之变化。框架开合液压系统的布置需要避免石块、树枝等的刮蹭造成损坏，相应的管路需要布置在框架内侧，阀体则需要布置在与拖拉机之间的空间。铲刀需要采用高强度板材进行加工，确保使用的耐久性、稳定性。

**（4）现场作业图像**

产品开发完成后，在栽培区进行了试验，便携式振动收获机收获一棵树的时间约为20s。移栽机的节拍在 5min 之内。除草效率约为 50 亩 /d。自适应植保机能够识别树木位置和高低并自动调节药物和风量。如图 4-44 所示。

便携式振动收获机 乘坐式收获机

移栽机

自适应植保机 行间株间割草机

开沟施肥机

图 4-44 油茶全程作业机械

## 4.2.4　标准化蚕桑园建设

### 4.2.4.1　建设标准

标准化蚕桑园建设是实现桑园全程机械化生产的前提，标准化现代蚕桑园建设要遵循适度集中、连片发展的原则，有利于蚕桑园机械化操作和生产，并且在土壤条件、生产条件、土地整理改造、基础设施配套等方面进行标准化建设。根据调研列举一些地区蚕桑园种植规范如下：

《桑树栽培技术规程》（LY/T 3052—2018）中"3.1　蚕桑　以摘取桑叶养蚕而栽培的桑树称为蚕桑"，"5.2.4.1　蚕桑栽植密度　每 667$m^2$ 宜栽桑苗 800 ～ 1 200 株，株距 50cm，行距 100 ～ 150cm。"目前在广西的试验中，采用的为宽窄行种植，宽行距 1 200cm，窄行距 400cm，株距 40cm。其农机农艺融合策略如图 4-45 所示。

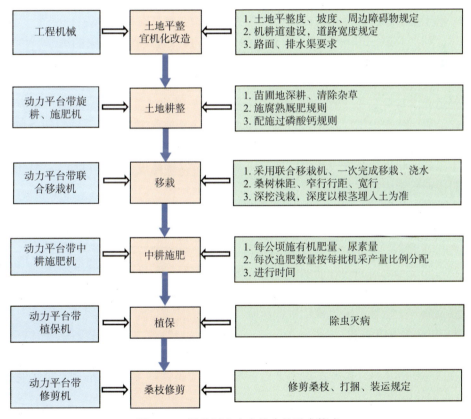

图 4-45　蚕桑园生产农机农艺融合策略

### 4.2.4.2　蚕桑园机械开发

为解决广西地区蚕桑产业发展的生产机械化关键技术难题，研发适用于丘陵地区蚕桑关键生产环节的作业机械。针对蚕桑生产的农艺特点和土壤特性，创制具有高通过性、转弯半径小、操纵稳定、可双向操作的多功能铰接模块化四驱动力底盘。针对旋耕、移栽、开沟施肥、修剪打捆作业环节，建立不同作业场景的机具静力学和动力学模型，并采用优化设计方法实现机具构型和作业参数的最优设计。最终通过创建蚕桑机械化生产农机农艺融合机制，建立示范基地，对创制的动力底盘和作业机具样机进行性能试验与应用示范。项目研究成果将使广西地区蚕桑生产关键环节的机械化生产程度达到国内领先水平，也可为我国蚕桑生产机械化提供技术支撑，促进蚕桑产业高质量发展。

**（1）针对丘陵山区土壤特性和农艺特点的铰接模块化四驱动力底盘创制**

设计可偏折转向、地面仿形且可搭载多种作业机具的铰接架连接机身，开发各模块组合可实现快速挂接的机电液标准接口，以适应小地块和适度规模垄作环境作业；研究由单一动力单元匹配不同类型的机具模块且满足多用途的四驱动力底盘传动系统，分析旋耕、移栽、开沟施肥、修剪打捆作业环节对动力底盘的设计要求，匹配驱动系统的动力装置参数；针对广西地区典型桑园的不同坡度类型和土壤地形，研究地面与底盘行走部件的互动机制，设计适用于大坡度复杂土壤地面的底盘转向系统和行走机构，使整机具有轴距可变、地隙可调、轮履快速换装和双向操作等功能。

**（2）基于多自由度力学模型和拓扑优化方法的作业机具结构优化设计**

针对旋耕、移栽、开沟施肥、修剪打捆作业场景，采集作业对象的力学特性和典型蚕桑园地面不平度数据，建立作业机械的多自由度力学模型，进行机具结构参数灵敏度分析，实现多模态下的结构基本参数匹配；构建基于多工况载荷和模态灵敏度的拓扑优化模型，以轻量化为优化目标，在满足力学性能的前提下求解机具主要承载部件的最优构型；基于优化结果，建立虚拟样机模型对机具的刚度和强度进行仿真分析，确定作业机具的详细设计方案。

**（3）蚕桑园机械化生产农机农艺融合机制与示范基地建设**

针对广西蚕桑农机农艺结合的薄弱环节，从作业规范、技术操作、种植模式等方面着手，对桑树品种、行距、播期、施肥、虫害用药等进行统一，制定适用于机械化生产的农艺标准；建立广西蚕桑农机农艺共同研究、协作攻关的长效机制，制定科学合理、相互适应的农机作业规范；完善农机、土肥、栽培、植保等推广服务机构紧密配合的工作机制，组织引导农民统一桑树品种、播期、行距、施肥和植保，为机械化作业创造条件。已建设宽窄行高效蚕桑生产示范基地1处，实施面积800亩，制定耕种管收环节机械生产技术规程，开展蚕桑园关键环节的机械化生产示范。

### 4.2.4.3　蚕桑园农机研发

蚕桑的作业除采摘桑叶外，主要集中在夏至到冬至修剪过后的阶段，此时修剪后的高度在370mm以下，乘坐式动力平台的整机离地高度约为475mm。主要作业效果如图4-46所示。

## 4.2.5　水稻机械化生产农机农艺融合发展

**（1）建设标准**

根据丘陵山区水稻种植特点和宜机化高标准农田改造要求，主要分为水田（插秧和水直播）和旱田（旱直播）两种模式。整治前应先进行科学规划，适宜扩大地块面积，精准平整，以适合机械化作业，配套机耕道、排灌水渠、提灌站等设施。如图4-47所示。

利用秸秆粉碎机收桑枝

往复式修剪机

旋转式修剪

田间通行

开沟作业

开沟作业效果

图 4-46 乘坐式动力平台作业现场图

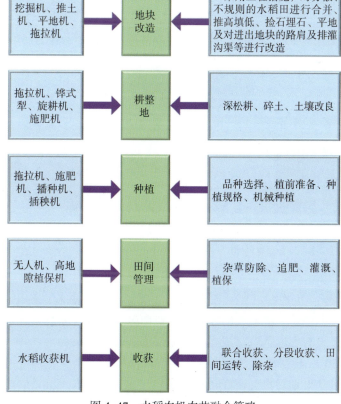

图 4-47 水稻农机农艺融合策略

157

水田（插秧和水直播）在前茬作物收割后，应及时翻耕，将田间残留的杂草、前茬作物秸秆和根茬等翻入泥中。于播种前 5 ～ 10d 采用上水旋耕方式旋耕，耕深 10 ～ 15cm。旋耕后田间留薄层水，用水田激光平地机等平整田块，田块平整度高差不超过 3cm；平整后的田块视土质情况需沉淀 24 ～ 48h。播种时土壤要求下粗上细，土壤软而不糊，保证播种时开沟成型和播种深度控制。

旱田（旱直播）应选择地势平坦，排灌通畅，土质以沙性土或壤土为宜。在前茬收获后进行秋翻灭茬，耕翻深度在 18 ～ 22cm。播种前 2 ～ 3d 利用旋耕机进行旱旋整地，第一遍深旋，第二遍浅旋，保证土壤颗粒直径小于 3cm。做到上实下虚，以利于保墒通气。对于高差较大的田块应用旱地激光平地平整，平整后表面高差小于 3cm。平整时做到表土碎而不细，否则影响播种均匀度或因播种过深而出苗不齐。

### （2）丘陵山地水稻机械化生产

水稻生产全程机械化分为耕、种、管、收等环节，按环节可划分为不同的功能模块，由动力主模块提供动力，使用单一动力，减少了设备闲置，通过多功能模块与各环节作业机具相组合，在标准化通用化底盘上满足用户的个性化、柔性化需求，实现一机多用，大大提高了机器的利用率。划分后的模块如图 4-48 所示。

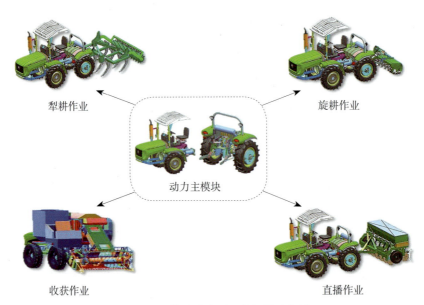

犁耕作业　　　　　　　　旋耕作业

动力主模块

收获作业　　　　　　　　直播作业

图 4-48　模块化水稻生产机械示意图

①耕整地：

犁耕（图 4-49）：配套铧式犁或圆盘犁对土壤进行犁耕作业，首先由犁铧切出土垡，然后土垡沿犁壁破碎翻转，将地表的残茬和杂草覆盖到下面。通过入土、切割、破碎和土垡翻转，使地表土层与底层土壤实现交换，为作物生长创造条件。

旋耕（图 4-50）：旋耕机通过三点悬挂装置与拖拉机连接，旋耕机刀轴在拖拉机动力输出轴驱动下，带动刀轴旋转，在旋转的过程中，旋耕刀切入土壤，同时将土块抛掷，与挡土板碰撞进一步破碎后落向地表，平土拖板将土壤拖平。

图 4-49　模块化拖拉机犁耕作业

图 4-50　模块化拖拉机旋耕作业

激光平地（图 4-51）：旱地激光平地机主要由机械部分、液压系统和激光控制部分组成。激光发射器置于待平地块的中心处，接收器则固定在平地铲的接收器调整支杆上，其升降可调。首先根据田块大小及地势架设好发射架，发射器发射的激光信号作为"基准面"。工作中，当激光接收器检测到激光信号后，立即把接收到的激光信号转换为电信号并连续发给位于驾驶室内的激光控制器，并由激光控制器自动控制液压系统上下调节平地铲，把高处的土壤切下填到低处，达到田地表面平整的目的。

②水稻精量直播施肥：水稻精量施肥直播机（图 4-52）由机架、轮辙消除装置、播深仿形机构、动力传动系统、开沟装置、播种装置和覆土镇压装置组成。可一次完成平整、开沟、播种、覆土及镇压等工序。播种机的圆盘开沟器采用弹簧浮动机构，可有效避免因单盘受阻而整体漏播。采用螺旋槽式高速排种器，播种量 2 ～ 30kg/ 亩，作业速度可达 10km/h 以上，可满足不同地区水稻高速作业和大播种量要求。

图 4-51　模块化拖拉机旱地激光平地作业

图 4-52　水稻精量施肥直播机

③收获：为满足丘陵山区水稻收获要求，通过模块化组合，在主通用动力基础上，增加割台、输送装置、脱粒分选装置、自卸粮仓和动力传送系统等，配套动力 51kW，离地间隙 500mm，割幅 1.6m，折腰转向，可实现水稻机械化收获作业。主要结构见图 4-53。

图 4-53　模块化多功能水稻联合收获机

# 4.3　农业作业机具信息化

## 4.3.1　示范区共享农机探索

实施"农机合作社＋综合农事服务示范区"和"先进制造业和现代服务业融合发展示范区"（以下简称"两个示范区"）建设。以现有研发的先进装备结合高科技"惠来云农机共享平台"，推动"两个示范区"建设。着重为普通农户提供市场化、全方位服务，帮助解决生产过程中面临的共性问题，引导一家一户小生产融入现代农业大生产之中，实施以"公司＋农机专业合作社＋综合农事＋农户"的模式，打造深度融合的社会化农机服务平台。具体做法如下：

依托惠来宝公司作为主体，培育合浦惠强农机服务专业合作社，将其打造成为示范性"全程机械化＋综合农事"服务中心。2023 年内争取在项目组周边建立示范点 5 个以上。再逐步推开建设 100 个"全程机械化＋综合农事"服务中心。通过"两个示范区"建设，力争在农机社会化服务方面走在前列，形成可复制推广的经验，对企业产品推广和发展具有积极意义。

## 4.3.2　惠来云平台

由于丘陵山地地块小、作物种类多，造成设备投入回收周期长，农户、合作社都不愿意出资购置农机设备。本方案通过共享模式，实现农业装备利用率的最大化。同时，结合目前乡村空心化和劳动力老龄化等因素，平台可以为各个乡村合作社提供培训、服务、机具等，实现传统农业向现代化农业的转变。平台具有的找农活、租农机、致富（成立合作社、农机培训、农机轻松购、农机挂靠、机手挂靠、我有农业作业）、找机手等功能，将丘陵山地农户、田地、机手、农机、合作社等"孤岛"通过物联网技术有机联合起来，有效盘活闲置资源，提供丰富的创收环境。

积极推进丘陵山地农机化，对于减轻该地区农民劳动强度、增加农民收入，保障我国农业的健康有序发展与粮食安全，具有重要的战略意义。

开发一套拥有自主知识产权的基于"物联网＋区块链＋互联网"的共享平台软件及在其上运行的农业装备和监测系统，满足十万级的连接需求。

共享平台利用物联网、区块链、5G、北斗技术，实现农机共享、大数据和人工智能、智能服务等功能。项目主要内容包括：

**（1）开发云端平台，采集、存储并管理四类关键数据**

①设备数据（物联网特性的资产数据：包括农业装备的通信连接状态、位置信息数据、使用记录、动力主模块与各模块的匹配情况、设备工作时间等）。

②用户数据（用户基本信息、使用记录、订单记录、发布的作业、用户账户、征信信息等）。

③机手数据（机手信息、接的农活、挂靠信息、工资结算等）。

④作业数据（作物种类、作业类型、发动机数据、作业时间、作业地点等）。

**（2）平台服务**

①物联网数据、用户数据、设备数据、机手数据、作业数据的管理；

②根据用户的要求开展功能开发和优化；

③做到资源和能力的动态调配、功能的灵活开发。

惠来云系统功能及流程如图 4-54 所示。

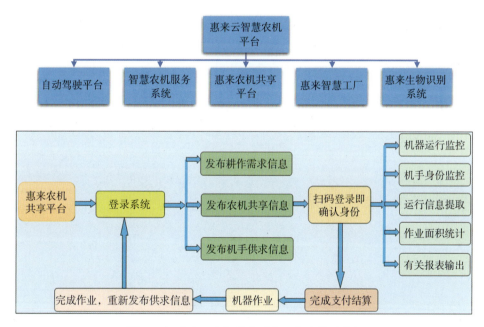

图 4-54　惠来云农机共享平台运作功能及流程

惠来云平台手机使用界面如图 4-55 所示。

图 4-55　惠来云手机使用界面

# 丘陵山地拖拉机系列标准制定

## 5.1 丘陵山地模块化多用途拖拉机标准制定的背景和意义

### 5.1.1 丘陵山地模块化多用途拖拉机标准制定的背景

现行的欧洲农林机械标准（EU）No 167/2013（框架性法规）是目前世界上较成体系的法规，将农业和林业车辆分为 T 类轮式拖拉机、C 类履带拖拉机、R 类挂车和 S 类可更换牵引设备共 4 个类别。T 类又细分为 T1、T2、T3、T4.1、T4.2 和 T4.3 共 6 个子类别；R 类又细分为 R1、R2，R3 和 R4 共 4 个子类别；S 类又细分为 S1 和 S2 两个子类别；依据速度又分为 a 类最高设计车速≤40km/h、b 类最高设计车速 >40km/h 两个子类别。其中，T、C 和 R 类车辆最大尺寸长宽高为 12m×2.55m×4m，S 类车辆最大尺寸长宽高为12m×3m×4m。根据轴的数量，技术上允许的最大满载质量各不相同，如表 5-1 所示。

表 5-1 技术上允许的最大满载质量

| 车辆类别 | 轴的数量 | 最大允许质量 /t |
| --- | --- | --- |
| T1、T2、T4.1、T4.2 | 2 | 18（满载） |
| | 3 | 24（满载） |
| T1 | 4 | 32（满载） |
| T3 | 2 或 3 | 0.6（空载） |
| T4.3 | 2、3 或 4 | 10（满载） |
| C | N/A | 32 |
| R | 1 | N/A |
| | 2 | 18（满载） |
| | 3 | 24（满载） |
| | 4 或更多 | 32（满载） |
| S | 1 | N/A |
| | 2 | 18（满载） |
| | 3 | 24（满载） |
| | 4 或更多 | 32（满载） |

可以看出，欧美标准基本覆盖了其使用的农业机械和对应的农作物。相对欧美及其他发达国家，我国农业机械工业起步较晚，且以引进为主，加上各地地形地貌复杂、农作物种类多样、种植制度各异，农业机械标准体系建设难度大且周期长。同样，我国丘陵山地农业机械适用产品发展过慢，已有的有关产品标准无法满足现实需求，以农业运输机械为例，如手扶拖拉机于 20 世纪 50 年代从日本井关和久保田引进，相应的手扶变型运输机最早出现于 20 世纪 80 年代初，当时正处于改革开放初期，农村运输机械相当匮乏，手扶拖拉机配套挂车，即早期的手扶拖拉机运输机，是当时丘陵山区适用的运输机械，而我国拖拉机现行的国家标准《手扶拖拉机　通用技术条件》（GB/T 13875），在 1992 年首次制定后的两次修订中，以及与其相对应的团体标准《手扶变型运输机　通用技术条件》（JB/T 8657），在 1997 年首次制定后也未增加发动机的功率要求，规定的发动机（12h）标定功率不大于 14.7kW；在其后多年的演变过程中，手扶变型运输机标准规定的发动机功率一直未得到更新。

在现行的国家标准《农用挂车》（GB/T 4330—2003）中，对载荷质量最大限制是 9t，按照其中的条款"4.2.5 拖拉机车组比功率不小于 4.0 kW/t。"计算目前合法农用挂车运输货物最大的对应功率仅为 36kW，相对目前发动机而言明显偏小了。同时，GB/T 4330—2003 对各种吨位车厢的长宽高进行了严格的规定，相对于上述欧美标准的管理，仅规定了最大的尺寸限制。另外，农用车厢的形式也是多种的，例如箱式拉马、冷冻车、拉猪仔车、运棉车等，都缺乏相应的标准进行规范。从拖拉机与挂车的机械连接来看，ISO 在 2001 年到 2005 年的系列标准 ISO 6489，国内转化为系列标准《农业车辆挂车和牵引车的机械连接》（GB/T 19408），其中可看出，发动机的功率和挂车载荷质量都明显高出国内标准的规定。

当今相应的发动机技术和道路条件已发生了巨大的变化，原有的产品标准在一定程度上限制了农业机械的发展，特别是上面描述的农业运输机械发展。为了能够在 2035 年实现农业生产全程机械化，标准化体系建设是一个有力抓手。为此，2021 年 10 月 10 日中共中央、国务院印发了《国家标准化发展纲要》，其中强调"标准是经济活动和社会发展的技术支撑，是国家基础性制度的重要方面。标准化在推进国家治理体系和治理能力现代化中发挥着基础性、引领性作用。"并在目标中明确"全域标准化深度发展。农业、工业、服务业和社会事业等领域标准全覆盖，新兴产业标准地位凸显，健康、安全、环境标准支撑有力，农业标准化生产普及率稳步提升，推动高质量发展的标准体系基本建成。"

## 5.1.2　丘陵山地模块化多用途拖拉机标准制定的意义

我国丘陵山地分布广、地形地貌复杂，作物种类多、种植制度各异，导致山地作业拖拉机与一般农业用拖拉机在稳定性、机动性、适用性等方面的要求不同。山地拖拉机在驱动形式、车轮大小、轴荷分配、转向方式等设计和指标方面具有自身特点，以适应山区农业生产需求。

团体标准《农林拖拉机　型号编制规则》（JB/T 9831—2014）规定了农林拖拉机型号的组成和编制规则，详细介绍了拖拉机产品型号的组成：系列代号、功率代号、型式代号、功能代号和区别标志。功能代号如表 5-2 所示。

表 5-2　农林拖拉机功能代号

| 功能代号 | 功能 | 功能代号 | 功能 |
|---|---|---|---|
| （空白） | 一般农业用 | P | 坡地用 |
| G | 果园用 | S | 水田用 |
| H | 高地隙中耕用 | T | 运输用 |
| J | 集材用 | Y | 园艺用 |
| L | 营林用 | Z | 沼泽地用 |
| D | 大棚用 | | |
| E | 工程用 | 待定 | 其他 |

可以看出，JB/T 9831—2 014 只规定了适用于一般农业、果园、高地隙中耕、集材、营林、大棚、工程、坡地、水田、运输、园艺、沼泽地的拖拉机功能代号，其中较为接近山地拖拉机的为坡地拖拉机，国家标准《拖拉机术语　第 1 部分：整机》（GB/T 6960.1—2007）对坡地拖拉机进行了定义：整机适用于坡地沿等高线作业的拖拉机。针对我国地形，特别是丘陵山地由于坡度大、地块小，农作物品种多，种植制度各异，也相应地意味着作业的多样性，在坡地上作业应该是多方向的。

TN/J 1169—2018 首次提出了山地拖拉机的概念，功能代号使用山地的英文 mountain 的简写"M"表示；突破了原有的"P"系列坡地用拖拉机（沿等高线作业）的范围。

同时为建立丘陵山地拖拉机的理论支撑，本课题组在对山地拖拉机命名的基础上，对其主要形态制定了相应标准，例如：山地铰接轮式拖拉机、铰接轮式拖拉机运输机组、平台式拖拉机；同时对其主要关键机构制定了相应标准，例如：驾驶装置调平机构、双向驾驶装置、滚筒式铰接机构、平台悬挂式机具接口、前置和中置动力输出轴。在第 3 章山地拖拉机的基础上，针对山地拖拉机整机应用形式及其关键零部件归纳了山地拖拉机系列标准图谱，名称如表 5-3 所示，相应关键零部件如图 5-1 所示。以下对相应的标准制定背景和内容进行介绍。

表 5-3　山地拖拉机系列标准图谱

| 标准类型 | 标准名称 | 编号 |
|---|---|---|
| 国家标准 | 农业车辆农用挂车转向系统　半挂车铰接式转向装置连接 | GB/T 41604—2022 |
| 团体标准 | 山地铰接轮式拖拉机 | TN/J 1169—2018 |
| | 铰接轮式拖拉机运输机组 | T/NJ 1312—2022 |
| | 铰接平台式拖拉机 | 2023—014—T/NJ1499（申请中） |
| | 平台悬挂机具接口 | T/NJ 1229—2021 |
| | 草坪和园艺拖拉机　前置和中置动力输出轴 | T/NJ 1170—2018 |
| | 非道路车辆　滚筒式铰接机构 | T/CAMS 161—2023 |
| | 正反向驾驶装置 | T/NJ 1361—2022 |
| | 可自适应调整的驾驶装置 | 2023—013—T/NJ1498 申请中 |
| 地方标准 | 固态有机肥料机械化撒施技术规范 | 申请中 |

固态有机肥料机械化
撒施技术规范

农林拖拉机和机械
双向驾驶装置
技术要求

非道路车辆
滚筒式铰接机构 技术规范

TN/J 1169—2018
山地铰接轮式拖拉机
通用技术条件

山地铰接平台式拖拉机
通用技术规范

TN/J 1170—2018
草坪和园艺拖拉机
前置和中置动力输出轴

NT/J 1312—2022
铰接轮式拖拉机
运输机组通用技术条件

GB/T 41604—2022
农业车辆 农用挂车转向系统 半挂车铰接式转向装置连接

TN/J 1229—2021
平台悬挂机具接口

铰接平台式拖拉机

图 5-1 丘陵山地拖拉机系列标准图谱

## 5.2 农业车辆 农用挂车转向系统 半挂车铰接式转向装置连接（GB/T 41604—2022）

### 5.2.1 标准背景

本标准转化了《农业车辆 农用挂车转向系统 半挂车铰接式转向装置连接》（ISO 26402：2008），国内编号为 GB41604—2022，属于在山地使用的农用挂车灵活转向的一种规范，主要表述了挂车的转向机构如何在拖拉机转向时跟随转向，以减少转弯半径，增加机动性。

### 5.2.2 标准全文

标准全文见本章附件 1。

## 5.3 丘陵山地模块化拖拉机系列化团体标准

为便于采标和推广，针对丘陵山地模块化多用途拖拉机，我们进行了多维度的工作。首先我们制定了《山地铰接轮式拖拉机 通用技术条件》（TN/J 1169—2018），在此基础上，为解决农村运输物料的问题，还制定了《铰接轮式拖拉机运输机组》（TN/J 1312），为便于其中带平台悬挂式接口的拖拉机上牌，制定了《平台悬挂式接口 通用技术规范》（TN/J 1229—2021），针对其接口，制定了《非道路车辆 滚筒式铰接机构》（T/CAMS 161—2023）、《平台悬挂机具接口》（T/NJ 1229—2021）；针对其动力输出，制定了《草坪和园艺拖拉机 前置和中置动力输出轴》（T/NJ 1170—2018）；为改善操作员的舒适性，制定了驾驶装置调平机构、正反向驾驶装置等标准。

## 5.3.1 山地铰接轮式拖拉机（TN/J 1169—2018）

### 5.3.1.1 标准背景

为提高农机动力的利用率，提高拖拉机的配套率及中小地块作业效率，特制定本标准，为铰接平台式拖拉机的推广应用提供技术支撑，为指导和规范铰接平台式拖拉机产品的设计、制造、检验及使用提供依据，对提高产品的技术性能、安全性、工作机动性、通过性和稳定性提供设计指南，提高了铰接平台式拖拉机的可靠性与行驶安全。

目前我国农业机械化难以满足农业农村现代化和乡村振兴的发展要求，原因主要有：一是地形地貌，坡度大、地块小，宜机化改造进度慢，难以满足机械化作业的要求。二是山区种植农作物品种多，种植制度各异，适用平原地区的农业机械在丘陵山区很难发挥机械化作业的优势。

针对上述问题，经过广泛调研，采用平台式设计理念，通过不同机具的组合搭配，研制成功满足丘陵山地作物全程全面机械化多用途的新型拖拉机，达到了转向灵活、操作方便、动力性强、自卸效率高、安全可靠、性能稳定的目标，该机采用带前后差速锁的全轮驱动方式、动力分配合理、实现节本降耗。行业目前缺乏此类机械化、自动化、智能化设备。

传统拖拉机及其携带挂车组成的轮式拖拉机运输机组难以适应小地块灵活掉头和坡地稳定性的需求，如何为其提供适宜的转运车辆和施肥工具也成为一个重要的课题。如图 5-2 所示。

（a）平台式牧草收获

（b）甘蔗转运

（c）甘蔗撒肥

（d）速生林集运

图 5-2 丘陵地带机械使用现状

同时，本标准制定过程中参考了众多国外样机。针对我国丘陵山地等适用拖拉机品种少、功能少和通过性差的问题，按照系统工程理念，首次创新研制成功由前机体通过滚筒式铰接机构和带平台式接口的后机体组成的铰接平台式拖拉机，前后机体既可以偏折转向，减小轮距和转弯半径，又可以扭转，实现在不平地面仿形，提高通过性。整机具有轴距可变、地隙可调、轮履快速切换等功能。整机转弯半径小、通过性好、稳定性强、爬坡能力优越，丘陵山地作业适应性更强。平台式机具通过机电液标准接口可实现快速换装，适应中小地块和适度规模环境作业。

针对丘陵山地特点的铰接平台式拖拉机具有如下特点：

**（1）中小型化、通过性强、机动性好**

农村道路，对机型的通过性、机动性要求较高，同时，也考虑兼顾整机在适度规模条件下的工作效率，因此在本大纲中限制机型功率在 73.5kW 以下。

**（2）载质量**

参考拖拉机车组比功率不小于 4kW/t，50hp 机型总质量 9.25t，减去拖拉机最小使用质量 3.25t，载质量为 6t；100hp 机型总质量 18t，减去拖拉机最小使用质量 5t，载质量最高可达 13t，考虑到安全性和结构强度，载质量限制在 10t；考虑到轮胎承载，允许采用双轮。

**（3）轴距系列**

铰接平台式拖拉机轴距系列为：2m、2.2m、2.4m、2.6m、2.8m、3.2m、3.4m、3.6m、3.8m；长轴距的试验覆盖短轴距。

**（4）制动性能**

拖拉机冷态试验的制动平均减速度应不小于 $3.0m/s^2$。

在满载状态下，驻车制动装置应能保证车辆在坡度为 20%（总质量为整备质量的 1.2 倍以下的车辆为 15%）、轮胎与路面间的附着系数不小于 0.7 的坡道上正、反两个方向保持固定不动，其时间不少于 5min。

**（5）全轮驱动**

全轮驱动拖拉机牵引效率（即传动轴功率转换为起作用的牵引功率的效率）高。采用四轮驱动，轮式拖拉机的速度只受到拖拉机的行驶平顺性和可操作性的限制；在各种作业速度下，因为它的接地压力较低，并且拖拉机的全部重量都可以用来增大附着力（没有被动轮），四轮驱动拖拉机的比牵引力、牵引效率比两轮驱动拖拉机要高。

**（6）滚筒式铰接机构**

由前、后机体相对偏折实现转向和全轮着地。轴距适合、转向半径小、轮距较窄，有良好的转向机动性。与前轮转向的结构对比时，在深泥脚道路或者水田里，更加不容易造成轮子的泥浆包裹而失去转向性能。更为重要的是在采用铰接形式时，车辆的转向关节不易受到泥沙污染，可靠性高。拖拉机最大折腰转向角的限位应不小于 20°，不大于 40°；最大扭转角的限位应不小于 13°，不大于 25°。

**（7）动力输出、液压输出**

PTO 动力输出方便各机具的机械动力连接，满足机具的机械和液压等的需求，液压输出≥3 组。

**（8）稳定性**

铰接平台式拖拉机需要沿山地各向行驶，极限侧向稳定性≥35°。

**（9）快速换装**

在平整地面上通过换装不同的平台式属具模块，可以实现撒肥、抽排、植保、转运等作业功能，换装时间不大于15min。

**（10）山地装备归类**

铰接平台式拖拉机接近角大于20°，达到转向角≥35°、扭转角≥±15°，四轮驱动、四轮制动，属于丘陵山地拖拉机。

本标准的制定，充分纳入和反映了当今国际新产品、新技术、新工艺的技术成果。本标准属于创新专项标准，在节能、环保方面做出了积极贡献，填补了铰接平台式拖拉机鉴定大纲的技术空白，为铰接平台式拖拉机质量水平的提高提供技术支撑，对产业结构调整和优化升级具有积极促进作用，对引导和规范铰接平台式拖拉机技术的发展，为指导和规范相关产品的设计、制造、检验及使用提供了依据，对提高产品的技术性能、安全性、工作机动性、通过性和稳定性提供设计指南，提高了整机可靠性与行驶安全。提升了大纲的先进性、合理性和适用性，为提高其技术水平起到关键性的支撑作用。

#### 5.3.1.2 标准全文

标准全文见本章附件2。

## 5.3.2 铰接轮式拖拉机运输机组（TN/J 1312—2022）

#### 5.3.2.1 标准背景

目前我国用于山区作业的农业机械主要是手扶拖拉机、微耕机和小型四轮低地隙拖拉机，专业型山地拖拉机占有量少。为解决丘陵山地无机可用的问题、提高丘陵山地农业机械化，针对丘陵铰接轮式拖拉机运输机组中小型化、高机动性、高通过性、高稳定性的特点，规定了适用于发动机标定功率（12h）不大于50kW的铰接轮式拖拉机运输机组的术语和定义、型号编制、技术要求、试验方法、检验规则、交货及标志、运输和贮存。

铰接轮式拖拉机运输机组可用于各类挂车的挂接，实现转运、施肥、保墒、植保等功能。本标准的设立，为铰接轮式拖拉机运输机组的推广应用提供技术支撑，为指导和规范铰接轮式拖拉机运输机组产品的设计、制造、检验及使用提供了依据，对提高产品的技术性能、安全性、工作机动性、通过性和稳定性提供设计指南，提高了拖拉机整机可靠性与行驶安全，填补了铰接轮式拖拉机运输机组标准的技术空白，对产业结构调整和优化升级具有积极促进作用，对引导和规范铰接轮式拖拉机运输机组技术的发展，提升标准的先进性、合理性和适用性，为提高其技术水平起到关键性的支撑作用。

本标准主要依据国家标准《拖拉机 安全要求 第1部分：轮式拖拉机》（GB 18447.1）、《汽车主要尺寸测量方法》（GB/T 12673）和企业的生产经验设立；

其主要技术要求引用了《农业拖拉机 后置动力输出轴1、2、3和4型》[GB/T 1592（所有部分）]；

规定拖拉机外观质量依据《拖拉机外观质量要求》（JB/T 6712），涂漆依据《农林拖

拉机及机具涂漆　通用技术条件》（JB/T 5673），漆膜附着性能不低于《农林拖拉机及机具　漆膜　附着性能测定方法　压切法》（JB/T 9832.2—1999）中Ⅱ级的规定；

操纵装置的最大操纵力依据《农业拖拉机操纵装置最大操纵力》（GB/T 19407）；

液压输出用的快换接头符合《农业拖拉机与机具　通用液压快换接头》（GB/T 5862）的规定；

铰接轮式拖拉机运输机组上的电器仪表防泥水，且符合《机动车及内燃机电气设备　基本技术条件》（JB/T 6697）的规定，仪表显示应清晰准确，信号报警系统和电气照明及其开关的工作应可靠；

产品使用说明书符合《农林拖拉机和机械、草坪和园艺动力机械　使用说明书编写规则》（GB/T 9480）；

试验条件和试验方法依据《农业拖拉机　试验规程》[GB/T 3871（所有部分）]；

防泥水密封性试验依据《拖拉机防泥水密封性　试验方法》（GB/T 24645）；

可靠性试验依据《拖拉机可靠性考核》（GB/T 24648.1）；

照明和灯光信号装置的安装依据《农林轮式拖拉机　照明和灯光信号装置的安装规定》（GB/T 20949—2007）；

铰接轮式拖拉机运输机组依据《农林拖拉机和机械　安全带》[GB/T 33641—2017（所有部分）]。

丘陵山地农机化发展水平与平原地区相比发展较晚，在发展规模和速度上与平原地区差距巨大，发展极度不平衡。

《国务院关于加快推进农业机械化和农机装备产业转型升级的指导意见》（国发〔2018〕42 号）指出，"以科技创新、机制创新、政策创新为动力，补短板、强弱项、促协调，推动农机装备产业向高质量发展转型，推动农业机械化向全程全面高质高效升级，走出一条中国特色农业机械化发展道路，为实现农业农村现代化提供有力支撑。"如何吸收国外经验，结合我国实际情况，开发出适应丘陵山地田块小和作物多样性的机型是制定本标准的主要目的。

为了提高丘陵山地农业机械化，还要积极引进先进实用产品，欧洲阿尔卑斯山沿意大利入海，属于丘陵山地，博洛尼亚国际农业及园林机械展会多以小型山地多用途拖拉机为主，小型机械种类丰富，同一平台拥有丰富的品种和机具。例如 goldoni 的拖拉机系列，其两款拖拉机的性能参数如表 5-4 所示。

其前轴通过与后半部的铰接实现不同的作业形式，同时对于田间转运车辆，例如甘蔗或木材转运车，采用的是单轴拖拉机铰接挂车实现田间运输，也有采用带动力挂车实现农资转运，如图 5-3 所示。

利用已发布的《山地铰接轮式拖拉机　通用技术条件》（TN/J 1169—2018）团体标准，规定了四轮驱动铰接转向形式的山地拖拉机，该类型的拖拉机具有良好的机动性和通过性，本方案中认为在满足本标准（或者是铰接四轮驱动拖拉机），在取得拖拉机技术鉴定和推广鉴定的机型基础上，从铰接点后方去掉后轴部分，可替换为带驱动的挂车，转换为铰接轮式拖拉机运输机组；在去掉挂车后，可以与原有的拖拉机后轴重新连接，恢复拖拉机形式。如图 5-4 所示。

表 5-4　**goldoni** 两款拖拉机主要性能参数对比

| 机型 | MAXTER 60 SN | TRANSCAR 60SN |
|---|---|---|
| Goldoni | | |

| | | MAXTER 60 SN | TRANSCAR 60SN |
|---|---|---|---|
| 发动机 | 厂家 | VM | |
| | 型号 | D703 E3 | |
| | 额定功率 | 36kW/49hp | |
| | 缸数 | 3 | |
| | 冷却 | 水冷 | |
| | 最大扭矩 | 145N·m | |
| | 扭矩储备 | 8.8% | |
| | 油箱容积 | 30L | |
| 传动 | 传动形式 | 机械传动/四轮驱动 | |
| | 变速箱 | 16＋16 | 8＋8 |
| | 离合器 | 干式单盘，直径230mm | 干式，8.5 英寸* |
| | 离合器控制 | 液压 | 机械 |
| | 扭转角 | 15° | |
| | 最低时速 | 0.9km | \ |
| | 最高时速 | 30km | 40km |
| 制动 | 行车制动 | 后轮制动（液压） | 四轮制动（液压） |
| | 驻车制动 | 独立机械后轮 | |
| 转向 | 类型 | 液压折腰 | |
| | 角度 | 45° | 37° |
| PTO | 类型 | 单轴独立 | |
| | 转速 | 540/750（r/min） | 540（r/min） |
| | 旋转 | 顺时针 | |
| | 花键 | 6槽3/8～1英寸 | |
| 电气配件 | 电池 | 12V 680A 74Ah | |

---

\*　英寸为非法定计量单位，1 英寸等于 2.54cm。

（续）

| 机型 | | MAXTER 60 SN | TRANSCAR 60SN |
|---|---|---|---|
| 整车参数 | 长 | 3 250mm | 4 600mm |
| | 宽 | 1 241～1 518mm | 1 350mm（实测） |
| | 高（防翻滚架） | 2 099～2 107mm | 2 185mm |
| | 方向盘高度 | 1 200～1 260mm | 1 310mm |
| | 座椅高度 | 885～893mm | 880mm（实测） |
| | 轴距 | 1 370mm | 2 280mm |
| | 轮胎内侧距离 | 804～956mm | 752～927mm |
| | 前悬 | \ | 1 240mm |
| | 后悬 | \ | 1 080mm |
| | 最小离地间隙 | 283～291mm | 245mm |
| | 接近角 | \ | 20° |
| | 最小转弯半径 | 3.6m | 4.25m |
| | 质量 | 1 650kg | 1 880kg |
| 轮胎 | | 前、后轮 8.25×16<br>最小宽度 1 241mm<br>高度 2 099mm<br>最小离地间隙 283mm | 10.0/75—15.3 |
| | | 前、后轮 280/70R18<br>最小宽度 1 422mm<br>高度 2 107mm<br>最小离地间隙 291mm | |

林业拖拉机铰接无动力挂车　　　　　单轴拖拉机铰接动力挂车

单轴拖拉机铰接无动力挂车（拍摄地点为广西）

图 5-3　国外单轴拖拉机铰接挂车

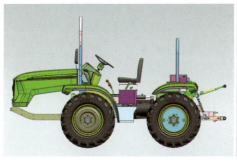

已经取得技术鉴定和推广鉴定的拖拉机

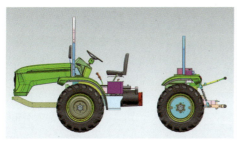

从铰接点断开分成两段

断开后与挂车通过螺栓和卡位实现铰接

完成铰接后的挂车

图 5-4　铰接轮式拖拉机运输机组

　　广西土地为黄土居多，其中有机质含量较少，甘蔗榨糖过程中的主要废弃物滤泥，经过处理后可作为农家肥。图 5-5 为该类型铰接带挂车拖拉机对甘蔗施肥撒布作业场景。

### 5.3.2.2　标准全文

标准全文见本章附件 3。

图 5-5　装载和撒布滤泥

### 5.3.3　山地铰接平台式拖拉机

#### 5.3.3.1　标准背景

南方丘陵作为中国主要的牧草、甘蔗和速生林产区，在雨天无法使用汽车提供运输服务，单以农用挂车的形式难以适应小地块灵活掉头和坡地稳定性的运输需求，如何为其提供适宜的转运机车和施肥工具成为一个重要的课题。

针对丘陵山地拖拉机中小型化、高机动性、高通过性、高稳定性的特点，为指导和规范山地铰接平台式拖拉机的设计、制造、检验提供了技术依据，为山地铰接平台式拖拉机的推广应用提供了技术支撑。本标准规定了山地铰接平台式拖拉机通用技术规范的术语、技术要求、检验方法、检验规则、交货、标志、运输、贮存，适用于山地铰接平台式拖拉机通用技术规范，其他丘陵山地动力机械也可参照执行。

其中拖拉机具备长轴距类型，用于背负农机具。如果使用传统农业机械，将造成机器的使用率低，通过本标准的铰接平台式拖拉机和平台式机具组合，将极大地提升作物全生命周期的机器使用率。通过山地铰接平台式拖拉机与平台式机具，如施肥机具、保墒机具、植保机具和田间转运提升机具等组合时可以实现转运、施肥、保墒、甘蔗收集提升和植保机械化操作，如图 5-6 所示。

#### 5.3.3.2　标准全文

标准正在制定中。

### 5.3.4　平台悬挂机具接口（TN/J 1229—2021）

#### 5.3.4.1　标准背景

通过借鉴国内外先进经验，重点针对扭转农机化率较低的丘陵山地区域无机可用的局面制定了拖拉机平台悬挂机具接口的技术要求、安全性能、试验方法及检验规则，充分纳入和反映了当今新产品、新技术、新工艺的先进技术成果。设定了适用范围，调整了性能要求及其试验方法，对引导和规范平台悬挂机具技术的发展，提升标准的先进性、合理性和适用性，为提高其技术水平起到关键性的支撑作用。

山地铰接平台式拖拉机

搭载撒肥机

搭载沼渣沼液抽排设备

搭载风送喷雾机

升降支腿辅助安装平台式机具

图 5-6　山地铰接平台式拖拉机及其与相关机具组合

　　本标准属于创新标准，体现新技术，在节能、环保方面做出了积极贡献，通过换装背负式农机具，可携带现料仓、水箱、喷药箱、肥料播撒机、田间举升转运等机具，实现转运、施肥、保墒、植保等功能，提高了动力机具的利用率，是解决丘陵山地无机可用的可行方案之一，填补了国内平台悬挂机具的技术空白，对产业结构调整和优化升级具有积极促进作用，对引导和规范拖拉机及农机具技术的发展，提升标准的先进性、合理性和适用性，为提高其技术水平起到关键性的支撑作用。

　　本标准适用于铰接式拖拉机用平台悬挂机具接口，其他自走式非道路车辆用接口可参照采用。主要解决了以下几个问题：

**（1）提高丘陵山地农机化率**

　　我国高原和丘陵地区面积 6.66 亿 $hm^2$，占国土总面积的 69.4%，丘陵山区县级行政区数占全国的 2/3，拥有全国 54.2% 的人口。然而，该地区耕地条件禀赋差，农机化发展长期滞后，2019 年农机化率仅为 40.66%。而相应地形的日本、韩国、意大利等国农机化率都在 90% 以上。其地形特点如图 5-7 所示。通过本标准的平台悬挂机具组合，大幅提高了丘陵山地农机化率。

图 5-7　丘陵山地地形图

**（2）提高农机使用率**

如果使用传统农业机械，将造成机器的使用率低，通过本标准的平台悬挂机具组合，将极大地提升作物全生命周期的机器使用率。

**（3）解决通过性和稳定性问题**

轮式拖拉机运输机组通过牵引杆形式链接难以适应小地块灵活掉头和坡地稳定性的需求，通过铰接轮式拖拉机与背负式机具，如施肥机具、保墒机具、植保机具和田间转运提升机具等组合时可以顺畅进行转运、施肥、保墒、甘蔗收集提升和植保等作业，如图 5-8 所示。

轮式拖拉机　　　　　　　可背负撒施机　　　　　　可背负甘蔗收集提升机

图 5-8　可变轴距山地铰接轮式拖拉机及背负式机具

**（4）解决采用普通三点悬挂携带农具重量有限，或者在使用过程中质量逐渐减少，引起翘头等问题**

通过采用广西合浦县惠来宝机械制造有限公司生产的型号 HL504L，标定功率为 36.8kW 的拖拉机进行试验验证，结果均能满足所制定的标准要求。试验的平台悬挂机具有撒肥机、喷雾机和沼渣沼液抽排设备。课题组进行了相应的试验，按照标准中 5.2 测试方法的规定进行测试，试验照片和结果如图 5-9 所示。

**5.3.4.2　标准全文**

标准全文见本章附件 4。

试验照片

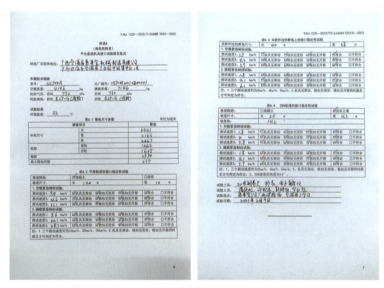

试验报告

图 5-9　试验照片和结果

## 5.3.5　草坪和园艺拖拉机　前置和中置动力输出轴（TN/J 1170—2018）

### 5.3.5.1　标准背景

为了解决草坪和园艺拖拉机与作业机具的连接互换性问题，提高拖拉机作业机具的工作效率，特规定了草坪和园艺拖拉机前置和中置动力输出轴的转速、旋转方向。本标准适用于草坪和园艺拖拉机，其中标准中的参数采用了美国农业工程师协会的标准 ASAE S431.2：2011 2000 rpm front and mid PTO for Lawn and garden ride-on tractors。在欧美国家，草坪和园艺拖拉机是十分成熟的产品，我国目前的草坪和园艺拖拉机处于研发阶段，本标准所用参数为美国农业工程师协会使用多年的标准。

通过标准的制定，填补了我国草坪和园艺拖拉机工作装置标准的技术空白，对产业结构调整和优化升级具有积极的促进作用，对引导及规范草坪和园艺拖拉机技术的发展，提升标准的先进性、合理性和适用性，提高草坪和园艺拖拉机整机技术水平起到关键性的支撑作用。

### 5.3.5.2 标准全文

标准全文详见本章附件 5。

## 5.3.6 非道路车辆 滚筒式铰接机构（T/CAMS 161—2023）

### 5.3.6.1 标准背景

针对农林拖拉机和自走式机械的铰接问题，创新研制的滚筒式铰接机构为整机提供了两个自由度，转向自由度用于前后机体偏折转向，扭转自由度用于前后驱动桥仿形作业。能够有效地保证拖拉机的转向可操作性、四轮自适应复杂路况、实时着地、牵引性能稳定。该机构减少了轮边转向机构，使前后桥更加紧凑，轮距更小，同时外露的运动件更少或者将其高度有效从轮边提升到铰接处，减少了泥水的渗入，提高了可靠性。

工作组对非道路车辆滚筒式铰接机构的现状与发展情况进行全面调研，同时广泛搜集和检索了技术资料，并进行了大量的研究分析、资料查证工作，确定了标准主要技术内容，规定了铰接机构的术语、技术要求、试验方法、检验规则、标志、包装、运输和贮存。

本标准主要适用于自走式非道路车辆用滚筒式铰接机构，依据标准包括《农业拖拉机 试验规程 第20部分：颠簸试验》（GB/T 3871.20），《工程机械焊接通用技术条件》（JB/ZQ 3011），《农林拖拉机及机具涂漆通用技术条件》（JB/T 5673），《拖拉机外观质量要求》（JB/T 6712），《拖拉机传动系效率的测定》（JB/T 8299），《农林拖拉机及机具 漆膜 附着性能测定方法 压切法》（JB/T 9832.2—1999）和企业的生产经验。

本标准中滚筒式铰接机构具有实现车辆折腰转向和扭转，连接前后机体的功能，所以本标准可作为技术研发的基础，为未来技术发展提供技术引导作用。

对于标准的试验验证，通过采用广西合浦县惠来宝机械制造有限公司生产的型号HL504，标定功率为 36.8kW 的拖拉机来完成。样机试验验证结果均能满足本标准的要求，如图 5-10 所示。

滚筒式铰接机构　　　　　　　　　铰接轮式拖拉机

图 5-10　滚筒式铰接机构和铰接轮式拖拉机

我们进行了相应的试验，按照标准中5.2测试方法的规定进行测试，试验结果如图5-11所示。

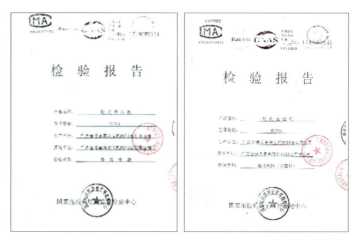

图 5-11　试验结果

### 5.3.6.2　标准全文

标准全文见本章附件6。

## 5.3.7　正反向驾驶装置（TN/J 1361—2022）

### 5.3.7.1　标准背景

双向驾驶有利于改善拖拉机在向后驾驶时的视野问题，相当于前属具的携带，避免了增加前PTO的结构和成本，充分发挥了后PTO动力输出的作用，通过相对可靠和低廉的成本加以实现；能够有效地提升拖拉机的使用效率，保证操作员工作舒适，不用频繁转动头部，有利于人员身体健康。本项目的实施可以更好地拓展现有农林拖拉机和机械的使用范围，有效利用后置PTO，提高工作效率，解决拖拉机正反向驾驶的问题。

国外的拖拉机，特别是多用途拖拉机大多装备了正反向驾驶装置，例如安东尼卡罗拉、高登尼、瓦尔帕达纳等，不同厂家的结构形式、操作方式略有不同，该技术在国外已成熟应用多年，广西惠宝来公司生产的正反向驾驶装置已稳定使用2年以上，可以在此基础上拓展电动自动旋转和自适应调平等功能。

广西惠宝来公司产品如图5-12所示：有双向操作功能，通过专有技术实现座椅旋转，双向操作方便于驾驶员向后作业的操作。

### 5.3.7.2　标准全文

标准全文见本章附件7。

## 5.3.8　可自适应调整的驾驶装置

### 5.3.8.1　标准背景

随着农业机械化的发展，农业机械的使用已遍及各个生产作业环节，驾驶员对农机的舒适性的要求也越来越高。农机的作业环境比较恶劣，驾驶员因长时间扭腰斜坡作业和久

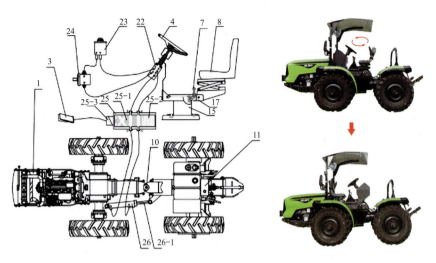

图 5-12　驾驶员双向操作示意图和结构图

坐，身体压力在局部积累，造成驾驶员腰酸背痛腰肌劳损，易患上职业病。现有的农业机械座椅装置高度调节和减震缓冲功能居多，但无法实现在斜坡上自动或手动调平座椅，因此，需要提供一种可以根据机器作业时的横向倾角自动或手动调节驾驶座椅。该标准涉及的驾驶装置通过调平装置绕机器前进方向的轴线左右偏转角度，从而实现驾驶装置左右自动调平，在机器作业时保持驾驶装置总体和地面保持水平，大大提高了驾驶员的使用舒适性。

目前，国内对可自适应调整的驾驶装置的研发处于空白，本标准主要依据包括《农业拖拉机和机械、草坪和园艺动力机械　安全标志和危险图形　总则》（GB 10396）、《工程机械焊接通用技术条件》（JB/ZQ 3011）、《农林拖拉机及机具涂漆　通用技术条件》（JB/T 5673），《拖拉机外观质量要求》（JB/T 6712），《农林拖拉机及机具　漆膜　附着性能测定方法　压切法》（JB/T 9832.2—1999）；除了依据相关国家标准外，同时参考企业的生产经验，作为技术研发的基础，为未来技术进步起到促进作用。

### 5.3.8.2　标准全文
标准正在制定中。

# 附件 1

## 农业车辆　农用挂车转向系统
## 半挂车铰接式转向装置连接
### （GB/T 41604-2022/ISO 26402：2008）

## 1　范围

本文件规定了农用半挂车的铰接式转向装置牵引车和挂车之间连接尺寸和净空区，还规定了这种铰接式转向装置连接处的最大允许力。

本文件仅适用于与 GB/T 19408.5 一起使用，规定了名义直径为 80mm 的球形（机械）连接装置。

本文件不适用于铰接式转向装置连接机械强度的验证，也不适用于机械连接装置；本文件不包括铰接式转向装置本身的技术要求。

## 2　规范性引用文件

下列文件中的内容通过文中的规范性引用而构成本文件必不可少的条款。其中，注日期的引用文件，仅该日期对应的版本适用于本文件；不注日期的引用文件，其最新版本（包括所有的修改单）适用于本文件。

ISO 730　农业轮式拖拉机　后置式三点悬挂装置　1N、1、2N、2、3N、3、4N 和 4 类（Agricultural wheeled tractors-Rear-mounted three-point linkage-Categories 1N，1，2N，2，3N，3，4N and 4）

注：GB/T 1593—2015 农业轮式拖拉机　后置式三点悬挂装置　0、1N、1、2N、2、3N、3、4N 和 4 类（ISO 730：2009，MOD）

ISO 1103：2007　道路车辆　旅居挂车和轻型挂车的连接球　尺寸（Road vehicles-Coupling balls for caravans and light trailers-Dimensions）

注：GB/T 25980—2010　道路车辆　旅居挂车和轻型挂车的连接球　尺寸（ISO 1103：2007，IDT）

ISO17900：2002　农用挂车　全挂车和半挂车有效载荷、垂直静态载荷和轴载荷的测定（Agricultural trailers-Balanced and semi-mounted trailers-Determination of payload，vertical static load and axle load）

注：GB/T 21160—2007　农用挂车　全挂车和半挂车有效载荷、垂直静态载荷和轴载荷的测定（ISO 17900：2002，IDT）

ISO 24347：2005　农业车辆　挂车和牵引车的机械连接　第5部分：球形连接〔Agricultural vehicles-Mechanical connections between towed and towing vehicles-Dimensions of ball-type coupling device（80mm）〕

注：GB/T 19408.5—2009　农业车辆　挂车和牵引车的机械连接　第5部分：球形连接（ISO 24347：2005，IDT）

## 3　术语和定义

ISO 17900 界定的以及下列术语和定义适用于本文件。

### 3.1　铰接转向　articulated steering

通过牵引车方向改变产生转向力的装置，其中挂车转向车轮的转动与牵引车和挂车纵向轴线之间的相对转角紧密相关。

## 4　通用要求

4.1　铰接转向装置连接可以包括1个或2个连接点。

图1给出的是包括1个连接点为例的版本。

如果仅提供1个连接点，则该连接点应位于行驶方向的左侧。

4.2　拖拉机连接点的尺寸（50mm球形）应符合 ISO 1103，挂车的连接点应符合图2的要求。应通过拖拉机（50mm球形）连接点处的机械装置防止意外脱开拖拉机（50mm球形）和挂车的连接点。

4.3　根据图1，转向杆方向的最大力不应超过20kN。

如有必要，应采用适当的方法将该力限制在规定值内。

示例：液压动力源。

4.4　通过符合 ISO 24347 的80mm球形连接装置和拖拉机的连接点（50mm球形）的中心线应平行于拖拉机的后轴。水平和垂直允许公差为 ±5mm。与80mm球形连接装置相关的位置应符合图3的要求。

拖拉机（50mm球形）连接点的几何形状应符合 ISO 1103 的规定。

4.5　80mm球形连接装置和连接点（50 mm 球形）均应符合 ISO 24347：2005 中 3.1.4 中给出的俯仰角、偏转角和翻滚角的要求。如果在拖拉机和牵引杆部件之间没有接触的情况下，通过连接点（50mm球形）无法获得机械连接装置规定的60°偏转角，则应通过适当的方式限制最大偏转角（见图1，标引序号4项）：挂车的适当部件可起到此类限制器的作用。挂车的使用说明书应包含必要的信息。

4.6　如果拖拉机的连接点（50mm球形）会与按 ISO 730 规定的下拉杆的移动范围或横向运动限制装置干涉，则该连接点应是可拆卸的。使用说明书和／或安装指南应包含必要的信息。

## 5　净空区

5.1　连接点净空区应符合图4。

5.2　80mm球形连接装置和拖拉机（50mm球形）组合净空区应符合图5。

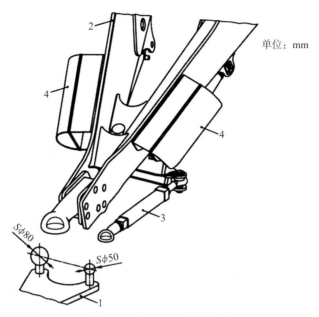

单位：mm

标引序号说明：1—挂车连接点（50mm 球形） 2—挂车 3—铰接转向装置的转向杆 4—偏转角限制器

图 1 具有一个连接点的铰接转向的示例

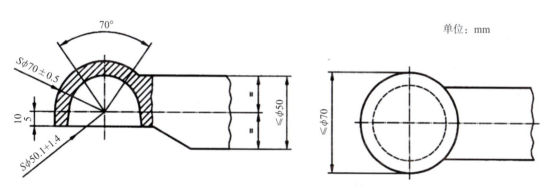

图 2 挂车连接点尺寸

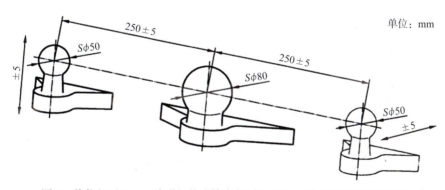

图 3 拖拉机（50mm 球形）的连接点相对于 80mm 球形连接装置的位置

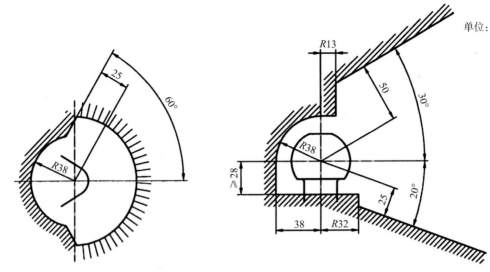

图 4　连接点净空区

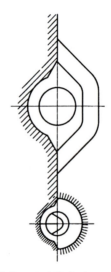

图 5　拖拉机 80mm 球形连接装置和连接点（50mm 球形）组合净空区　俯视图

# 附件 2

# 山地铰接轮式拖拉机　通用技术条件

## （T/NJ 1169—2018）

## 前言

本标准按照 GB/T 1.1—2009 给出的规则起草。

本标准由中国农业机械学会提出。

本标准由全国拖拉机标准化技术委员会（SAC/TC 140）归口。

本标准负责起草单位：广西合浦县惠来宝机械制造有限公司、长沙桑铼特农业机械设备有限公司、重庆宗申巴贝锐拖拉机制造有限公司。

本标准参加起草单位：国家拖拉机质量监督检验中心、农业农村部农业机械试验鉴定总站、河南科技大学、衡阳衡拖农机制造有限公司、衡阳市时新农机有限公司、衡阳市伍联农机实业有限公司。

本标准主要起草人：高巧明、周志、李鑫、王连其、熊卓宇、徐惠娟、陈震霖、欧阳时新、欧阳旭、刘远辉、陈嵩、胡望中、肖名涛、吴文科、陈荣文、耿占斌、高宏峰、尚项绳。

本标准为首次发布。

## 1　范围

本标准规定了山地铰接轮式拖拉机的术语和定义、型号编制、技术要求、试验方法、检验规则、交货、标志、运输和贮存。

本标准适用于发动机标定功率不大于 45kW 山地铰接轮式拖拉机（以下简称：拖拉机）。

## 2　规范性引用文件

下列文件对于本文件的应用是必不可少的。凡是注日期的引用文件，仅注日期的版本适用于本文件。凡是不注日期的引用文件，其最新版本（包括所有的修改单）适用于本文件。

GB/T 1592　（所有部分）农业拖拉机　后置动力输出轴　1、2、3 和 4 型

GB/T 1593　农业轮式拖拉机后置式三点悬挂装置　0、1N、1、2N、2、3N、3、4N和 4 类

GB/T 2828.1—2012　计数抽样检验程序　第 1 部分：按接收质量限（AQL）检索的逐批检验抽样计划

GB/T 3871　（所有部分）农业拖拉机　试验规程

GB/T 5862　农业拖拉机与机具　通用液压快换接头

GB/T 6960 （所有部分）拖拉机术语

GB/T 9480　农林拖拉机和机械、草坪和园艺动力机械　使用说明书编写规则

GB 10396　农林拖拉机和机械、草坪和园艺动力机械　安全标志和危险图形　总则

GB/T 10910　农业轮式拖拉机和田间作业机械　驾驶员全身振动的测量

GB/T 13876　农业轮式拖拉机驾驶员全身振动的评价指标

GB 18447.1　拖拉机　安全要求　第 1 部分：轮式拖拉机

GB/T 19040　农业拖拉机　转向要求

GB/T 19407　农业拖拉机操纵装置最大操纵力

GB /T 19498　农林拖拉机防护装置　静态试验方法和验收技术条件

GB 20891　非道路移动机械用柴油机排气污染物排放限值及测量方法（中国第三、四阶段）

GB/T 20949　农林轮式拖拉机　照明和灯光信号装置的安装规定

GB/T 23292　拖拉机燃油箱　试验方法

GB/T 24387　农业和林业拖拉机燃油箱　安全要求

GB/T 24645　拖拉机防泥水密封性　试验方法

GB/T 24648.1　拖拉机可靠性考核

GB/T 33641　（所有部分）农林拖拉机和机械　安全带

JB/T 5673—2015　农林拖拉机及机具涂漆　通用技术条件

JB/T 6697　机动车及内燃机电气设备　基本技术条件

JB/T 6712　拖拉机外观质量要求

JB/T 6714.2　农业拖拉机液压悬挂系统　试验方法

JB/T 7325　农林窄轮距轮式拖拉机防护装置强度试验方法和验收条件

JB/T 9831　农林拖拉机　型号编制规则

JB/T 9832.2—1999　农林拖拉机及机具　漆膜　附着性能测定方法　压切法

## 3　术语和定义

GB/T 6960 界定的以及下列术语和定义适用于本文件。

### 3.1　山地铰接轮式拖拉机　hilly articulated steering wheeled tractor

通过前、后铰接机体偏折实现转向和全轮着地，更换不同的机体模块可以实现田间作业和（或）转运、抛撒施肥的铰接式四轮驱动拖拉机。

### 3.2　长轴距拖拉机　long wheelbase tractor

轴距大于 2.5m 的山地铰接轮式拖拉机。

### 3.3　扭转角　torsion angle

车身前后机体纵垂面之间的偏转角度。

### 3.4　折腰转向角　articulated steering angle

车身前后机体纵向轴线在水平投影面上的偏折角度。

### 3.5　接近角　approach angle

拖拉机最小使用质量下，通过前端突出点与前轮相切平面与地平面间的夹角，见图 1。

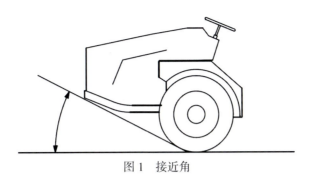

图 1　接近角

## 4　型号编制

按 JB/T 9831 的规定，拖拉机产品型号由系列代号、功率代号、型式代号、功能代号和区别标志组成，其排列顺序如下：

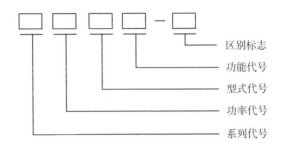

系列代号：由制造商选定。用不多于 3 个大写汉语拼音字母（I、O 除外）表示，用以区别不同系列和不同设计的机型。

功率代号：用发动机标定功率值［单位为千瓦（kW）］乘以系数 1.36 后取近似的整数表示。

型式代号：型式代号为"4"，表示四轮驱动。

功能代号：功能代号为"M"，表示山地；长轴距拖拉机，用"ML"表示。

区别标志：结构经重大改进后，可加注区别标志，用两位阿拉伯数字表示。

## 5　技术要求

### 5.1　一般要求

5.1.1　拖拉机应按照经规定程序批准的产品图样和技术文件制造。

5.1.2　拖拉机上的零件、部件用紧固件联接的，应按要求联接牢靠，应无松动现象。

5.1.3　拖拉机正常工作时各系统应无异常响声，应无漏油、漏水、漏气、漏电现象，发动机不允许窜机油。

5.1.4　防泥水密封性试验后的拖拉机各部位应无渗、漏液（包含油、水等液体），各润滑油、脂密封腔内的油、脂应无可见的水珠或电烙铁探查应无爆裂声。

5.1.5　拖拉机外观质量应符合 JB/T 6712 的规定，涂漆应符合 JB/T 5673—2015 的规定，其中机罩等装饰性较高的部件按 JB/T 5673—2015 表 1 中的 TQ-1-1-DM 涂漆，漆膜附着性能应不低于 JB/T 9832.2—1999 表 1 中 Ⅱ 级的规定。

5.1.6 发动机在全程调速范围内应能稳定运转，并能直接或间接通过熄火装置使发动机停止运转。

5.1.7 各操纵机构的运转应轻便灵活、松紧适度，各机构行程调整应符合使用说明书的规定。所有能自动回位的操纵件，在操纵力去除后应能自动回位；非自动回位的操纵件应能可靠地停在操纵位置。各操纵装置的最大操纵力应符合 GB/T 19407 的规定。

5.1.8 后置动力输出轴应符合 GB/T 1592（所有部分）的规定，液压输出用的快换接头应符合 GB/T 5862 的规定。

5.1.9 在各档工作时，变速箱应无乱档、脱档、摘不了档现象。

5.1.10 拖拉机应能全程平稳转向，无不连续运转和冲击现象，转向性能应符合 GB/T 19040 的规定，最小转向圆半径应达到使用说明书的规定。转向盘最大自由转动量不大于 30°。行驶过程中拖拉机熄火时应能实现人力转向。

5.1.11 拖拉机上的仪表应符合 JB/T 6697 的规定，显示应清晰准确，信号报警系统和电器照明及其开关的工作应可靠。

5.1.12 拖拉机接近角应不小于 20°。

5.1.13 拖拉机最大折腰转向角的限位应不小于 20°，不大于 40°。

5.1.14 最大扭转角的限位应不小于 13°，不大于 25°。

5.1.15 过铰接点线束应捆扎包裹良好，避免被夹伤、拉扯现象。

5.1.16 液压式制动系统应无渗油、漏油现象。

5.1.17 拖拉机在 −5℃ 环境温度下应能顺利起动。

5.1.18 在环境温度为 40℃ 情况下做拖拉机高温性能试验，发动机冷却液温度应低于 100℃（压力水箱按工厂规定值），发动机润滑油温度及排气温度、拖拉机传动系及液压系统油温应不高于工厂规定的最高限值。

5.1.19 拖拉机可靠性试验平均故障间隔时间（MTBF）应不小于 210h，无故障性综合评分值应不小于 70 分。

5.1.20 有驾驶室的所有挡风玻璃应为安全玻璃。

5.1.21 拖拉机左右应各装设一面后视镜。

5.1.22 拖拉机的照明和灯光信号装置的安装应符合 GB/T 20949 的规定。

5.1.23 拖拉机产品使用说明书应符合 GB/T 9480 的规定。

5.1.24 拖拉机最小离地间隙应不小于 180mm。

5.1.25 长轴距拖拉机外廓尺寸应符合表 1 的规定。

表 1 长轴距拖拉机外廓尺寸标准

单位：m

| 序号 | 项目 | 尺寸 |
| --- | --- | --- |
| 1 | 长 | ≤6 |
| 2 | 宽 | ≤2 |
| 3 | 高 | ≤3.5 |

## 5.2 安全要求

5.2.1　拖拉机的安全要求应符合 GB 18447.1 的规定。

5.2.2　拖拉机冷态试验的制动平均减速度应不小于 3.0m/s²。

5.2.3　拖拉机污染物排放应符合 GB 20891 的要求，拖拉机配套发动机应具有符合 GB 20891 规定的标签。

5.2.4　拖拉机应配备安全架（或安全驾驶室）及安全带，其强度应符合 GB /T 19498、JB/T 7325、GB/T 33641（所有部分）的规定。

5.2.5　拖拉机应设置安全起动装置，该装置应能避免拖拉机的误起动。

5.2.6　拖拉机燃油箱安全要求应符合 GB/T 24387 的规定。

5.2.7　易发生人身伤害的部位，应在明显处设置安全标志，安全标志应符合 GB 10396 的规定。

5.2.8　驾驶员全身振动联合加权加速度 $a_w$ 应符合 GB/T 13876 的规定、且不大于 3.0m/s²。

5.2.9　长轴距拖拉机搭载背负式农具时，农具前部应安装比驾驶室高的防护装置，若无驾驶室，其高度应高出驾驶座垫平面 0.8 ～ lm。

## 5.3 动力输出轴性能

5.3.1　在发动机标定转速下，动力输出轴的最大功率应不低于发动机标定功率（12h）的 0.85 倍，且不超过发动机标定功率（12h）。

5.3.2　动力输出轴变负荷平均燃油消耗率：

a）不大于 22.1kW 的拖拉机应不大于 365g/（kW·h）；

b）22.1 ～ 45kW 的拖拉机应不大于 350g/（kW·h）。

5.3.3　动力输出轴转矩储备率应不小于 15%。

5.3.4　动力输出轴最大转矩点转速与动力输出轴最大功率点（在发动机标定转速下）转速之比应不大于 75%。

## 5.4 牵引性能

5.4.1　拖拉机最大牵引力应符合企业规定值的要求。

5.4.2　拖拉机最大牵引功率不小于发动机标定功率（12h）的 0.75 倍。

5.4.3　拖拉机最大牵引功率工况下的牵引比油耗：

——不大于 22.1kW 的拖拉机应不大于 365g/（kW·h）；

——22.1 ～ 45kW 的拖拉机应不大于 350g/（kW·h）。

## 5.5 液压悬挂性能

5.5.1　拖拉机的最大提升力（加载点在悬挂轴后 610mm 处）应不小于企业规定值，且每千瓦牵引功率的提升力应不小于 300N。

5.5.2　在工厂规定的最大提升力时，提升时间应不大于 3s，提升过程中不允许出现抖动、爬行、异常响声、漏油和安全阀开启等现象；30min 的静沉降量应不大于加载点提升行程的 4%。

5.5.3　对具有液压输出功能的拖拉机，其最大液压输出功率与发动机标定功率（12h）之比应不小于 10%。

5.5.4 拖拉机液压系统安全阀开启压力应在企业规定范围值内。

5.5.5 拖拉机后置式三点悬挂装置应符合 GB/T 1593 的规定。

## 5.6 出口型要求

按订单要求。

# 6 试验方法

6.1 拖拉机外观质量按 JB/T 6712 的规定进行。

6.2 拖拉机覆盖件漆膜附着性能检测按 JB/T 9832.2—1999 的规定进行。

6.3 拖拉机性能的试验条件和试验方法按 GB/T 3871（所有部分）的规定进行。

6.4 拖拉机防泥水密封性试验按 GB/T 24645 的规定进行。

6.5 驾驶员全身振动联合加权加速度 $a_w$ 试验应按 GB/T 10910 的规定，在不带配重状态下进行试验，试验跑道为 100m 较平滑跑道，行驶速度为 10km/h±0.5km/h。

6.6 拖拉机液压悬挂性能试验按 JB/T 6714.2 的规定进行。

6.7 拖拉机燃油箱试验按 GB/T 23292 的规定进行。

6.8 拖拉机可靠性试验按 GB/T 24648.1 的规定进行。

6.9 安全项目的试验按 GB 18447.1 的规定进行。

6.10 制动性能试验方法按 GB/T 3871.6 的规定测试。

6.11 拖拉机最大折腰转向角的检测方法见附录 A。

6.12 最大扭转角的检测方法见附录 A。

6.13 接近角测量方法：将最小使用质量的拖拉机停放在坚硬的水平地面上，把一块平板与拖拉机最前端和前轮贴紧，用量角器测量平板与水平面的夹角。

# 7 检验规则

## 7.1 出厂检验

7.1.1 每台总装完毕的拖拉机均应进行出厂检验，以检查拖拉机的制造、装配质量和主要技术指标是否符合本标准的要求。

7.1.2 出厂检验的项目见表 2。

7.1.3 出厂检验所有项目全部合格方能判定为合格。

## 7.2 型式检验

7.2.1 型式检验时机

有下列情况之一时，应进行型式检验：

a）新开发的拖拉机定型鉴定时；

b）正式生产后，结构、原理、重要部件有较大改变的改进设计时；

c）正式生产后，每隔五年时；

d）产品停产一年后，恢复生产时；

e）出厂检验结果与上次型式检验有较大差异时；

f）国家质量监督机构依法提出进行型式检验时。

表 2　出厂检验项目

| 不合格分类 | | 项　目 | 出厂检验 | 型式检验 |
|---|---|---|---|---|
| A 类 | 1 | 安全配置 | √ | √ |
| | 2 | 安全防护 | √ | √ |
| | 3 | 制动性能 | √ | √ |
| | 4 | 照明、信号装置 | √ | √ |
| | 5 | 安全操作警示标志 | √ | √ |
| | 6 | 安全使用信息（操纵标志、企业标志、产品标牌、机型标志、商标标志、环保信息标签等） | √ | √ |
| | 7 | 噪声 | — | √ |
| | 8 | 排气烟度 | — | √ |
| | 9 | 全身振动指标 | — | √ |
| | 10 | 发动机质量安全标志、标签 | √ | √ |
| B 类 | 1 | 动力输出轴最大功率 | — | √ |
| | 2 | 动力输出轴变负荷平均燃油消耗率 | — | √ |
| | 3 | 动力输出轴转矩储备率 | — | √ |
| | 4 | 最大牵引力 | — | √ |
| | 5 | 最大牵引功率 | — | √ |
| | 6 | 牵引比油耗 | — | √ |
| | 7 | 最大提升力 | √（抽检） | √ |
| | 8 | 主离合器接合及分离 | √ | √ |
| | 9 | 最小离地间隙 | — | √ |
| | 10 | 使用说明书 | √ | √ |
| | 11 | 折腰转向角 | — | √ |
| | 12 | 接近角 | — | √ |
| | 13 | 扭转角 | — | √ |
| C 类 | 1 | 最大操纵力 | — | √ |
| | 2 | 提升时间 | — | √ |
| | 3 | 静沉降率 | — | √ |
| | 4 | 液压输出功率 | — | √ |
| | 5 | 高温性能 | — | √ |
| | 6 | 低温起动性能 | — | √ |
| | 7 | 动力输出轴最大转矩点转速与最大功率点（在发动机标定转速下）转速之比 | — | √ |
| | 8 | 防泥水密封性 | — | √ |
| D 类 | 1 | 外观质量 | √ | √ |
| | 2 | 涂漆质量 | √ | √ |
| | 3 | 密封性 | — | √ |

注：带"√"的项目为应检验项目，带"—"的项目为不检验项目。

7.2.2 检验项目

7.2.2.1 属于 7.2.1 a）情况的拖拉机型式检验应进行全部整机性能试验和整机使用试验，或用部件台架耐久性试验和整机可靠性试验代替整机使用试验。

如果属于拖拉机系列设计，所有功率值的机型均应进行整机参数测量、性能试验，使用试验和可靠性考核等其他试验项目则可只进行最大功率值机型的试验，其他机型所装发动机应符合对发动机可靠性的要求。

注 1：拖拉机系列设计是指采用同一底盘（传动系统）、其他系统可选配、由若干个机型组成的一组拖拉机机型的设计，所有机型均用一个系列号；

注 2：更换不同品牌同功率的发动机，如果拖拉机性能指标没有发生变化的检验项目，则可以引用同一系列、配套其他品牌同功率的发动机的拖拉机机型的检验数据结果。

7.2.2.2 属于 7.2.1 b）情况的拖拉机型式检验应进行全部整机性能试验、经重大改进部件的台架耐久性试验和整机可靠性试验。

7.2.2.3 属于 7.2.1 中 c）、d）、e）、f）情况的拖拉机型式检验应进行表 2 所列项目。

7.2.3 不合格分类

被检项目凡不符合第 5 章规定的要求时均称为不合格项，按不合格项对产品质量的影响程度，分为 A 类不合格、B 类不合格、C 类不合格、D 类不合格。不合格分类见表 2。

7.2.4 抽样方案

7.2.4.1 按 GB/T 2828.1—2012 的规定，采用正常检验一次抽样方案。一般情况下，产品检查批 $N = 26 \sim 50$ 台，从出厂合格的产品中随机抽取 2 台作为样机，采用特殊检验水平 $S$-1，样本量字码为 A，AQL 为接收质量限，Ac 为接收数，Re 为拒收数。具体抽样方案见表 3。

属于 7.2.1 中 a）、b）的情况，应至少试制 2 台作为样机进行检验。

**表 3 抽样方案**

| 不合格分类 | 检验水平 | 样本量 | AQL | Ac | Re |
|---|---|---|---|---|---|
| A 类 | S-1 | 2 | 6.5 | 0 | 1 |
| B 类 | | | 25 | 1 | 2 |
| C 类 | | | 40 | 2 | 3 |
| D 类 | | | 40 | 2 | 3 |

注：AQL 值为每百单位产品的不合格数。

7.2.4.2 除试验样机外，根据需要可提供或抽取备用样机 1 ~ 2 台，备用样机只在非样机本身质量问题造成无法正常检验时启用。

7.2.5 判定规则

7.2.5.1 属于 7.2.1 中 a）、b）情况的拖拉机型式检验项目应全部达到要求，可靠性应符合 5.1.19 的要求，方判定为合格。

7.2.5.2 属于 7.2.1 中 c）、d）、e）、f）情况的拖拉机，根据表 3 的抽样方案进行判定。每一项不合格分类中，样本中的不合格数小于或等于 Ac 时该类判为合格，大于或等于 Re 时该类判为不合格。所有不合格分类全部合格时，则最终判为合格；任一类或多个类判为不合格时，则最终判为不合格。可靠性不合格项单独考核，可靠性试验有一项指标不合格，则最终判定该产品为不合格。

7.2.5.3 在整个性能检测期间，因产品质量问题发生致命故障及严重故障，则应停止检测，产品按不合格处理。

## 8 交货

8.1 每台拖拉机应经制造厂检验合格并签发合格证后方可出厂。

8.2 拖拉机出厂前应做好以下工作：

——放尽燃油和冷却水（加注防冻液的不放），盖住向上开口的排气管，并按规定进行标识；

——规定铅封处应加铅封；

——蓄电池应是未加过电解液的干态（免维护蓄电池除外）；

——如结构上可能，液压泵等附件应置于分离状态；

——发运前，各润滑部位应按规定加注或补足润滑油或润滑脂。

注：如用户对拖拉机交货状态有特殊要求，可与制造厂协商解决。

8.3 除了按特殊订货提供的附件外，出厂的每台拖拉机应按照产品技术文件的规定配齐全套备件、附件和随机工具。

8.4 随同出厂的每台拖拉机，制造厂应提供下列文件：

——使用说明书；

——零件目录；

——合格证和保修单；

——备件、附件和随车工具清单；

——装箱单。

## 9 标志、运输和贮存

9.1 拖拉机在车身前部外表面的易见部位上应安装一个能永久保持的商标或企业标志，在车身外表面的易见部位上应装置能识别机型的标志。

9.2 拖拉机应装置能永久保持的产品标牌，标牌标明的内容至少应包括：

——拖拉机商标、型号及名称；

——发动机标定功率（12h）；

——产品执行标准编号；

——出厂编号及出厂年月；

——制造厂名称及地址；

——环保信息。

9.3 应保证拖拉机在正常运输中不致发生损坏。

9.4 在干燥、通风的贮存条件下，拖拉机及其备件、附件和随车工具的防锈有效期为自出厂之日起 12 个月。

# 附 录 A

## （规范性附录）

## 折腰转向角和扭转角测量方法

### A.1 折腰转向角测量方法

#### A.1.1 台架测量方法

制造测量用台架，使拖拉机一轴处于静止状态，另一轴用滑动机构或滑轮撑起，如图 A.1 所示，向一侧转动方向盘至最大角度，通过地面参考线或仪表进行测量；完成后再转动方向盘到另一侧最大角度，进行测量；所得两侧最大转向角之和除以 2 作为测量值。

#### A.1.2 便携式仪器测量方法

在平地上，通过两个用具有伸缩功能的角传感器分别用磁铁或者其他方法，固定在与地面垂直过折腰转向点的车辆纵向平面距离不小于 100mm 的折腰转向点两边机体上，所固定的平面应与地平面保持平行。在机体旋转时，两个角传感器分别测量获得角度值，再通过平面几何换算得到折腰转向角度。

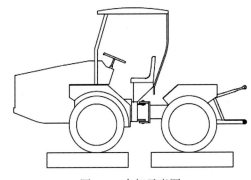

图 A.1 台架示意图

### A.2 扭转角测量方法

#### A.2.1 台架测量方法

扭转角的测量应在折腰转向角为 0° 时进行。制造测量用台架，使拖拉机一轴处于固定状态，另一轴放置在一个可以沿车辆行进方向扭转的平板上，使轴能左右扭转至最大角度，进行测量；所得两侧最大转向角之和除以 2 作为测量值。

#### A.2.2 便携式仪器测量方法

扭转角的测量应在折腰转向角为 0° 时进行。在平地上，通过两个用具有伸缩功能的角传感器分别用磁铁或者其他方法，固定在与地面垂直的过折腰转向点车辆横截面上，并保持与过折腰转向点铅垂线不小于 100mm 的距离上，所固定的平面应与地平面保持垂直。通过千斤顶或其他方法，使一轴左、右扭转到最大值，两个角传感器分别测量获得角度值，再通过平面几何换算得到扭转角度。

# 附件3

# 铰接轮式拖拉机运输机组 通用技术条件

## （T/NJ 1312—2022/T/CAAMM 188—2022）

## 前言

本文件按照 GB/T 1.1—2020《标准化工作导则 第1部分：标准化文件的结构和起草规则》的规定起草。

请注意本文件的某些内容可能涉及专利。本文件的发布机构不承担识别专利的责任。

本文件由中国农业机械学会和中国农业机械工业协会联合提出。

本文件由全国农业机械标准化技术委员会（SAC/TC 201）和全国拖拉机标准化技术委员会（SAC/TC 140）共同归口。

本文件起草单位：广西合浦县惠来宝机械制造有限公司、广西壮族自治区农业机械化服务中心。

本文件主要起草人：高巧明、叶长青、陈荣文、王连其、宁业烈。

## 1 范围

本文件规定了铰接轮式拖拉机运输机组的术语和定义、技术要求、试验方法、检验规则、标志、包装、运输和贮存。

本文件适用于铰接轮式拖拉机运输机组（以下简称"运输机组"）。

## 2 规范性引用文件

下列文件中的内容通过文中的规范性引用而构成本文件必不可少的条款。其中，注日期的引用文件，仅该日期对应的版本适用于本文件；不注日期的引用文件，其最新版本（包括所有的修改单）适用于本文件。

GB/T 1147.2 中小功率内燃机 第2部分：试验方法

GB/T 3871.3 农业拖拉机 试验规程 第3部分：动力输出轴功率试验

GB/T 3871.5 农业拖拉机 试验规程 第5部分：转向圆和通过圆直径

GB/T 3871.8 农业拖拉机 试验规程 第8部分：噪声测量

GB/T 3871.19 农业拖拉机 试验规程 第19部分：轮式拖拉机转向性能

GB/T 6238 农业拖拉机驾驶室门道、紧急出口与驾驶员的工作位置尺寸

GB/T 6960 （所有部分）拖拉机术语

GB/T 9480 农林拖拉机和机械、草坪和园艺动力机械 使用说明书编写规则

GB 10396 农林拖拉机和机械、草坪和园艺动力机械 安全标志和危险图形 总则

GB/T 13306 标牌

GB 18447.1　拖拉机　安全要求　第 1 部分：轮式拖拉机

GB/T 19407　农业拖拉机操纵装置最大操纵力

GB 20891　非道路移动机械用柴油机排气污染物排放限值及测量方法（中国第三、四阶段）

GB/T 20949　农林轮式拖拉机　照明和灯光信号装置的安装规定

GB/T 23292　拖拉机燃油箱　试验方法

GB/T 23920　三轮汽车和低速货车　最高车速测定方法

GB/T 23931　三轮汽车　试验方法

GB/T 24387　农业和林业拖拉机燃油箱　安全要求

GB/T 24645　拖拉机防泥水密封性　试验方法

GB 24939　三轮汽车自卸系统　安全技术要求

JB/T 5673　农林拖拉机及机具涂漆　通用技术条件

JB/T 6697　机动车及内燃机电气设备　基本技术条件

JB/T 6712　拖拉机外观质量要求

JBT 11224　三轮汽车　可靠性考核评定方法

JB/T 9832.2—1999　农林拖拉机及机具　漆膜　附着性能测定方法　压切法

## 3　术语和定义

GB/T 6960（所有部分）界定的以及下列术语和定义适用于本文件。

### 3.1　铰接轮式拖拉机运输机组　articulated steering wheeled tractor-trailer combination

发动机 12 h 标定功率不大于 50kW 的轮式拖拉机去掉转向前轴或铰接后机体，与不同作业功能的挂车通过螺栓固定等方式铰接实现转向、全轮着地、驱动等功能，实现田间作业和 / 或转运、撒肥的铰接式拖拉机运输机组。

### 3.2　铰接接口　articulated tractor interface

在轮式拖拉机与挂车之间实现快速铰接的装置。

## 4　技术要求

### 4.1　一般要求

4.1.1　运输机组应按照经规定程序批准的产品图样和技术文件制造。

4.1.2　运输机组的零、部件及附件应符合图样和技术文件的规定，经检验合格后方可进行装配。

4.1.3　运输机组上的零部件用紧固件联接得应牢固可靠，不应有松动现象。

4.1.4　运输机组正常工作时各系统应无异常响声，应无漏油、漏水、漏气和漏电现象。防泥水密封性试验后的运输机组各部位不应有泥水渗入机体。

4.1.5　运输机组外观质量应符合 JB/T 6712 的规定；涂漆应符合 JB/T 5673 的规定，漆膜附着性能应不低于 JB/T 9832.2—1999 表 1 中 Ⅱ 级的规定。

4.1.6　发动机在全程调速范围内应能稳定运转，并能直接或间接通过熄火装置使发动机停止运转。

4.1.7　各操纵机构的运转应轻便灵活、松紧适度，各机构行程调整应符合使用说明书的规定。所有能自动回位的操纵件，在操纵力去除后应能自动回位；非自动回位的操纵件应能可靠地停在操纵位置。各操纵装置的最大操纵力应符合 GB/T 19407 的规定。

4.1.8　变速箱不应有乱挡、脱挡及摘不了挡等现象；离合器应接合平稳、分离彻底，接合后应能传递发动机全部转矩。

4.1.9　运输机组最大扭转角的限位应不小于 13°，不大于 25°。

4.1.10　转向机构应保证运输机组平稳转向，最小转向圆直径应不大于 11 m。

4.1.11　转向盘自由行程应不大于 30°。

4.1.12　运输机组行驶中，前轮应无明显的摆头现象。

4.1.13　运输机组上安装的电器仪表应符合 JB/T 6697 的规定，显示应清晰准确，信号报警系统和电器照明及其开关的工作应可靠。

4.1.14　过铰接点线束应捆扎包裹良好，避免被夹伤、拉扯。

4.1.15　液压式制动系统应无渗油、漏油现象。

4.1.16　运输机组产品使用说明书应符合 GB/T 9480 的规定。

4.1.17　铰接接口应便于定位或安装，其结构可参考附录 A。

### 4.2　安全环保要求

4.2.1　运输机组的外廓尺寸应符合表 1 的规定。

表 1　外廓尺寸

单位：m

| 类型 | 长 | 宽 | 高 |
|---|---|---|---|
| 铰接轮式拖拉机运输机组 | ≤6 | ≤2 | ≤3.5 |

4.2.2　驾驶室（若有）的所有挡风玻璃应为安全玻璃，左右应各装设一面后视镜。

4.2.3　在平坦、干燥、清洁的混凝土或沥青路面上，试验通道宽度为 2.3m，运输机组在制动踏板操纵力不大于 600N、速度 20km/h 情况下，满载的制动距离应不大于 6.5m。

4.2.4　制动稳定性测试时，运输机组任何部位应不超出 2.3m 宽的试验通道。

4.2.5　运输机组空载情况下在坡度为 20% 的上、下坡道上应能可靠驻车制动。

4.2.6　运输机组的安全要求应符合 GB 18447.1 的规定；运输机组驾驶室门道、紧急出口与驾驶员的工作位置尺寸应符合 GB/T 6238 的规定；在外露功能运动件、存在遗留风险的部件附近应设置符合 GB 10396 规定的安全标志。

4.2.7　运输机组的照明、灯光信号装置应符合 GB/T 20949 的规定。

4.2.8　运输机组的动态环境噪声应不大于 86dB（A），驾驶员操作位置噪声应不大于 95dB（A）。

4.2.9　货厢前部应安装比驾驶室高的安全架；若无驾驶室其高度应高出座垫平面 0.8 ～ 1m。

4.2.10　运输机组应设置安全起动装置，该装置应能避免误起动。

4.2.11　运输机组燃油箱应符合 GB/T 24387 的规定。

4.2.12　运输机组用柴油机排气污染物排放应符合 GB 20891 的规定。

4.2.13　轮式拖拉机车组的挂拖质量比［挂车总质量与拖拉机标准使用质量（最小使用质量加标准配重）的比值］应不大于 5。

4.2.14　拖拉机车组比功率不小于 4.0kW/t。

注：比功率 = 拖拉机的标定功率（kW）/ 车组总行驶质量（t）。

### 4.3　主要性能要求

4.3.1　发动机标定功率应为 12h 功率。运输机组按规定磨合后，标定功率应符合使用说明书的规定，公差为 ±5%。

4.3.2　运输机组最高行驶速度应符合工厂规定值，公差为 ±5%。

4.3.3　运输机组最高档最低稳定行驶速度与工厂规定最高行驶速度之比应不大于 40%。

4.3.4　运输机组满载在平坦、干燥、清洁的混凝土或沥青路面上以 20km/h 速度脱档滑行，其滑行距离应不小于 70m。

4.3.5　自卸货厢举升的最大倾角应不小于 45°，当发动机以标定转速运转时，满载货厢举升到最大倾角的时间应不大于 20s。

4.3.6　在超载 10% 状态下，举升货厢到倾角 20° 停留 5min，货厢沉降量与举升高度之比应不大于 5%。

4.3.7　运输机组燃料消耗量限值应符合 GB 40078 的规定。

4.3.8　运输机组在环境温度 0℃下应能顺利起动。

### 4.4　可靠性

运输机组进行试验里程为 10 000km 可靠性试验，平均故障间隔里程应不小于 2 000km；无故障综合评分值不小于 65 分。

### 4.5　动力输出轴性能

4.5.1　在发动机标定转速下，动力输出轴的最大功率应不小于发动机标定功率（12h）的 0.85 倍，且不超过发动机标定功率（12h）。

4.5.2　动力输出轴变负荷平均燃油消耗率：

a）不大于 22.1 kW 的运输机组应不大于 365g/（kW·h）；

b）大于 22.1 kW、小于等于 45kW 的运输机组应不大于 350g/（kW·h）。

4.5.3　动力输出轴转矩储备率应不小于 15%。

4.5.4　动力输出轴最大转矩点转速与动力输出轴最大功率点（在发动机标定转速下）转速之比应不大于 75%。

## 5　试验方法

### 5.1　一般要求试验

5.1.1　目测查验运输机组的产品图样和技术文件的完整性，确定批准程序符合性。

5.1.2　目测检查运输机组零、部件及配附件的检验报告，确定是否经过检验并符合有关标准的规定。

5.1.3 用扳手检测运输机组上紧固件是否联结牢靠，有无松动现象。

5.1.4 通过耳听、目测、手感方法检查运输机组运行时各系统是否有异常响声，有无漏油、漏水、漏气及漏电现象；运输机组防泥水密封性试验按 GB/T 24645 的规定进行测定。

5.1.5 外观质量按 JB/T 6712 和或采用目测的方法进行检测；漆层质量按 JB/T 5673 的规定测定；漆膜附着力的测定按 JB/T 9832.2 的规定进行。

5.1.6 通过实际操作检查发动机全程调速范围内运转状况稳定性、熄火装置有效性。

5.1.7 通过实际操作检查各操纵机构操纵性能，操纵装置最大操纵力用测力仪器在整机上测量。

5.1.8 通过实际操作检查变速箱档位变化准确性、离合器操作可靠性与有效性。

5.1.9 运输机组处于最大扭转状态，用角度仪测量其最大扭转角度值。

5.1.10 按 GB/T 3871.5、GB/T 3871.19 的规定测量转向机构性能和最小转向圆直径。

5.1.11 运输机组停放直行位置，用转向角力仪测其转向盘自由行程。

5.1.12 在运输机组行驶过程中目测前轮有无明显摆头现象。

5.1.13 按 JB/T 6697 的规定并实际操作检查运输机组仪器仪表、信号报警系统和电器照明及其开关的工作可靠性。

5.1.14 采用目测检查过铰接点线束捆扎包裹质量。

5.1.15 采用目测检查液压式制动系统是否存在渗油、漏油现象。

5.1.16 对照检查运输机组使用说明书内容与 GB/T 9480 的符合性。

5.1.17 通过实际操作检查确定铰接接口定位或安装方便性。

### 5.2 安全环保要求试验

5.2.1 在空载状态下，按 GB/T23931 的规定测量运输机组的外廓尺寸。

5.2.2 查验挡风玻璃相关标志确定是否为安全玻璃，目测检查后视镜是否符合规定。

5.2.3 在试验路面上划出宽度为 2.3m 试验通道边线，被测运输机组沿着试验通道中线行驶至高于规定的初速度后，置变速箱于空档，当滑行至速度为 20km/h 时，急踩制动，使运输机组停住，分别测定运输机组满载和空载状态下的制动距离，并确定制动过程中运输机组任何部位是否超出 2.3m 宽的试验通道。

5.2.4 分别将空载运输机组置于坡度为 20% 的上、下坡道上，操作驻车制动装置后，观察运输机组能否可靠地停在坡道上。

5.2.5 运输机组的安全要求按 GB 18447.1 的规定进行试验；运输机组驾驶室门道、紧急出口与驾驶员的工作位置尺寸按 GB/T 6238 的规定进行试验；目测检查安全标志是否符合 GB 10396 的规定。

5.2.6 按 GB/T 20949 的规定检测运输机组的照明、灯光信号装置及仪表。

5.2.7 运输机组的噪声测量按 GB/T 3871.8 的规定进行试验。

5.2.8 采用目测和常规量具检测货厢安全架。

5.2.9 通过实际操作检查运输机组安全起动装置可靠性。

5.2.10 运输机组燃油箱安全要求按 GB/T 23292 的规定进行试验。

5.2.11 运输机组用柴油机排气污染物排放值按 GB 20891 的规定进行试验。

### 5.3 主要性能要求试验

5.3.1 发动机标定功率按 GB/T 1147.2 的规定进行试验。

5.3.2 运输机组最高行驶速度按 GB/T 23920 的规定进行试验。

5.3.3 运输机组最高档最低稳定行驶速度按 GB/T 23931 的规定进行试验。

5.3.4 运输机组滑行距离按 GB/T 23931 的规定进行试验。

5.3.5 自卸货厢举升的最大倾角、满载货厢举升到最大倾角的时间按 GB/T 23931 的规定进行试验。

5.3.6 自卸货厢沉降量按 GB/T 24939 的规定进行试验。

5.3.7 运输机组燃料消耗量按 GB 40078 的规定进行试验。

5.3.8 运输机组发动机起动性能按 GB/T 1147.2 的规定进行试验。

### 5.4 可靠性试验

运输机组平均故障间隔里程、无故障综合评分值按 JB/T 11224 的规定进行测定。

### 5.5 动力输出轴性能试验

运输机组动力输出轴性能试验按 GB/T 3871.3 的规定进行。

## 6 检验规则

### 6.1 出厂检验

6.1.1 每台运输机组应经制造厂质量检验部门检查合格，并附有产品质量合格证方准入成品库和出厂。

6.1.2 每台运输机组出厂前应进行出厂检验，检验项目见表 2，全部检验项目均应合格。

### 6.2 型式检验

6.2.1 有下列情况之一时，需要进行型式检验：

——新产品定型鉴定和老产品转厂生产；

——正式生产后，结构、材料、工艺有较大改变，可能影响产品性能；

——工装、模具的磨损可能影响产品性能；

——长期停产后，恢复生产；

——批量生产，周期性检验（一般每 3 年进行一次）；

——出厂检验结果与上次型式检验有较大差异；

——国家质量监督机构提出进行型式检验的要求。

6.2.2 型式检验项目按表 2 规定。

6.2.3 采取随机抽样，在工厂抽样时，应在制造厂近一年内生产的合格产品中随机抽取，检查批量应不少于 8 台，在用户和经销部门抽样不受此限，抽取样本为 2 台。样机抽取封存后至检验工作结束期间，除按使用说明书规定进行保养和调整外，不应再进行其他调整、修理和更换。

6.2.4 型式检验项目分类见表 2，按其对产品质量的影响程度，分为 A、B、C 三类。A 类为对产品质量有重大影响的项目，B 类为对产品质量有较大影响的项目，C 类为对产品质量影响一般的项目。

表 2　检验项目分类

| 项目分类 | | 检验项目 | 对应技术要求条款 | 出厂检验 | 型式检验 |
|---|---|---|---|---|---|
| 类 | 项 | | | | |
| A | 1 | 外廓尺寸 | 4.2.1 | √ | √ |
| | 2 | 安全玻璃 | 4.2.2 | √ | √ |
| | 3 | 后视镜 | 4.2.2 | √ | √ |
| | 4 | 制动距离 | 4.2.3 | — | √ |
| | 5 | 制动稳定性 | 4.2.4 | — | √ |
| | 6 | 驻车制动 | 4.2.5 | — | √ |
| | 7 | 安全要求 | 4.2.6 | — | √ |
| | 8 | 驾驶室门道、紧急出口与驾驶员的工作位置尺寸 | 4.2.6 | — | √ |
| | 9 | 安全标志 | 4.2.6 | √ | √ |
| | 10 | 照明、灯光信号装置及仪表 | 4.2.7 | — | √ |
| | 11 | 噪声 | 4.2.8 | — | √ |
| | 12 | 货厢前部安全架 | 4.2.9 | √ | √ |
| | 13 | 安全起动装置 | 4.2.10 | √ | √ |
| | 14 | 燃油箱安全要求 | 4.2.11 | — | √ |
| | 15 | 柴油机排气污染物排放限值 | 4.2.12 | — | √ |
| | 16 | 可靠性 | 4.4 | — | √ |
| B | 1 | 紧固件联接 | 4.1.3 | — | √ |
| | 2 | 正常工作时各系统运行响声与密封性 | 4.1.4 | √ | √ |
| | 3 | 发动机调速及熄火装置 | 4.1.6 | √ | √ |
| | 4 | 各操纵机构操纵性能 | 4.1.7 | √ | √ |
| | 5 | 变速箱换档有效性 | 4.1.8 | √ | √ |
| | 6 | 离合器工作性能 | 4.1.8 | √ | √ |
| | 7 | 运输机组最大扭转角 | 4.1.9 | — | √ |
| | 8 | 转向机构性能与最小转向圆直径 | 4.1.10 | — | √ |
| | 9 | 转向盘自由行程 | 4.1.11 | — | √ |
| | 10 | 电器仪表、信号报警系统和电器照明及其开关工作可靠性 | 4.1.13 | — | √ |
| | 11 | 液压式制动系统 | 4.1.15 | √ | √ |
| | 12 | 产品使用说明书 | 4.1.16 | √ | √ |
| | 13 | 最高行驶速度 | 4.3.2 | — | √ |
| | 14 | 货厢沉降量与举升高度之比 | 4.3.6 | — | √ |
| | 15 | 运输机组燃料消耗量限值 | 4.3.7 | — | √ |
| | 16 | 运输机组起动性能 | 4.3.8 | √ | √ |
| | 17 | 动力输出轴变负荷平均燃油消耗率 | 4.5.2 | — | √ |

（续）

| 项目分类 | | 检验项目 | 对应技术要求条款 | 出厂检验 | 型式检验 |
|---|---|---|---|---|---|
| 类 | 项 | | | | |
| C | 1 | 产品图样和技术文件完整性与符合性 | 4.1.1 | — | √ |
| | 2 | 零、部件及配附件的检验报告 | 4.1.2 | — | √ |
| | 3 | 防泥水密封性 | 4.1.4 | — | √ |
| | 4 | 外观质量 | 4.1.5 | √ | √ |
| | 5 | 涂漆质量 | 4.1.5 | — | √ |
| | 6 | 操纵装置最大操纵力 | 4.1.7 | — | √ |
| | 7 | 前轮摆头 | 4.1.12 | √ | √ |
| | 8 | 过铰接点线束 | 4.1.14 | √ | √ |
| | 9 | 铰接接口定位或安装方便性 | 4.1.17 | — | √ |
| | 10 | 发动机标定功率 | 4.3.1 | — | √ |
| | 11 | 最高挡最低稳定行驶速度与工厂规定最高行驶速度之比 | 4.3.3 | — | √ |
| | 12 | 运输机组滑行距离 | 4.3.4 | — | √ |
| | 13 | 自卸货厢举升最大倾角与举升时间 | 4.3.5 | — | √ |
| | 14 | 动力输出轴的最大功率 | 4.5.1 | — | √ |
| | 15 | 动力输出轴转矩储备率 | 4.5.3 | — | √ |
| | 16 | 动力输出轴最大转矩点转速与动力输出轴最大功率点转速之比 | 4.5.4 | — | √ |
| | 17 | 标牌、标志 | 7.1、7.2 | √ | √ |

注："√"表示应检验项目，"—"表示不检验项目。

6.2.5 抽样判定方案按表3的规定进行。表中接收质量限 AQL、接收数 Ac、拒收数 Re 均按计点法（即不合格项次数）计算。采用逐项考核，按类别判定的原则，若各类不合格项次小于或等于接收数 Ac 时，判定该产品合格；若不合格项次大于或等于该拒收数 Re 时，判定该产品不合格。

表3 抽样判定方案

| 检验项目类别 | | A | | B | | C | |
|---|---|---|---|---|---|---|---|
| 检验项目数 | | 16 | | 17 | | 17 | |
| 样本量 | | 2 | | | | | |
| AQL | | 6.5 | | 40 | | 65 | |
| Ac | Re | 0 | 1 | 2 | 3 | 3 | 4 |

# 7 标志、包装、运输和贮存

7.1 每台运输机组上应安装牢固的产品标牌。标牌应符合 GB/T 13306 的规定，内容至少应包括：

  ——制造厂名称及地址；

  ——产品型号与名称；

  ——发动机标定功率（12h）等主要技术参数；

  ——出厂编号；

  ——制造日期；

  ——环保信息；

  ——产品执行标准编号。

  7.2 每台运输机组在机身前部外表面的易见部位上应安装一个能永久保持的商标或企业标志，在机身外表面的易见部位上应装置能识别机型的标志。

  7.3 运输机组出厂装运时，对附件、备件、工具及运输中必须拆下的零部件，应进行分类包装、标识，应保证运输机组（包括备件、附件和随机工具）在正常运输中不致发生损坏和丢失。

  7.4 出厂的运输机组应按照产品技术文件的规定配齐全套备件、附件和随机工具，并随同出厂的每台运输机组至少应提供下列文件：

  ——使用说明书；

  ——零件目录（零件图册）（如果有）；

  ——合格证和保修单；

  ——备件、附件和随机工具清单（如果有）；

  ——装箱单。

  7.5 在干燥、通风的贮存条件下，运输机组及其备件、附件和随机工具的防锈有效期为自出厂之日起 12 个月。

# 附 录 A

## （资料性附录）

## 铰 接 接 口

### A.1 拖拉机接口

拖拉机端接挂车端的驱动轴可以是一根或者两根，并具有便于安装的导向机构，如图 A.1 所示。

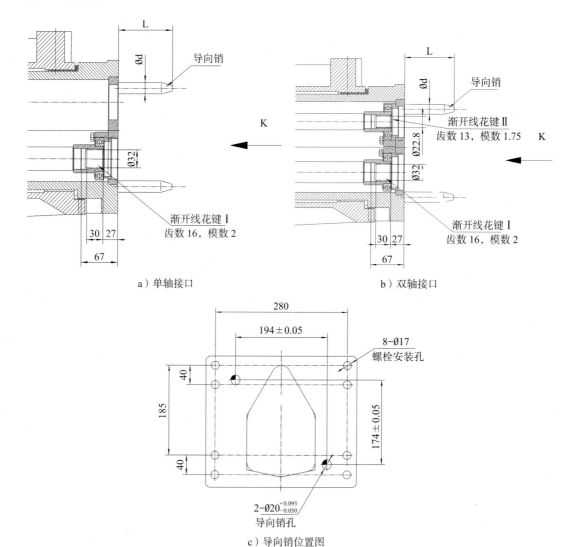

a）单轴接口                                b）双轴接口

c）导向销位置图

图 A.1　拖拉机端口示意图

## A.2　挂车端口

挂车端口应与拖拉机端口良好配合，安装方便，如下图所示。

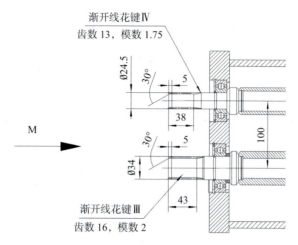

a）挂车端端口

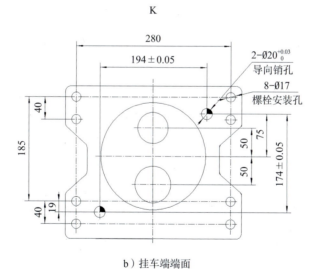

b）挂车端端面

图 A.2　挂车端口示意图

# 附件 4

# 平台悬挂机具接口 技术规范

（T/NJ 1229—2021/T/CAAMM 114—2021）

## 前言

本文件按 GB/T 1.1—2020《标准化工作导则 第 1 部分：标准化文件的结构和起草规则》的规定起草。

请注意本文件的某些内容可能涉及专利。本文件的发布机构不承担识别专利的责任。

本文件由中国农业机械学会和中国农业机械工业协会联合提出。

本文件由全国农业机械标准化技术委员会（SAC/TC 201）归口。

本文件负责起草单位：广西合浦县惠来宝机械制造有限公司、广西科技大学、国家拖拉机质量监督检验中心、柳州博实唯汽车科技股份有限公司。

本文件主要起草人：王连其、高巧明、潘延虹、宁业烈、黄贵东、尚项绳。

本文件为首次发布。

## 1 范围

本文件规定了拖拉机平台悬挂机具接口的术语和定义、技术要求、试验方法及验收规则。本文件还规定了机具连接在拖拉机上的位置。

本文件适用于拖拉机用平台悬挂机具接口，其他自走式非道路车辆用接口可参照采用。

## 2 规范性引用文件

下列文件中的内容通过文中的规范性引用而构成本文件必不可少的条款。其中，注日期的引用文件，仅该日期对应的版本适用于本文件；不注日期的引用文件，其最新版本（包括所有的修改单）适用于本文件。

GB/T 230.1 金属材料 洛氏硬度试验 第 1 部分：试验方法（A、B、C、D、E、F、G、H、K、N、T 标尺）

GB/T 699—2015 优质碳素结构钢

GB/T 5667 农业机械 生产试验方法

GB 10396 农林拖拉机和机械、草坪和园艺动力机械 安全标志和危险图形 总则

GB/T 12467.4 金属材料熔焊质量要求 第四部分：基本质量要求

## 3 术语和定义

下列术语和定义适用于本文件。

### 3.1　平台悬挂机具　platform mounted implement

一种可采用支腿等升降方式快速换装，利用定位和限位装置安装到拖拉机上完全携带的搭载式悬挂机具。

### 3.2　平台悬挂机具接口　platform mounted implement interfaces

平台悬挂机具与拖拉机进行快速对接的接口。

## 4　技术要求

### 4.1　一般要求

4.1.1　平台悬挂机具零部件应按经规定程序批准的产品图样和技术文件制造。

4.1.2　平台悬挂机具接口的所有零部件应满足整机使用性能要求，并应经检验合格取得合格证后方可进行装配。

4.1.3　机架焊合表面应清渣，焊缝应均匀，不应有脱焊、漏焊、烧穿、夹渣、气孔缺陷，并应符合 GB/T 12467.4 的规定。

4.1.4　冷剪切及冲压件，应清除飞边、毛刺，冲压件不应有起皱和裂纹。

4.1.5　平台悬挂机具与拖拉机进行对接后整机尺寸应符合表 1 要求。

表 1　平台悬挂机具与拖拉机组合后尺寸

单位：m

| 序号 | 项目 | 尺寸 |
|---|---|---|
| 1 | 长 | ≤6 |
| 2 | 宽 | ≤2 |
| 3 | 高 | ≤3.5 |

4.1.6　平台悬挂机具接口平均故障间隔时间（MTBF）应不少于 80h。

注：拖拉机制造厂应给出平台悬挂机具接口的允许负荷。

4.1.7　平台悬挂机具接口设计和结构应合理，保证操作人员按照制造厂规定的使用说明书操作和保养时没有危险；存在遗留风险部件附近明显位置处应设置符合 GB 10396 规定的安全标志。

### 4.2　组成、形式、尺寸与安装要求

4.2.1　组成

平台悬挂机具接口由定位销、锁扣、导向板、机具机架和拖拉机机架组成。

4.2.2　形式

平台悬挂机具接口推荐形式见图 1 和图 2，通过定位销、导向板和锁扣连接固定在拖拉机上，定位套、导向板和锁扣固定在拖拉机机架上，定位销、锁扣钩固定在机具机架上。

4.2.3　安装

平台悬挂机具安装后应分别在平滑跑道、未耕地和在 25% 坡道上进行 3 个不同速度的试验和紧急制动，试验期间应行驶稳定，制动有效，整机挂接牢固、可靠，各锁扣、定位销无松动。

单位为 mm

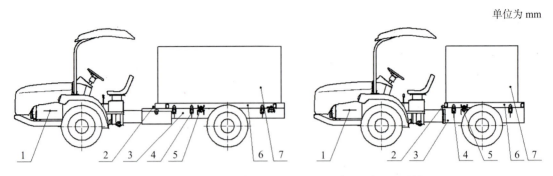

标引序号说明：1—拖拉机　2—导向板　3—拖拉机机架　4—锁扣
5—定位销、定位套　6—机具机架　7—平台悬挂机具

图 1　平台悬挂机具接口示意图（一）

单位为 mm

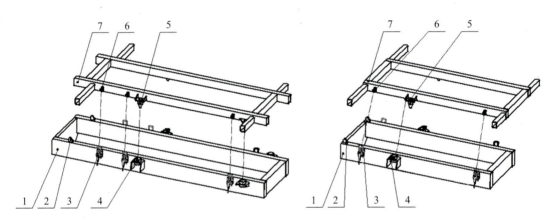

标引序号说明：1—拖拉机机架　2—导向板　3—锁扣　4—定位套
5—定位销　6—锁扣钩　7—机具机架

图 2　平台悬挂机具接口示意图（二）

### 4.2.4　布置尺寸

平台悬挂机具接口应符合图 3 的规定。

### 4.2.5　锁扣和机架

4.2.5.1　锁扣将机具安全地固定在拖拉机上。主要由手柄、锁扣拉杆、锁扣钩和安全锁组成，见图 4。安全锁应避免误动导致锁扣脱扣。

4.2.5.2　锁扣钩和锁扣拉杆的材料，宜采用 GB/T 699 的 45 号钢。

4.2.5.3　锁扣钩和锁扣拉杆的热处理后硬度应达到 35 ～ 40HRC。

### 4.2.6　定位销和安全销

4.2.6.1　定位销应起到安装导向和限制机具前后窜动的作用。定位销和定位套的连接示意如图 5，定位销的下端为圆锥状起到导向作用，导向长度不小于 50mm，上端圆柱状作为定位，定位销与拖拉机机架上的定位套的接触长度不小于 25mm。

单位为 mm

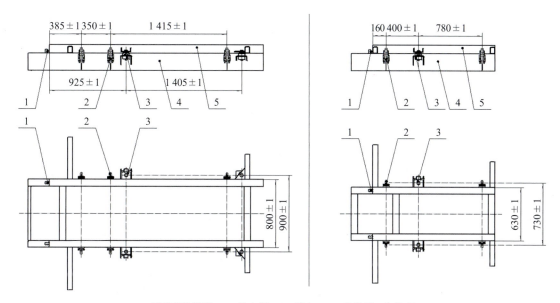

标引序号说明：1—导向板　2—锁扣　3—定位销、定位套
4—拖拉机机架　5—机具机架

图 3　平台悬挂机具接口的布置尺寸

单位为 mm

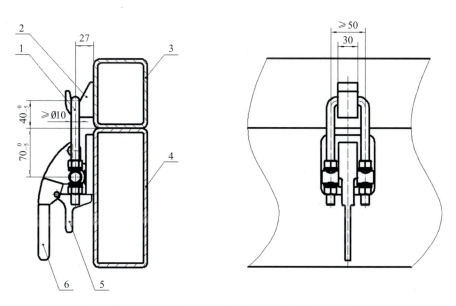

标引序号说明：1—锁扣拉杆　2—锁扣钩　3—机具机架
4—拖拉机机架　5—安全锁　6—手柄

图 4　锁扣示意图

单位为 mm

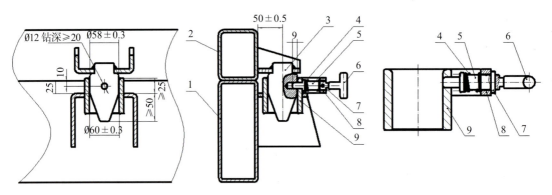

标引序号说明：1—拖拉机机架　2—机具机架　3—定位销　4—回位弹簧
5—安全销　6—手柄　7—圆柱销　8—圆柱销导向板　9—定位套

图 5　定位销与定位套连接示意图

4.2.6.2　安装机具时，把机具机架 2 的定位销 3 沿着拖拉机机架 1 上的定位套 9 落下，在下落过程中定位销的下端圆锥把安全销 5 往外推出，随着机具机架 2 平稳地落在拖拉机机架 1 上后，此时安全销 5 在回位弹簧 4 的作用下插入到定位销 3 上的 φ12 孔内后，应能限制机具上下移动。拆卸机具时，通过手柄 6 把安全销 5 拉出，然后旋转 90° 使安全销 5 上的圆柱销 7 卡在圆柱销导向板 8 上，最后缓慢地把机具机架往上移出。

4.2.7　拖拉机机架上的导向板

拖拉机机架上应安装导向板，导向板安装后应具有导向和限制机具前后窜动的作用。导向部分的角度 a 在 25° ～ 45° 范围内，尺寸 b 应大于 15mm，导向板的厚度 c 应大于 20mm，见图 6。

单位为 mm

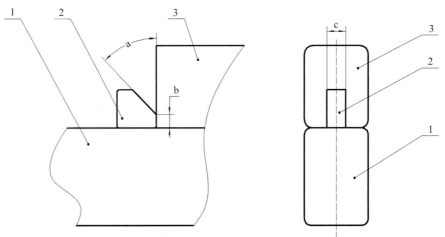

标引序号说明：1—拖拉机机架　2—导向板　3—机具机架

图 6　导向板示意图

## 5　试验方法与试验报告

### 5.1　试验准备及要求

5.1.1　平台悬挂机具接口稳定性试验应分别在 100m 较平滑跑道、30m 未耕作过的耕地和 25% 坡道上进行。平滑跑道应为清洁、干燥、平坦、硬实的沥青或混凝土路面；坡道应为混凝土或压实土壤路面，保持约 14° 均匀坡度角，坡道长度不短于测试样机总长的 2 倍。试验时的大气温度范围应为 0 ～ 35℃。

5.1.2　平台悬挂机具安装在拖拉机上，若机具实际作业需装载物料，应分别在上述试验条件下做空载和满载试验。

### 5.2　安装要求测试

平台悬挂机具安装在拖拉机上，对 4.2.3 的规定，按下列方法进行测试：

——在平滑跑道上，分别测试在 10km/h、20km/h、30km/h 三个速度下接口的稳定性，应在 10km/h、20km/h、30km/h 三个速度稳定后，进行紧急制动；

——在未耕作过的耕地上，分别测试在 2km/h、4km/h、6km/h 三个速度下接口的稳定性，应在 2km/h、4km/h、6km/h 三个速度稳定后，进行紧急制动；

——在 25% 坡道上，分别测试在 2km/h、4km/h、6km/h 三个速度下接口的稳定性，应在 2km/h、4km/h、6km/h 三个速度稳定后，进行紧急制动。

### 5.3　可靠性检验

可靠性检验的样机应为安装完毕并检验合格，采用定时截尾试验方法，试验样机为 2 台，每台试验样机总工作时间为 120 h，整机装配后以设计工作速度作业。试验期间记录每台样机的工作情况、故障情况和修复情况。凡在可靠性考核期间，考核样机有严重或致命故障（指发生人身伤亡事故、因质量原因造成样机不能正常工作、经济损失重大的故障）发生，平均故障间隔时间和有效度指标均不合格，故障分类按照 GB/T 5667 的规定，平均故障间隔时间按式（1）计算：

$$MTBF = \frac{\sum T_z}{r} \quad\cdots\cdots\cdots\cdots\cdots\cdots\cdots\cdots\cdots\cdots\cdots\cdots（1）$$

式中：

$MTBF$——平均故障间隔时间，单位为小时（h）；

$T_z$——可靠性考核期间的班次作业时间，单位为小时（h）；

$r$——可靠性考核期间样机发生的一般故障和严重故障总数，轻度故障不计。

注：当 $r = 0$ 时，表示在生产考核期间的样机没有发生一般故障和严重故障，平均故障间隔时间大于 240h。生产考核期间当 1 台样机没有发生一般故障和严重故障，按发生 1 次一般故障或严重故障计算，$T_z = 120$h，按照式（1）计算，$MTBF$ 为大于计算值。

### 5.4　其他检验

5.4.1　对 4.1.1 ～ 4.1.5、4.17 的规定，采用目测、手感和 / 或常规量具测量方式进行检查、测定。

5.4.2　锁扣钩和锁扣拉杆的热处理后硬度的检测按 GB/T 230.1 的规定进行测定；核

对锁扣钩和锁扣拉杆材质。

5.4.3　对 4.2.1、4.2.2、4.2.4、4.2.5.1、4.2.6 和 4.2.7 的规定，采用目测、手动操作和 / 或常规量具测量方式进行检查、测定。

## 5.5　试验报告

将各项测试结果记入附录 A。

# 附　录　A

## （规范性）

## 平台悬挂机具接口试验报告格式

### A.1　制造厂名称和地址

制造厂名称：_____

制造厂地址：_____

### A.2　车辆技术规格

型号：_____　　出厂编号：_____

空载质量：_____kg　　满载质量：_____kg

轮胎气压：前轮_____kPa　　后轮_____kPa

轮胎规格：前轮_____　　后轮_____

### A.3　试验记录与结果

试验人员：_____　　试验地点：_____

试验日期：_____　　环境温度：_____℃

表 A.1　整机尺寸参数

单位：mm

| 测量项目 | | 数值 |
|---|---|---|
| 外形尺寸 | 长 | |
| | 宽 | |
| | 高 | |
| 轮距 | 前轮 | |
| | 后轮 | |
| 轴距 | | |
| 最小离地间隙 | | |

表 A.2　平滑跑道的接口稳定性试验

| 跑道路面： | □混凝土 | □沥青 |
|---|---|---|
| 跑道尺寸： | 长　　　m | 宽　　　m |

（续）

| 1. 空载紧急制动试验： | | | | | | |
|---|---|---|---|---|---|---|
| 测试速度 1： | km/h | □机具无窜动 | □锁扣无变形 | □锁扣无开裂 | □符合 | □不符合 |
| 测试速度 2： | km/h | □机具无窜动 | □锁扣无变形 | □锁扣无开裂 | □符合 | □不符合 |
| 测试速度 3： | km/h | □机具无窜动 | □锁扣无变形 | □锁扣无开裂 | □符合 | □不符合 |
| 2. 满载紧急制动试验： | | | | | | |
| 测试速度 1： | km/h | □机具无窜动 | □锁扣无变形 | □锁扣无开裂 | □符合 | □不符合 |
| 测试速度 2： | km/h | □机具无窜动 | □锁扣无变形 | □锁扣无开裂 | □符合 | □不符合 |
| 测试速度 3： | km/h | □机具无窜动 | □锁扣无变形 | □锁扣无开裂 | □符合 | □不符合 |

注：1. 三个测试速度约为 10km/h、20km/h、30km/h；2. 机具无窜动、锁扣无变形、锁扣无开裂同时满足方可判定为符合。

### 表 A.3  未耕作过的耕地上的接口稳定性试验

| 未耕作过的耕地尺寸： | | 长 | m | | 宽 | m |
|---|---|---|---|---|---|---|
| 1. 空载紧急制动试验： | | | | | | |
| 测试速度 1： | km/h | □机具无窜动 | □锁扣无变形 | □锁扣无开裂 | □符合 | □不符合 |
| 测试速度 2： | km/h | □机具无窜动 | □锁扣无变形 | □锁扣无开裂 | □符合 | □不符合 |
| 测试速度 3： | km/h | □机具无窜动 | □锁扣无变形 | □锁扣无开裂 | □符合 | □不符合 |
| 2. 满载紧急制动试验： | | | | | | |
| 测试速度 1： | km/h | □机具无窜动 | □锁扣无变形 | □锁扣无开裂 | □符合 | □不符合 |
| 测试速度 2： | km/h | □机具无窜动 | □锁扣无变形 | □锁扣无开裂 | □符合 | □不符合 |
| 测试速度 3： | km/h | □机具无窜动 | □锁扣无变形 | □锁扣无开裂 | □符合 | □不符合 |

注：1. 三个测试速度约为 2km/h、4km/h、6km/h；2. 机具无窜动、锁扣无变形、锁扣无开裂同时满足方可判定为符合。

### 表 A.4  25% 坡道的接口稳定性试验

| 坡道路面： | | □混凝土 | | | □压实土壤 | |
|---|---|---|---|---|---|---|
| 坡道尺寸： | | 长 | m | | 宽 | m |
| 坡度角： | | ° | | | | |
| 1. 空载紧急制动试验： | | | | | | |
| 测试速度 1： | km/h | □机具无窜动 | □锁扣无变形 | □锁扣无开裂 | □符合 | □不符合 |
| 测试速度 2： | km/h | □机具无窜动 | □锁扣无变形 | □锁扣无开裂 | □符合 | □不符合 |
| 测试速度 3： | km/h | □机具无窜动 | □锁扣无变形 | □锁扣无开裂 | □符合 | □不符合 |
| 2. 满载紧急制动试验： | | | | | | |
| 测试速度 1： | km/h | □机具无窜动 | □锁扣无变形 | □锁扣无开裂 | □符合 | □不符合 |
| 测试速度 2： | km/h | □机具无窜动 | □锁扣无变形 | □锁扣无开裂 | □符合 | □不符合 |
| 测试速度 3： | km/h | □机具无窜动 | □锁扣无变形 | □锁扣无开裂 | □符合 | □不符合 |

注：1. 三个测试速度约为 2km/h、4km/h、6km/h；2. 机具无窜动、锁扣无变形、锁扣无开裂同时满足方可判定为符合；3. 25% 坡道的角度为 14°。

## A.4　其他试验结果

表 A.5　其他试验结果

| 项目 | 本文件对于条款 | 符合性结论 | |
|---|---|---|---|
| 产品图样和技术文件 | 4.1.1 | □符合 | □不符合 |
| 所有零部件合格证 | 4.1.2 | □符合 | □不符合 |
| 机架焊接 | 4.1.3 | □符合 | □不符合 |
| 冷剪切及冲压件 | 4.1.4 | □符合 | □不符合 |
| 设计和结构安全 | 4.1.7 | □符合 | □不符合 |
| 安全标志 | 4.1.7 | □符合 | □不符合 |
| 组成 | 4.2.1 | □符合 | □不符合 |
| 形式 | 4.2.2 | □符合 | □不符合 |
| 布置尺寸 | 4.2.4 | □符合 | □不符合 |
| 锁扣和机架 | 4.2.5 | □符合 | □不符合 |
| 定位销和安全销 | 4.2.6 | □符合 | □不符合 |
| 拖拉机机架上的导向板 | 4.2.7 | □符合 | □不符合 |

注：各检测项目全部要求均满足本文件的规定要求方可判定为符合。

# 附件 5
# 草坪和园艺拖拉机　前置和中置动力输出轴
## （T/NJ 1170—2018）

## 前言

本标准按照 GB/T 1.1—2009《标准化工作导则　第 1 部分：标准的结构和编写》给出的规则起草。

本标准由中国农业机械学会提出。

本标准由全国拖拉机标准化技术委员会（SAC/TC140）归口。

本标准起草单位：广西合浦县惠来宝机械制造有限公司、兴安盟产品质量计量检测所、国家拖拉机质量监督检验中心。

本标准主要起草人：付颖、司兴旺、陈荣文、黄中江、李永盈、尚项绳、董昊、徐惠娟。

本标准为首次发布。

## 1　范围

本标准规定了草坪和园艺拖拉机前置和中置动力输出轴的转速、旋转方向。

本标准适用于草坪和园艺拖拉机。

## 2　规范性引用文件

下列文件对于本文件的应用是必不可少的。凡是注日期的引用文件，仅注日期的版本适用于本文件。凡是不注日期的引用文件，其最新版本（包括所有的修改单）适用于本文件。

ASAE S440　草坪和园艺动力设备　安全

## 3　技术要求

3.1　动力输出轴最大输出功率的转速为 2 000r/min±50r/min。拖拉机上应有能防止驾驶员无意间使动力输出轴空载时转速超过 2 300r/min 的措施。

3.2　动力输出轴的旋转方向为：当面向拖拉机前进方向看时为顺时针方向旋转。

3.3　拖拉机的动力输出轴离合器为独立操纵式离合器，或应有防止通过动力输出轴离合器驱动拖拉机行驶的措施。

3.4　前置和中置动力输出轴应能互锁，以避免发动机启动时配套机具没有处于分离状态或没有处于空挡位置。

3.5　动力输出轴和配套机具连接装置的花键尺寸应符合表 1 规定，动力输出轴和连接装置锁紧的尺寸要求应符合图1的规定。

　　3.6　动力输出轴和传动轴的防护装置应符合 ASAE S440 的要求。

单位：mm

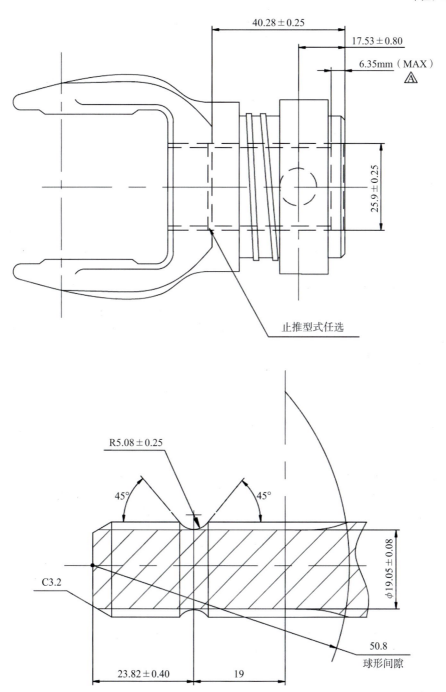

图1　动力输出轴和接头的锁紧尺寸

## 表1 动力输出轴连接装置尺寸

| 平根齿侧配合 | 连接装置（内花键） | 动力输出轴（外花键） |
|---|---|---|
| 齿数 | 15 | 15 |
| 节距 | 16/32 | 16/32 |
| 压力角 | 30° | 30° |
| 基圆直径 | 20.622 230mm | 20.622 230mm |
| 节圆直径 | 23.812mm | 23.812mm |
| 大径 | 25.65/25.53mm | 25.40/24.84mm |
| 成形圆直径 | 25.50mm | 22.15mm |
| 小径 | 22.40/22.28mm | 21.34mm min |
| 最大作用齿间弧距（5级公差） | 2.563mm | — |
| 最小有效尺寸 | 2.494mm | — |
| 最大有效弧齿厚度 | — | 2.456mm |
| 最小作用尺寸 | — | 2.388mm |
| 跨棒尺寸 | — | 28.19mm 参考 |
| 量棒直径 | — | 3.05mm |
| 棒间距 | 19.807mm | — |
| 量棒直径 | 2.437mm | — |

# 附件 6

# 非道路车辆　滚筒式铰接机构
## （T/CAMS 161—2023）

## 前言

本文件按照 GB/T 1.1—2020《标准化工作导则　第 1 部分：标准化文件的结构和起草规则》的规定起草。

请注意本文件的某些内容可能涉及专利。本文件的发布机构不承担识别专利的责任。

本文件由中国机械工业标准化技术协会提出。

本文件由中国机械工业标准化技术协会拖拉机专业委员会归口。

本文件起草单位：广西合浦县惠来宝机械制造有限公司、广西科技大学、河南科技大学、黑龙江省农业机械试验鉴定站。

本文件主要起草人：王连其、宁业烈、郭菡、高巧明、付颖、吴文军、陆静、袁丽芸、林家祥、张本领、蒋锟、韩健峰、王丹丹。

本文件为首次发布。

## 1　范围

本文件规定了非道路车辆铰接机构的术语、技术要求、试验方法、检验规则、标志、包装、运输和贮存。

本文件适用于自走式非道路车辆用滚筒式铰接机构。

## 2　规范性引用文件

下列文件中的内容通过文中的规范性引用而构成本文件必不可少的内容。其中，注日期的引用文件，仅该日期对应的版本适用于本文件；不注日期的引用文件，其最新版本（包括所有的修改单）适用于本文件。

JB/T 5054.1　产品图样设计文件　总则

JB/T 5673　农林拖拉机及机具涂漆　通用技术条件

JB/T 6712　拖拉机外观质量要求

JB/T 9832.2—1999　农林拖拉机及机具　漆膜　附着性能测定方法　压切法

## 3　术语

下列术语和定义适用于本文件。

### 3.1　铰接机构　articulated mechanism

连接前后机体实现车辆折腰转向和扭转的装置，可以分为中间通过传动轴和不通过传动轴类型。

注：如图所示前铰接座和外滚筒通过连接销轴连接实现左右偏折，外滚筒和内滚筒之间沿圆
周方向旋转实现前后机体纵垂面之间的扭转，在铰接机构左右偏折或扭转时传动轴持续
工作且不发生干涉（如图 1 所示）。

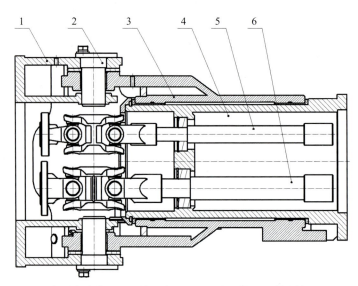

标引序号说明：1—前铰接座　2—连接销轴　3—外滚筒
4—内滚筒　5—PTO 传动轴　6—后驱动传动轴

图 1　滚筒式铰接机构示意图

### 3.2　扭转角　torsion angle
内、外滚筒沿铰接机构中心轴线旋转的相对角度。

### 3.3　折腰转向角　articulated steering angle
车身前后机体纵向轴线在水平投影面上的偏折角度。

## 4　技术要求

### 4.1　一般要求

4.1.1　铰接机构应按经规定程序批准的产品图样和技术文件制造。

4.1.2　铰接机构运转时应无卡滞现象，不应有异常响声。

4.1.3　铰接机构折腰转向应有限位装置。

4.1.4　外观质量应符合 JB/T 6712 的规定。

4.1.5　涂漆应符合 JB/T 5673 的规定，漆膜附着性能不应低于 JB/T 9832.2—1999 规
定的 II 级；涂层颜色应符合设计规定。

### 4.2　性能要求

4.2.1　扭转角不应小于 15°。

4.2.2　折腰转向角不应小于 35°。

4.2.3　铰接机构铰接点上施加载荷为整机使用重量 1 倍时，每米轴距变形量不超过

3mm。整机使用质量3倍的垂直静载荷时，前铰接座、连接销轴、外滚筒、内滚筒无目视可见的裂纹及塑性变形。

## 5 试验方法

5.1 产品图样完整性、正确性按JB/T 5054.1的要求进行检查。

5.2 铰接机构在折腰转向和扭转过程中检查转动灵活性和有无异常声响。

5.3 铰接机构在折腰转向过程中检查限位装置是否正常。

5.4 外观质量按JB/T 6712的要求进行检查。

5.5 涂漆按JB/T 5673的要求进行检查，漆膜附着性能按JB/T 9832.2的要求进行检查。

5.6 将前铰接座固定，把外滚筒从一端极限位置转动到另一端的极限位置，测量转过的角度。测量角度值除以2即为折腰转向角。

5.7 将内滚筒固定，把外滚筒从一端极限位置转动到另一端的极限位置，测量转过的角度。测量角度值除以2即为扭转角。

5.8 铰接点强度试验时，在拖拉机前后桥处自由支撑，在连接销轴处施加垂直向下的载荷。当施加载荷为整机使用质量1倍时，测量连接销轴处的变形量。继续施加载荷到整机使用质量3倍，观察前铰接座、连接销轴、外滚筒、内滚筒是否有裂纹及塑性变形。

## 6 检验规则

### 6.1 出厂检验

产品应经质检部门检验合格后方可出厂，并应附有产品合格证或标记。出厂检验项目应包括下列内容：

　　a）外观质量；

　　b）连接尺寸；

　　c）工作机能。

### 6.2 型式检验

6.2.1 有下列情况之一时，应进行型式检验：

　　a）新产品或老产品转厂生产的试制定型鉴定时；

　　b）结构、材料、工艺改变，可能影响产品性能时；

　　c）停产1年以上，恢复生产时；

　　d）出厂检验结果与上次型式检验结果有较大差异时；

　　e）每2年不少于一次型式检验。

6.2.2 型式检验项目应为第4章规定的所有项目。

6.2.3 抽样

型式检验抽样应从出厂检验合格的产品中抽取，数量不应少于2套。

6.2.4 合格判定

型式检验应全部合格。有一个项目不合格，允许重新抽取加倍数量的产品对不合格项复检，仍有不合格时，应视为不合格。

## 7  标志、包装、运输和贮存

### 7.1  标志

产品应标识制造商名称、商标、产品名称、型号、执行标准编号。

### 7.2  包装

7.2.1  产品应做防锈处理，可根据用户要求包装，并附产品合格证。

7.2.3  包装箱应牢固，产品在箱内应不窜动。

7.2.4  包装箱外应具有下列标志：

a）收货单位名称及地址；

b）制造商名称及地址、电话；

c）产品名称和型号或配套主机型号；

d）产品执行标准编号；

e）数量、毛重；

f）标明"小心轻放""防潮"等字样。

### 7.3  运输和贮存

产品运输和贮存过程中，不应受潮、重压、碰撞，不应接触酸碱等腐蚀物质。

# 附件 7
## 农林拖拉机和机械 双向驾驶装置 技术要求
### （T/NJ 1361—2022/T/CAAMM 226—2023）

## 前言

本文件按照 GB/T 1.1—2020《标准化工作导则 第 1 部分：标准化文件的结构和起草规则》的规定起草。

请注意本文件的某些内容可能涉及专利。本文件的发布机构不承担识别专利的责任。

本文件由中国农业机械学会和中国农业机械工业协会联合提出。

本文件由全国农业机械标准化技术委员会（SAC/TC 201）和全国拖拉机标准化技术委员会（SAC/TC 140）共同归口。

本文件负责起草单位：广西合浦县惠来宝机械制造有限公司、广西科技大学。

本文件主要起草人：王连其、陈荣文、高巧明、宁业烈、胡波、林家祥、潘延虹。

## 1 范围

本文件规定了农林拖拉机和机械用双向驾驶装置的术语和定义、结构和要求。

本文件适用于农林拖拉机和机械用双向驾驶装置，其他自走式非道路车辆用双向驾驶装置可参照采用。

## 2 规范性引用文件

下列文件中的内容通过文中的规范性引用而构成本文件必不可少的条款。其中，注日期的引用文件，仅该日期对应的版本适用于本文件；不注日期的引用文件，其最新版本（包括所有的修改单）适用于本文件。

GB/T 9480 农林拖拉机和机械、草坪和园艺动力机械 使用说明书编写规则

GB 10395.1 农林机械 安全 第 1 部分：总则

GB 10396 农林拖拉机和机械、草坪和园艺动力机械 安全标志和危险图形 总则

GB/T 23821 机械安全 防止上下肢触及危险区的安全距离

JB/T 5673—2015 农林拖拉机及机具涂漆 通用技术条件

JB/T 9832.2—1999 农林拖拉机及机具 漆膜 附着性能测定方法 压切法

## 3 术语和定义

下列术语和定义适用于本文件。

### 3.1 双向驾驶装置 bidirectional driving control device

在原操作空间，通过驾驶座椅和部分操纵机构正反向旋转、固定，部分操纵机构双面

布置，实现双向驾驶和操作（如制动、转向、离合、挂挡、作业）功能的装置。

## 4 结构

4.1 双向驾驶装置由驾驶座椅、方向盘总成、方向盘传动杆总成、旋转机构总成、机架、转向器总成、定位销总成、部分布置在旋转机构上的操作机构和部分双面布置在操作空间的操纵机构组成。双向驾驶装置组成结构如图1所示。

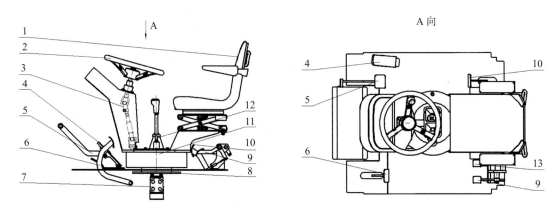

标引序号说明：1—驾驶座椅 2—方向盘总成 3—方向盘传动杆总成 4—前油门踏板
5—前制动踏板 6—前离合踏板 7—转向器总成 8—机架 9—后油门踏板
10—后离合踏板 11—旋转机构总成 12—定位销总成 13—后制动踏板

图 1 双向驾驶装置组成结构示意图

4.2 旋转机构总成组成结构如图2所示。

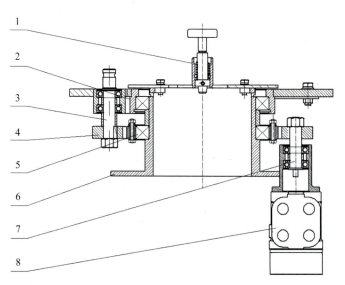

标引序号说明：1—定位销总成 2—上座体 3—输入轴 4—输入齿轮
5—大轴承 6—下座体 7—输出轴 8—转向器总成

图 2 旋转机构总成组成结构示意图

## 5　要求

### 5.1　一般要求

5.1.1　双向驾驶装置应按照经规定程序批准的产品图样和技术文件制造。

5.1.2　双向驾驶装置上用紧固件连接的零、部件，应连接牢靠，不应有松动现象。

5.1.3　双向驾驶装置使用时各部件均不应有异常响声，不应有漏油现象。

5.1.4　外露管线（包括软管、硬管、单根电线及线束等）应排列整齐、固定可靠，并避免交叉、扭曲及接触尖锐的物件。

5.1.5　油漆涂层外观和厚度应符合 JB/T 5673—2015 中 TQ-1-1-DM 的规定；漆膜附着力不应低于 JB/T 9832.2—1999 中规定的 II 级。

5.1.6　各类标志和标记的位置应正确、无歪斜，安装牢固或粘贴平整。

5.1.7　焊接部位应牢固可靠，不应有烧穿、漏焊、脱焊、裂纹、气孔、夹渣等缺陷。

5.1.8　双向驾驶装置各操纵机构动作应轻便灵活、松紧适度。

5.1.9　双向驾驶装置在正、反向均应可靠进行制动、转向、离合、挂挡和作业等操作。

### 5.2　安全要求

5.2.1　操纵机构不应有任何可能使人致伤的锐角、利棱或尖锐凸起物。

5.2.2　双向驾驶装置的运动部件，在正常起动或运行中，可能导致危险的，应置于安全位置或按照 GB 10395.1 的规定加防护罩或挡板进行防护；防止上下肢触及危险区的安全距离应符合 GB/T 23821 的规定。

5.2.3　双向驾驶装置的锁止装置在驾驶座椅旋转到位后应可靠锁定，使用过程中不应松动。

5.2.4　双向驾驶装置的方向盘在正向和反向均能使拖拉机转向灵活可靠。

5.2.5　双向驾驶装置在正向和反向均应保证驾驶员的身体处于安全空间内，且便于驾驶员上下拖拉机或机械。

5.2.6　双向驾驶装置在正向和反向均应保证驾驶员的视野满足安全作业要求。

5.2.7　正常操作和保养时必须外露的功能件、防护装置开口处及其他遗留（剩余）风险的部件附近应设置符合 GB 10396 规定的安全标志。

5.2.8　双向驾驶装置使用说明书中应按 GB/T 9480 的规定给出提醒操作者的安全注意事项，并强调在非田间作业状态下，禁止反向驾驶。

图书在版编目（CIP）数据

丘陵山地模块化农机装备应用 / 高巧明，曾山，王连其主编． -- 北京 ：中国农业出版社，2024．6.
ISBN 978-7-109-32115-1

Ⅰ．S22

中国国家版本馆CIP数据核字第2024LZ0335号

丘陵山地模块化农机装备应用

**QIULING SHANDI MOKUAIHUA NONGJI ZHUANGBEI YINGYONG**

中国农业出版社出版

地址：北京市朝阳区麦子店街18号楼
邮编：100125
责任编辑：吴洪钟
版式设计：王　晨　　责任校对：吴丽婷
印刷：中农印务有限公司
版次：2024年6月第1版
印次：2024年6月北京第1次印刷
发行：新华书店北京发行所
开本：787mm×1092mm　1/16
印张：15
字数：360千字
定价：90.00元